中国机械工程学科教程配套系列教材

教育部高等学校机械类专业教学指导委员会规划教材

机械工程测试技术

（第2版）

韩建海 主编

尚振东 刘春阳 黄艳 蔡海潮 副主编

清华大学出版社

北京

内 容 简 介

本书主要介绍与机械工程相关的测试技术的基本概念、基础理论和应用技术。全书围绕测试系统的组成,讲述常用传感器的原理与应用、测试信号调理电路、信号分析与处理、测试系统的特性、计算机测试系统、机械工程中常见量的测试和机械设备故障诊断技术等内容。

本书以典型案例教学为主线,贯穿整个理论教学和实验教学的全过程,强化工程实际应用,突出学生能力培养,重点介绍如何根据具体测试任务制定和优化测试方案、恰当选择器件和部件、合理设计测试系统各模块、构建满足特定功能和技术指标的测试系统、正确处理测试数据等,力求体现先进性、实用性,注重反映当今测试技术发展的新成果和新动向。

本教材适用于普通高等院校机械类、近机械类各专业测试技术课程使用,同时可供有关工程技术人员参考。

图书在版编目(CIP)数据

机械工程测试技术/韩建海主编. —2 版. —北京:清华大学出版社,2018(2022.8重印)
(中国机械工程学科教程配套系列教材　教育部高等学校机械类专业教学指导委员会规划教材)
ISBN 978-7-302-49571-0

Ⅰ. ①机… Ⅱ. ①韩… Ⅲ. ①机械工程—测试技术—高等学校—教材 Ⅳ. ①TG806

中国版本图书馆 CIP 数据核字(2018)第 029421 号

责任编辑:许　龙
封面设计:常雪影
责任校对:赵丽敏
责任印制:宋　林

出版发行:清华大学出版社
　　网　　　址:http://www.tup.com.cn,http://www.wqbook.com
　　地　　　址:北京清华大学学研大厦 A 座　　　　邮　　编:100084
　　社 总 机:010-83470000　　　　　　　　　　　邮　　购:010-62786544
　　投稿与读者服务:010-62776969,c-service@tup.tsinghua.edu.cn
　　质量反馈:010-62772015,zhiliang@tup.tsinghua.edu.cn
印 装 者:北京建宏印刷有限公司
经　　销:全国新华书店
开　　本:185mm×260mm　　　印　张:18　　　　字　　数:437 千字
版　　次:2010 年 5 月第 1 版　2018 年 2 月第 2 版　　印　　次:2022 年 8 月第 3 次印刷
定　　价:52.00 元

产品编号:070671-02

　　我曾提出过高等工程教育边界再设计的想法,这个想法源于社会的反应。常听到工业界人士提出这样的话题:大学能否为他们进行人才的订单式培养。这种要求看似简单、直白,却反映了当前学校人才培养工作的一种尴尬:大学培养的人才还不是很适应企业的需求,或者说毕业生的知识结构还难以很快适应企业的工作。

　　当今世界,科技发展日新月异,业界需求千变万化。为了适应工业界和人才市场的这种需求,也即是适应科技发展的需求,工程教学应该适时地进行某些调整或变化。一个专业的知识体系、一门课程的教学内容都需要不断变化,此乃客观规律。我所主张的边界再设计即是这种调整或变化的体现。边界再设计的内涵之一即是课程体系及课程内容边界的再设计。

　　技术的快速进步,使得企业的工作内容有了很大变化。如从 20 世纪 90年代以来,信息技术相继成为很多企业进一步发展的瓶颈,因此不少企业纷纷把信息化作为一项具有战略意义的工作。但是业界人士很快发现,在毕业生中很难找到这样的专门人才。计算机专业的学生并不熟悉企业信息化的内容、流程等,管理专业的学生不熟悉信息技术,工程专业的学生可能既不熟悉管理,也不熟悉信息技术。我们不难发现,制造业信息化其实就处在某些专业的边缘地带。那么对那些专业而言,其课程体系的边界是否要变?某些课程内容的边界是否有可能变?目前不少课程的内容不仅未跟上科学研究的发展,也未跟上技术的实际应用。极端情况甚至存在有些地方个别课程还在讲授已多年弃之不用的技术。若课程内容滞后于新技术的实际应用好多年,则是高等工程教育的落后甚至是悲哀。

　　课程体系的边界在哪里?某一门课程内容的边界又在哪里?这些实际上是业界或人才市场对高等工程教育提出的我们必须面对的问题。因此可以说,真正驱动工程教育边界再设计的是业界或人才市场,当然更重要的是大学如何主动响应业界的驱动。

　　当然,教育理想和社会需求是有矛盾的,对通才和专才的需求是有矛盾的。高等学校既不能丧失教育理想、丧失自己应有的价值观,又不能无视社会需求。明智的学校或教师都应该而且能够通过合适的边界再设计找到适合自己的平衡点。

　　我认为,长期以来,我们的高等教育其实是"以教师为中心"的。几乎所有的教育活动都是由教师设计或制定的。然而,更好的教育应该是"以学生为中心"的,即充分挖掘、启发学生的潜能。尽管教材的编写完全是由教师完成的,但是真正好的教材需要教师在编写时常怀"以学生为中心"的教育理念。如此,方得以产生真正的"精品教材"。

教育部高等学校机械设计制造及其自动化专业教学指导分委员会、中国机械工程学会与清华大学出版社合作编写、出版了《中国机械工程学科教程》,规划机械专业乃至相关课程的内容。但是"教程"绝不应该成为教师们编写教材的束缚。从适应科技和教育发展的需求而言,这项工作应该不是一时的,而是长期的,不是静止的,而是动态的。《中国机械工程学科教程》只是提供一个平台。我很高兴地看到,已经有多位教授努力地进行了探索,推出了新的、有创新思维的教材。希望有志于此的人们更多地利用这个平台,持续、有效地展开专业的、课程的边界再设计,使得我们的教学内容总能跟上技术的发展,使得我们培养的人才更能为社会所认可,为业界所欢迎。

是以为序。

2009 年 7 月

第 2 版前言
FOREWORD

作为"《中国机械工程学科教程配套系列教材》编审委员会"的立项项目,本书第 1 版于 2010 年 5 月由清华大学出版社出版,至今已经七年多了。七年间多所高校经使用后反映该书工程实际案例丰富,教学内容符合学生能力培养要求,契合"中国机械工程学科教程研究组"构造的机械工程本科专业教育的知识体系和框架,为普通院校机械类、近机械类各专业培养应用型高级人才做出了应有的贡献。

然而,七年时间我国科学技术得到了飞速发展,一大批标志性科技成果不断涌现:"天宫一号"和"天宫二号"相继飞天,"萤火一号"实现火星探测,"蛟龙号"载人深潜 7062m,"嫦娥三号"月球软着陆,"实践十号"微重力科学试验卫星上天,500m 口径球面射电望远镜建成,等等。包括测试技术在内的各领域学科为这些成果的取得做出了重要贡献,同时,以这些成果取得为标志的科学技术的发展也必然带动包括测试技术在内的各领域学科的发展。

另一方面,我国发布的《国家中长期科学和技术发展规划纲要(2006—2020 年)》和《中国制造 2025》对智能机器人和智能制造提出了新要求。"互联网+"、在线开放课程等新的教育理念和教学形态不断涌现,一大批重大的教学研究成果和先进的教育技术手段不断产生。这些新要求、新理念、新模式、新成果和新手段需要反映在测试技术教材中。

当然,本书在使用过程中也发现了一些错漏和不当之处,需要修改和完善。

因此,在坚持《中国机械工程学科教程》中提出的专业教育知识体系和框架基础上,继续面向普通院校机械类、近机械类各专业应用型高级人才的培养,仍然采用测试知识边界再设计的方法,反映我国科学技术的新发展、新要求、新理念、新模式、新成果和新手段,重新修订出版了第 2 版教材。

除了修改第 1 版教材中的错漏和不当之处外,第 2 版教材主要做了以下修改:删除除了霍尔式传感器外的半导体传感器,增加智能传感器一节;中间调理电路增加了无源滤波器一节;计算机测试系统增加了机器学习一节;机械故障诊断增加了超声波检测相关内容;部分章节的课后习题进行了大范围的调整;其他章节有关内容也进行了局部调整。

本书第 2 版仍然由河南科技大学教师编写。第 1 章由韩建海执笔,第 4 章和第 7 章由尚振东执笔,第 3 章和第 6 章由刘春阳执笔,第 2 章由黄艳执笔,第5章和第8章由蔡海潮执笔。全书由韩建海担任主编,负责统稿,尚振东、刘春阳、黄艳和蔡海潮担任副主编,协助统稿。

　　本书第2版在编写过程中参阅了同行专家学者和一些院校的教材、资料和文献,在此向文献作者致以诚挚的谢意。由于编者水平有限,书中难免存在错误和不足之处,敬请广大读者不吝指正。

编　者

2017年6月

教育部高等学校机械设计制造及其自动化专业教学指导分委员会于2007年会同中国机械工程学会、清华大学出版社组成"中国机械工程学科教程研究组"。研究组构造了机械工程本科专业教育的知识体系和框架，建立了良好的课程知识体系，出版了《中国机械工程学科教程》。

本书采用测试知识边界再设计的方法，根据机械类、近机械类专业"测试技术"教材大纲编写，体现了《中国机械工程学科教程》中的思想，是"中国机械工程学科教程配套系列教材编审委员会"的立项项目。

本书定位为面向普通院校机械类、近机械类各专业测试技术课程的教材。按照应用型高级人才的培养目标和强化工程实际应用能力培养的要求，本书更加注重测试技术的系统应用，从工程应用角度审视信号测试的整体问题。随着测试技术的发展，许多测试器件都已商品化，而无需重新设计。因此，尽量删减元器件的内部工作原理，而将测试方案的制定和优化、器件的选择和应用等内容作为重点进行讲解。

本书以学生能力培养为目标，组织安排相关的教学内容，以典型工程实际案例教学为主线，贯穿整个理论教学和实验教学的全过程。在内容的编排上遵循由浅入深、由具体到抽象、循序渐进的规律。按传感器、调理电路、信号分析与处理、测试系统特性等顺序安排内容，依次对测试系统各组成部分的原理、功能、应用等做了介绍，重点放在原理和应用，然后针对机械工程中常见的被测量的测试方法进行讲解，使教材的整体章节系统与工程实际中的测试系统紧密地结合起来。在内容的具体编写上，立足于测试技术理论知识和工程实际应用的恰当结合，强化工程实际应用，内容全面、丰富，重点突出，层次清楚，既注重基础理论，又强调知识的综合应用，力求体现先进性、实用性，注意反映当今测试技术发展的新成就和新动向。

全书共分8章。首先从我们身边的测试技术谈起，介绍了测试系统的基本概念、基础理论和应用技术，然后围绕着测试系统的组成，讲述了常用传感器的原理与应用、测试信号调理电路、信号分析与处理、计算机测试系统、测试系统的特性、测试系统的干扰及其抑制、机械工程中常见量的测试等内容，每章均附有习题。

本书由河南科技大学的教师编写。第1章由韩建海执笔，第2、5章和8.3节、8.4节由郭爱芳执笔，第4章和第6章由尚振东执笔，第3章由王恒迪执笔，第7章由韩红彪执笔，8.1节、8.2节由蔡海潮执笔，马伟在大纲制定、内容安排、实验教学等方面做了大量工作。全书由韩建海、马伟担任主编,负责统稿,尚振东、郭爱芳、王恒迪和韩红彪担任副主编,协助统稿。

全书由清华大学的王伯雄教授主审。王教授对书稿的编写提出了不少宝贵的意见和建议,在此表示衷心的感谢。

本书在编写过程中参阅了同行专家学者和一些院校的教材、资料和文献,在此向文献作者致以诚挚的谢意。由于编者水平有限,书中难免存在不足之处和错误,敬请广大读者不吝指正。

编　者

2010 年 4 月

目　录
CONTENTS

第 1 章

绪 论

▲**能力培养目标**

1. 理解测试与测试技术的概念；
2. 掌握测试系统的组成和测试技术的发展趋势；
3. 了解本课程的主要内容与学习方法。

测试技术属于信息科学范畴，是信息技术三大支柱（测试控制技术、计算机技术和通信技术）之一。测试技术是用来检测和处理各种信息的一门综合技术，在科学研究、工业生产、医疗卫生、文化教育等各个领域都起着相当重要的作用。

本章主要介绍测试技术的基本概念，包括测试技术和测试系统；介绍了测试技术的应用和发展趋势、测试系统的组成；同时简要介绍了本书的主要内容、编写特点和学习要求。

1.1 测试技术概述

1. 生活中的测试技术

测试技术并不神秘，在我们生活中，就会遇到许多应用测试技术的实例。例如：电子血压计中人体血压和心跳的测量、全自动洗衣机中衣服的重量和水位的测量、指纹门锁中对人手指纹的检测、电子体温计对人体温度的检测、电冰箱和电饭煲中的温度测试、数码相机中的自动对焦、自动门的人体检测、超市中商品的条形码扫描、汽车中的燃料量和速度测试等，不胜枚举。相信随着科学技术的发展和人们对物质文化生活需求的增长，运用测试技术的机电产品，将在我们的日常生活中扮演更加重要的角色。

2. 计量、测量、试验和测试

为了准确理解测试技术的概念，需要先搞清楚下面几个密切关联的基本概念。

计量（metrology）是实现单位统一、量值准确可靠的活动（JJF—1001—2011 通用计量术语及定义 4.2）。测量（measurement）是指以确定被测对象的量值为目的而进行的实验过程。一个完整的测量过程必定涉及被测对象、计量单位、测量方法和测量误差四要素。试验（test）是对未知事物探索认识的过程。测试（measurement and test）是测量和试验的综合。

工程测试可分为静态测试和动态测试。静态测试是指不随时间变化的物理量的测量，例如抽样测量辊压后钢板厚度的尺寸。动态测试是指随时间变化的物理量的测量,例如数控辊压机中,为保证生产出厚度合格的钢板,作为调整滚轮间距的依据,对加工出的钢板进行的实时连续测量。

本书主要是关于如何用技术的手段实现动态测试,涉及测试原理、测试方法、测试系统、测试数据处理等。

3. 测试技术

测试技术(measurement and test technique)是测量和试验技术的统称,是关于将被测量转换为可检测、传输、处理、显示或记录的量再与标准量比较的技术。

人类认识和改造客观世界是以测试为基础的,进入以知识经济为特征的信息时代后,测试控制技术、计算机技术与通信技术一起构成了现代信息的三大基础。它广泛应用于"农、轻、重,海、陆、空,吃、穿、用",是国民经济的倍增器,是科学研究的先行官,是军事上的战斗力,是现代社会的物化法官。测试技术的水平在相当程度上影响着科学技术发展的速度和深度。许多新的发明制造都与测试技术的创新分不开。科学技术上的某些突破,也是以某一测试方法的突破为基础的。在现代科学研究和新产品设计中,为了掌握事物的规律性,人们需测试许多有关参数,用以检验是否符合预期要求和事物的客观规律。

我们的祖先很早就设计出计时仪器——日晷。17 世纪开普勒发明的望远镜可观测到数亿天体。利用现代航天、遥感、遥测技术,处在数万米高空的测试设备,能够识别地面 $1m^2$ 的平面轮廓;扫描隧道电子显微镜的分辨力达 0.1nm。这些强有力的观测工具在为人类揭开物质世界奥秘的同时,也对电子技术、材料科学的发展做出了突出贡献。

机械工程领域中的科学实验、产品开发、生产监督、质量控制等,都离不开测试技术。作为自动化或控制系统中的一个环节,在各种自动控制系统中,测试环节起着系统感官的作用。工业自动化生产过程中,为了保证正常、高效的生产,对生产过程自动化的程度提出了越来越高的要求,无论是产品的性能、品质参数还是加工过程中的在线测量,以及产品的包装等。例如数控机床中为了精确控制主轴转速,需要对机床主轴转速进行测试。机器人为了获得手臂末端在作业空间中的位置、姿态和手腕作用力等信息,需要对各个关节的位移、速度和手腕受力进行实时的测试。自动生产线上常需应用测试技术对零件进行分类和计数。图 1.1 为机械工程中几种典型的测试技术应用例子。

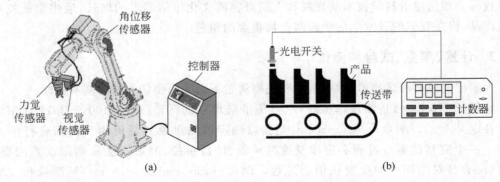

图 1.1　机械工程中几种典型的测试技术应用例子

(a) 机器人中的力、角度等的测试;(b) 自动生产线上的零件计数器;(c) 齿轮故障测试系统

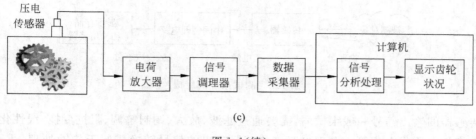

(c)

图 1.1(续)

测试技术的应用涉及每一个工程领域。本书主要以机械工程领域中各种物理量的检测为研究对象和教学案例，来讲解各种物理量的测量原理和测量信号的分析处理方法。

1.2　测试系统的组成

1. 测试系统与测试信号

对被测量的测试需要由一套专门的设备来完成。完成对被测量测试的专门设备称为测试系统。

测试系统是通过某种技术方法，从被测对象的运动状态中提取所需的信息。这个信息从物理的角度讲，是以某种信号的形式反映出来的。

信息本身不具有能量及物质，信息的传递必须借助于某种中间媒介，而这个包含特定信息的媒介即为信号。信号一般表现为声、光、电、磁等物理量。

在工程实际中，测试系统包括信号的获取、加工、处理、显示、反馈、计算等，因此测试系统对被测参量测试的整个过程都是信号的流程。

2. 测试系统的组成

测试系统可以是某个大型设备中的一部分，例如图 1.1(a)所示的机器人力、角位移测试系统是机器人系统中的一部分。测试系统也可以是专门研制的一种测试仪器，例如图 1.1(b)所示生产线上的零件计数器。测试系统还可以是一系列仪器的组合，例如图 1.1(c)所示的齿轮故障测试系统。

虽然测试系统可大可小，其组成仪器可多可少，但都由一些最基本的、功能相同的部分所组成。机器人中的力测试系统由传感器(力传感器)、中间调理电路(整形电路等)和数据输出器件(数据线等)组成。齿轮故障测试系统由传感器(压电传感器)、中间调理电路(电荷放大器、信号调理器、数据采集器等)和信号分析、处理、显示单元(计算机)等组成。

可见，测试系统一般主要由传感器、中间调理电路、显示存储和输出装置三部分组成。这三部分及其与被测对象之间的关系如图 1.2 所示。

传感器是"感知"被测量信息的工具，就像人们为了从外界获取信息，必须借助的感觉器官一样。传感器是将外界信息按一定规律转换成电量的装置，它是测试系统的首要环节。

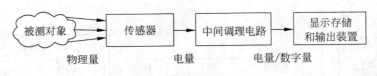

图1.2　测试系统的组成

传感器的输出信号一般很微弱，需要通过滤波、放大、调制解调、阻抗变换、线性化、将电阻抗变换为电压或电流等。调理电路将传感器输出的信号转换成便于传输处理、适于观察记录的信号。这个环节常用的模拟电路是电桥电路、相敏电路、测量放大器、振荡器等；常用的数字电路有门电路、各种触发器、A/D和D/A转换器等。调理电路环节有时可能是许多仪器的组合，有时也可能仅有一个电路板。

输出（显示记录）装置的作用是将调理电路输出的电信号指示或记录下来，以供人们观察或进一步分析处理，或将测试结果输出，供后级系统使用。

动态测试在现代测试中占了很大的比重，它常常需要对测得的信号进行分析和处理，从原始的测试信号中提取表征被测对象某一方面本质信息的特征量，以利于对被测对象作更深入的了解。测试信号携带的信息中，既有人们需要的信息，也含有人们不感兴趣的成分（干扰噪声），测试工作的任务就是剔除干扰噪声，提取有用信息。信号分析与处理单元常采用的仪器有频谱分析仪、波形分析仪、实时信号分析仪、快速傅里叶变换仪等，计算机技术在信号处理中已被广泛应用。

1.3　测试技术的发展趋势

包括我国在内的世界主要国家都对测试技术十分重视，纷纷出台政策支持测试技术的发展。其他领域科学技术的高速发展和新工艺、新材料、新技术的进步，为测试技术的发展奠定了坚实的理论和物质基础。因此，从全球看测试技术一直在飞速发展中。受惠于《国家中长期科学和技术发展规划纲要（2006—2020年）》《中国制造2025》、"互联网＋"行动计划等政策的有力推进，我国测试技术及相关产业近年来也取得了前所未有的长足进步。

1. 新型传感器不断涌现

自然科学研究的新成果不断丰富着测试技术的设计思想。新型测量问题的不断出现和最终解决有赖于传感原理和传感器研究的创新。中国科学技术大学在量子精密测量领域取得突破，利用金刚石中的固态电子自旋，在世界上首次实现了室温大气下纳米级分辨率的微波场磁场分量矢量重构测量。芬兰成功开发出高光谱移动设备，这将为低成本高光谱成像的消费应用带来新的前景。长虹公司发布全球首款分子识别手机——长虹H2，这是世界上第一个搭载小型化分子光谱传感器的智能手机，可实现果蔬糖分与水分、药品真伪、皮肤年龄、酒类品质等检测。俄罗斯科学家开发出了一种新的激光技术，用于制造新颖的光学生物传感器，能够在几秒钟内识别感染性疾病。艾迈斯半导体公司推出全球首款高性价比的多通道光谱片上传感器解决方案，为消费和工业应用实现新一代光谱分析开辟了道路。哈

尔滨工业大学采用 $30\mu m$ 的导电钴合金制成玻璃包线,能够模仿人体表面的细微毛发,当一个或者多个电线被移动时,其周围磁场就会发生相应变化,给人造皮肤带来外界信息。智能(厦门)传感器有限公司推出氢气传感器和智能嗅觉传感器,可以放进绝缘油中或真空中直接探测气体。美国研究人员开发出一种类似皮肤贴纸的柔性传感器,可监测心率和识别语音。新加坡研制了一片石墨烯传感器,能够检测广谱光。我国首个碱金属原子传感器在长春光机所诞生,将被应用于精密计时技术、卫星精确定位、长航时远距离惯性导航、高灵敏度水下金属磁场测量等领域。

2. 测试系统性能不断提高

新型传感器的发明、各种先进的数字信号处理技术的应用、新材料和新工艺的使用,将测试系统的准确度、分辨率、灵敏度、线性度和测量效率提高了好几个数量级。例如工业参数测量仪器的测量准确度普遍提高到 0.02% 以上。测量和控制范围也大幅度提高,如电压测量范围从 $10^{-9}\sim10^{6}$ V,电阻测量范围从超导到 $10^{14}\Omega$,频率测量范围最高达 10^{10} Hz,温度测量范围则从绝对零度到 10^{10} ℃ 等。我国研制的超高精度光矢量分析仪可在几百米的光纤中测出小至 $0.1mm$ 的误差。中国计量科学研究院在国际上首次提出采样电阻负载系数自校准和测试方法,实现了对电阻负载系数的准确测量,不确定度达到 10^{-8} 量级。中国计量科学研究院自主研发的 NIM-3A♯002 型绝对重力仪在 12h 内重力测值的标准差可优于 $1\mu Gal(1\mu Gal=10^{-8}$ m/s$^2)$,测量结果的复现性优于 $3\mu Gal$。

微/纳米技术作为当前发展最迅速、研究广泛、投入最多的科学技术之一,被认为是当前科技发展的重要前沿。在该科技中,微/纳米的超精密测量技术是代表性的研究领域,也是微/纳米科技得以发展的前提和基础。中国科学技术大学提出一种激光打印结合毛细力驱动自组装的方法,在高分子材料中制备出一系列结构尺寸、力学常数和空间分布高度可控且一致性极高的微纤毛阵列,并通过人为控制液体与这些微纳结构之间的表面张力,可以高精度自由调控这些微纤毛阵列,从而实现制备大面积多级结构自组装的目的,同时实现对微物体进行选择性捕获或释放。这种制造方式过程简单易控,成品率高,且绿色环保,有望在分析化学、药物输运及释放、细胞生物学以及微流体工程等领域得到应用。

超大尺寸测量的主要任务是获取与评价大型和超大型装备与系统制造过程中机械特性和物理特性等信息,分析影响制造性能的要素与机理,为提升制造能力与水平提供科学依据。在超大尺寸测量领域内的共性基础问题包括距离测量原理、超大尺寸空间坐标测量、超大尺寸测量的现场溯源原理与方法。代表性研究方向和重要测量问题如:大尺寸、高速跟踪坐标测量系统,车间范围空间定位系统(WPS),GPS 在超大机械系统中的应用关键技术;数字造船中的结构尺寸、容积测量,飞机制造中形状尺寸测量,超大型电站装备和重机装备制造中的测量,面向大型尖端装备制造的超精密测量等。

3. 测试系统的智能化和自动化程度不断提高

微处理器在测试系统普遍采用,这不仅简化了硬件结构、缩小了体积及功耗、提高了可靠性、增加了灵活性,而且使仪器的智能化和自动化程度更高。传感器涌现出将传感器、调理电路,甚至微处理器集成在一起的智能传感器,各种集成调理电路芯片不断面市,新型显示记录装置的智能化和自动化程度也不断提高。许多原本要用多台仪器实现的功能,现在可以通过集成在一台仪器内甚至一个芯片上的智能化仪器完成。

　　传统的机械制造系统中,制造和检测常常是分离的。测量环境和制造环境不一致,测量的目的是判断产品是否合格,测量信息对制造过程无直接影响。现代制造业已呈现出和传统制造不同的设计理念和制造技术,测试技术从传统的非现场、"事后"测量,进入制造现场,参与到制造过程,实现现场在线测量。现场、在线测量的共同问题包括非接触快速测量传感器的研制与开发、测量系统及其控制、测量设备与制造设备的集成等方面。近年来数字化测量的迅速发展为先进制造中的现场、非接触测量提供了有效解决方案,多尺寸视觉在线测量、数码柔性坐标测量、机器人测量机、三维形貌测量等数字化测量原理、技术与系统的研究取得了显著的研究成果,并获得成熟的工业应用。

4. 测试及仿真软件在仪器中广泛应用

　　我国自主研制的"神威·太湖之光"登世界超级计算机500强榜首。该计算机全部采用国产处理器构建,峰值计算速度达每秒12.54亿亿次,持续计算速度每秒9.3亿亿次,性能功耗比为每瓦60.51亿次,三项关键指标均排名世界第一。随着计算机的运算速度和处理数据能力的不断增加,以及计算机仿真技术的广泛应用,仪器的硬件和测试软件及仿真软件的结合越来越紧密。通过硬件的模块化设计,并配以不同的软件,从而形成不同功能的仪器和不同的测试解决方案。软件无线电的概念已有了全新的解释和现实的应用,例如,利用计算机强大的数学运算和数据处理能力将大量的数字信号处理功能和数据分析功能充分展现在计算机软件之中,通过与不同的数据采集前端相结合,组合出不同功能的信号分析仪。同时,其捕获的信号和数据分析的结果可以作为EDA仿真软件的数据输入来源,用于驱动ADS高级设计仿真软件进行部件及系统级仿真;从而实现了测量域和仿真域的有机结合,在设计、仿真和验证之间架起了桥梁,从而加速设计,提高设计质量,完善系统及部件的半实物仿真手段,达到迅速拓展满足需要的测量解决方案的目的。

5. 虚拟仪器技术成为测试系统新的技术规范

　　不断革新的计算机技术从各个层面上影响着、引导着各行各业的技术革新。基于计算机技术的虚拟仪器技术正以不可逆转的力量推动着测试技术的发展。

　　机械测试类仪器的"有界无限"统一模型被建立。所谓"有界无限"是指"领域测试"是一个"界",只要在这个"界"内,同类测试的功能或仪器都将被包含或可添加到这一系统中。基于这一模型理论,对测试功能虚拟控件进行多次、深度集成制造,便可由上述模型演变成为一个"有界无限"、包含大量测试仪器并可实际使用的复杂、巨型虚拟测试仪器库。这是一个复杂的功能测试系统,同时也是一个开放的系统。对于它已有的资源可以立即满足测试的要求,没有的资源它还可以很快地在模型内自动生成或开发,从而可以继续满足新的测试需求。通过这一模型的建立,将使传统仪器的"单机"概念消失,代之而起的是经多次、深度集成制造而成的大型"仪器库"。

6. 信息融合技术是现代测试技术出现的新特点

　　信息融合最早用于军事领域,定义为一个处理探测、互联、估计以及组合多源信息和数据的多层次多方面过程,以便获得准确的状态和身份估计、完整而及时的战场态势和威胁估计。信息融合技术是利用多个传感器所获取的关于对象和环境全面、完整信息,通过融合算法把各个传感器的信息组合起来,并使用知识去估计、理解周围环境和正在发生的事件。多传感器测量及测量信息融合技术是现代测试技术出现的新特点。现代复杂机电系统涉及信息多,测量信息量大,传感器数量较多,多源巨量信息分析评估困难,需借助数据融合理论进行处理,多传感器测量应用中的数据融合技术正逐渐成为提升测试系统性能的关键技术之一。

7. 测试系统对外开放性不断提高

现代测试系统通常都具备扩展接口,方便扩展和对外通信。新技术的应用,尤其是 Internet 和 Intranet 技术、现场总线技术、图像处理技术和传输技术以及自动控制、智能控制的发展和应用,使得现代测试仪器不断地朝着网络化发展。借助于网络技术的应用,可将不同地点的不同仪器、仪表联系在一起,实施网络化测量、数据的传输与共享、故障的网上诊断以及技术的网络化培训等。以美国为首的用户和仪器厂商近年来提出了一种新的测试仪器理念和技术——NxTest,它是基于局域网(LAN)的模块化合成仪器(synthetic instrument)。

网络化的测试技术是方兴未艾的物联网技术的重要基础之一。

1.4 本书主要内容和学习要求

测试技术是一门面向工科类各相关专业的学科基础课,是综合应用相关课程的知识,解决科研、生产、国防建设所面临的工程测试问题的课程。该课程对培养学生的实验能力、创新能力等方面有重要作用。

本课程所研究的对象是机械工程动态测试中常用的传感器、信号调理电路、信号分析与处理、测试系统特性、计算机测试系统与虚拟测试系统和机械故障诊断等内容。

本书共分 8 章。第 1 章绪论;第 2 章传感器主要讲述传感器的概念、组成和分类,讲解了常用传感器的工作原理和应用;第 3 章信号转换与调理讲解测试信号的放大、转换及滤波电路的工作原理和应用;第 4 章测试信号分析与处理讲解测试系统中常用的信号分析方法和处理方法;第 5 章测试系统特性分析讲解测试系统的标定方法和特性指标;第 6 章计算机测试系统讲解基于计算机技术的测试系统的组成和特点,以及虚拟测试系统的基本构成和特点;第 7 章机械工程中常见量的测量介绍机械工程中基本的常见量的测量;第 8 章机械设备故障诊断技术以部分机械设备为例讲解故障诊断技术。

本书以案例和实验为主线,由浅入深地阐述测试技术的基本原理和应用,并将重点落实在应用上,相关内容围绕具体的测试项目进行讲解,重视图解,每章后都有基于"能力驱动"的习题和思考题,并提出测试项目供读者设计。

本课程实践性很强,为使读者巩固和加深所学的基础知识,提高解决测试问题的能力,应结合实验学习。

通过本课程的学习,学生应做到:

(1)掌握测试技术的基本理论;

（2）掌握常用传感器及其调理电路的工作原理、性能，并能合理地选用；

（3）熟练掌握测试系统静、动态特性的评价方法和实现不失真测试的条件；

（4）具有设计测试方案、分析和处理测试信号的能力。

习题与思考题

1.1　按照自己的理解，简述计量、测量、试验、测试概念的异同点。

1.2　除了文中提到的实例外，我们身边的家用电器中还有哪些用到了测试技术？

1.3　测试系统包括哪些组成部分？除了文中提到的实例外，举出测试系统是一个设备组成部分的实例和若干设备组成一个测试系统的实例。

1.4　结合自己的专业，谈谈测试技术的作用。

传 感 器

1. 根据测试任务的要求和被测对象的性质及特点,合理选择传感器的类型、结构和技术参数;

2. 根据已选择的传感器,初步确定后续调理电路的总体方案。

在测试技术中,应用传感器"感知"被测量的信息,因此,传感器是测试系统的首要环节,合理选择并正确应用传感器是设计测试系统的第一步。本章主要讲述各种类型传感器的工作原理和特点及其对后续调理电路的要求,重点讲述如何根据测试任务选择合适的传感器。

2.1 传感器概述

传感器是能感受规定的被测量,并按一定规律转换成可用输出信号的测量装置,是人类探索自然界信息、实现测量和控制的首要环节。在科学技术高度发达的现代社会中,传感器早已渗透到极其广泛的领域。从各种复杂的工程系统到日常生活的衣食住行,从宏观的茫茫宇宙探索到微观的粒子研究,几乎每一个领域都离不开各种各样的传感器。

在家用电器中,有很多传感器的应用实例。例如:全自动洗衣机中的水位传感器、水温传感器、衣物重量传感器、衣物烘干传感器、透光率传感器(洗净度),微波炉、电热水器、电冰箱、空调机中的温度控制器,PC 中的光电鼠标传感器、CCD 图像传感器、电容声声器等。

在航空航天技术领域中,为了保证飞行器在人们预先设计的轨道上正常运行,需应用多种传感器检测和控制飞行器的飞行参数、姿态和发动机工作状态,传感器获取的信息再由控制系统进行自动驾驶和自动调节。

在机械加工过程中,为了实现对零部件的生产加工、质量检测与控制,应用了各种力传感器、速度传感器、加速度传感器、尺寸形状传感器、接近开关传感器、温度传感器等。在机械手、机器人作业过程中,为了获得手臂末端的位置、姿态和手腕受力,以及检测作业对象与作业环境的状态,应用了旋转/移动位置传感器、位移传感器、力传感器、触觉传感器、视觉传感器、听觉传感器、热觉传感器等。

2.1.1 传感器的组成与分类

1. 传感器的组成

传感器一般由敏感元件、转换元件、调理电路和辅助电源等组成,如图 2.1 所示。敏感元件直接感受被测量,并按一定规律转换成与被测量有确定关系的其他量(如位移、应变、压力、光强等);转换元件将敏感元件的输出转换成电参量(电阻、电容、电感)或电信号(电压、电流、电荷);调理电路对转换元件输出的微弱信号进行放大、转换、运算、调制、滤波等处理,以便于实现远距离传输、显示、记录和控制;辅助电源为调理电路和转换元件提供稳定的工作电源。

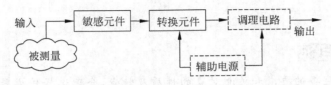

图 2.1　传感器组成

传感器的敏感元件与转换元件之间并无严格的界限。有些传感器很简单,最简单的传感器只有一个敏感元件(兼转换元件),如热电偶传感器直接将被测温度转换成热电势输出。有些传感器由敏感元件和转换元件组成,如应变式压力传感器由弹性膜片和电阻应变片组成。通过弹性膜片将被测压力转换成膜片的应变(形变),应变施加在电阻应变片上再将应变转换成电阻的变化。有些传感器不只一个敏感元件,如应变式密度传感器,它由浮子、悬臂梁和电阻应变片等组成,如图 2.2 所示。浮子先将被测液体的密度转换成浮力变化,浮力作用在悬臂梁上使梁产生变形,粘贴在悬臂梁上的电阻应变片再将梁的变形转换成电阻的变化。

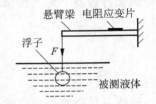

图 2.2　应变式密度传感器

随着半导体器件与集成技术在传感器中的应用,传感器的调理电路既可以安装在传感器的壳体里,也可以与敏感元件一起集成在同一芯片上构成集成传感器(如 ADI 公司生产的 AD22100 型模拟集成温度传感器等),还可以根据传感器原理、敏感元件类型单独设计构成专用测量仪器(如电阻应变仪、电荷放大器等)。

2. 传感器的分类

传感器用途纷繁、原理各异、形式多样、种类繁多,对同一个被测量可以用不同类型的传感器来测量,而利用同一原理设计的传感器又可以测量多种被测量。

传感器按能量关系可分为能量控制型和能量转换型。能量控制型传感器先将被测量转换成电参量的变化,依靠外部辅助电源再将电参量转换成电信号输出,也称为电参量型传感器。如电阻式、电容式、电感式传感器,先将被测量转换成电阻、电容、电感的变化,传感器接入由外部提供电源的测量电桥,从而导致电桥输出的电压或电流发生变化。能量转换型传感器直接将被测量转换成电信号输出,也称为发电型传感器。如磁电式传感器将速度或转速转换成感应电势输出,压电式传感器将冲击力或振动加速度转换成电荷输出,热电偶将温度转换成热电势输出等。

传感器按工作机理可分为结构型和物性型。结构型传感器是基于某种敏感元件的结构形状或几何尺寸(如厚度、角度、位置等)的变化来感受被测量,如电容式压力传感器,当被测压力作用在电容器的动极板(敏感元件)上时,电容器的动极板发生位移导致电容发生变化。

物性型传感器是利用某些功能材料本身具有的内在特性及效应来感受被测量,如利用石英晶体的压电效应而实现压力测量的压电式压力传感器。

传感器按输出信号可分为模拟型和数字型。模拟型传感器输出连续变化的模拟信号,而输出周期性信号的传感器实质上也是模拟型传感器。如感应同步器的滑尺相对定尺移动时,定尺上产生的感应电势为周期性模拟信号。数字型传感器输出"1"或"0"两种信号电平,两种信号电平的高低由电路的通断、信号的有无、极性的正负、绝对值的大小等来实现。如用光电式接近开关检测不透明的物体,当物体位于光源和光电器件之间时,光路阻断,光电器件截止输出高电平"1";当物体离开后,光电器件导通输出低电平"0"。根据光电器件输出的高低电平就可实现对被测物体的检测或计数。

传感器按被测量可分为位移传感器、速度传感器、加速度传感器、转速传感器、力矩传感器、压力传感器、流量传感器、温度传感器、湿度传感器、浓度传感器等。

2.1.2　传感器的选择

1. 选择传感器时应考虑的因素

(1) 与测量条件有关的因素　包括测量的目的、被测量的性质、测量范围、输入信号的幅值、频带宽度、精度要求、测量所需的时间等。

(2) 与传感器性能有关的因素　包括静态性能指标、动态性能指标、模拟量与数字量、输出量的数量级、负载效应、过载保护与报警等。

(3) 与使用环境有关的因素　包括传感器的安装场所、使用环境条件(温度、湿度、振动、电磁场等)、信号传输距离、现场提供的功率容量等。

(4) 与购买和维护有关的因素　包括性能价格比、零部件的储存、售后服务制度、保修时间与交货日期等。

虽然选择传感器时要考虑诸多因素,但并不需要满足所有的要求,应根据实际使用情况有所侧重。例如,为了提高测量精度,应根据使用时的显示值在满刻度的 50% 左右来选择传感器的测量范围;对机械加工或化学分析等时间比较短的工序过程,应选择灵敏度和动态特性较好的传感器;对长时间连续使用的传感器,必须重视经得起时间考验等长期稳定性问题等。

2. 选择传感器的一般步骤

(1) 借助于传感器的分类表,根据被测量的性质,找出符合用户需要的传感器类别,再从典型应用中初步确定几种传感器;

(2) 借助于常用传感器的比较表、价格表,按被测量的测量范围、精度要求、环境要求等情况再次确定传感器的类别;

(3) 借助于传感器的产品目录选型样本或传感器手册,查出传感器的规格型号和性能参数及结构尺寸。

以上三个步骤并不是绝对的,对于经验丰富的工程技术人员可直接从传感器的产品目录选型样本中确定传感器的类型、规格、型号、性能、尺寸等。

2.2　能量控制型传感器

2.2.1　电阻式传感器

电阻式传感器是将被测量转换成电阻的变化，通过测量电阻来达到测量被测量的目的，广泛用来测量力、压力、应力、应变、位移、加速度、温度等物理量。

1. 应变式传感器

应变式传感器由电阻应变片和测量电桥两部分组成。应变片将被测试件上的应力、应变转换成电阻变化，测量电桥再将电阻变化转换成电压或电流的变化。

1）电阻应变效应

金属电阻丝在外力作用下发生机械变形时，其电阻发生变化，这种现象称为电阻应变效应。对于长度为 L、截面积为 A、电阻率为 ρ 的金属电阻丝，未受外力作用时的电阻为

$$R = \rho \frac{L}{A}$$

若电阻丝是圆形的，则 $A = \pi r^2$，r 为电阻丝的半径。当电阻丝受到轴向应力作用时，其 L、r、ρ 分别变化 ΔL、Δr 和 $\Delta \rho$，引起电阻变化 ΔR，故电阻的相对变化量为

$$\frac{\Delta R}{R} = \frac{\Delta L}{L} - 2\frac{\Delta r}{r} + \frac{\Delta \rho}{\rho} \tag{2.1}$$

式中：$\Delta L/L = \varepsilon$——电阻丝轴向相对变形，称为轴向（或纵向）应变，是一个无量纲的量；

$\Delta r/r$——电阻丝径向相对变形，称为径向（或横向）应变。

当电阻丝沿轴向伸长时，必沿径向缩短，且 $\Delta r/r = -\nu(\Delta L/L) = -\nu\varepsilon$，代入式（2.1）得

$$\frac{\Delta R}{R} = (1 + 2\nu)\varepsilon + \frac{\Delta \rho}{\rho} \tag{2.2}$$

式中：ν——电阻丝材料的泊松比。

由式（2.2）可知，电阻相对变化量受两个因素影响，$(1+2\nu)\varepsilon$ 项是由电阻丝几何尺寸变化而引起的，而 $\Delta\rho/\rho$ 项则是由电阻丝的电阻率变化而引起的，对于金属电阻丝来说，$\Delta\rho/\rho$ 较小可忽略。则式（2.2）可简化为

$$\frac{\Delta R}{R} \approx (1 + 2\nu)\varepsilon \tag{2.3}$$

式（2.3）表示电阻的相对变化量与应变成正比，其比值为金属电阻丝的灵敏度，即

$$S = \frac{\Delta R/R}{\varepsilon} \approx 1 + 2\nu = 常数$$

S 表示单位应变所引起的电阻相对变化量，其数值由实验来确定，一般在 1.7～3.6 之间。

金属应变式传感器在实际应用中有

$$\frac{\Delta R}{R} = S\varepsilon \tag{2.4}$$

2）金属电阻应变片

金属电阻应变片简称应变片，其结构常用丝绕式和箔式两种。丝绕式应变片的结构如

图 2.3 所示,将高阻值的康铜电阻丝绕制成敏感栅,并粘贴在绝缘的基底和覆盖层之间,由引线接入测量电桥。这种应变片制造方便,价格低廉,但其端部圆弧段会产生横向效应,从而使金属电阻丝制成应变片时的灵敏度降低。

箔式应变片的结构如图 2.4 所示,其敏感栅是由很薄的康铜、镍铬合金等箔片通过光刻腐蚀而制成。这种应变片的敏感栅尺寸准确,线条均匀,横向效应小,散热条件好,允许通过较大的工作电流,传递试件应变性能好,易于批量生产,可制成各种形状,适用于各种弹性敏感元件上的应力分布测量。

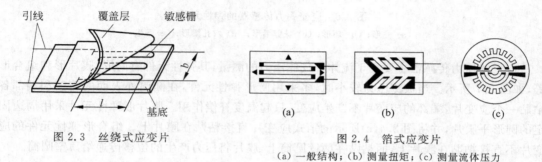

图 2.3　丝绕式应变片

图 2.4　箔式应变片
(a) 一般结构;(b) 测量扭矩;(c) 测量流体压力

3) 测量电桥

电阻应变片在使用时要粘贴在被测试件或弹性元件上,并将应变片接入测量电桥,测量电桥就可以把应变片的电阻变化转换成电压或电流的变化。

测量电桥如图 2.5 所示,u 为电源电压(或供桥电压),R_1、R_2、R_3、R_4 为桥臂电阻,则电桥输出端开路状态时的输出电压为

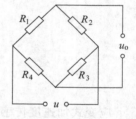

图 2.5　测量电桥

$$u_{\circ} = \frac{R_1}{R_1 + R_2}u - \frac{R_4}{R_3 + R_4}u = \frac{R_1 R_3 - R_2 R_4}{(R_1 + R_2)(R_3 + R_4)}u$$

若四个桥臂电阻在应力、应变作用下产生的电阻变化量分别为 ΔR_1、ΔR_2、ΔR_3、ΔR_4,并取初始状态 $R_1 = R_2 = R_3 = R_4 = R$,且 $\Delta R \ll R$,则电桥的输出电压为

$$u_0 = \frac{u}{4}\left(\frac{\Delta R_1}{R_1} - \frac{\Delta R_2}{R_2} + \frac{\Delta R_3}{R_3} - \frac{\Delta R_4}{R_4}\right) = \frac{u}{4}S(\varepsilon_1 - \varepsilon_2 + \varepsilon_3 - \varepsilon_4) \qquad (2.5)$$

电桥输出电压与应变呈线性关系,由此可测量应力或应变。

4) 应变式传感器的应用

应变式传感器除了直接测量应力或应变外,还可以制成各种专用的应变式传感器。按其用途不同,可分为应变式力、压力、加速度、扭矩传感器等。

应变式力传感器主要用于各种电子秤与材料试验机的测力元件,也可用于发动机的推力测试、水坝坝体承载状况的监视和切削刀具的受力分析等。测力传感器的弹性元件主要有柱形、环形、悬臂梁形、双孔梁形、S 形等,如图 2.6 所示。柱形弹性元件结构简单紧凑,可承受很大的载荷,最大载荷可达 $10^7\mathrm{N}$,地磅秤一般采用柱形弹性元件。环形弹性元件应力分布变化大,有正有负,可以选择有利部位粘贴应变片,便于接成差动电桥,以得到较高的灵敏度。悬臂梁形弹性元件结构简单,应变片粘贴容易,灵敏度也较高,适用于测量小载荷。双孔梁和 S 形弹性元件利用弹性体的弯曲变形,采用对称贴片及合理的组桥方案,可以减小受力点位置的影响,提高测量精度,广泛用于小量程工业电子秤和商业电子秤。

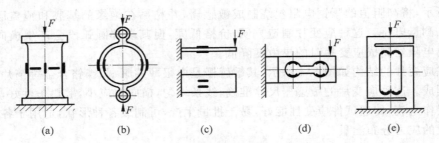

图 2.6 应变式力传感器的弹性元件

(a) 柱形；(b) 环形；(c) 悬臂梁形；(d) 双孔梁形；(e) S形

应变式压力传感器主要用于流体和气体压力的测量,其弹性元件有筒形、膜片形和组合形等,如图 2.7 所示。当被测压力较小时,多采用筒形弹性元件,在圆筒外表面的筒壁和端部各粘贴一个应变片,端部的应变片不产生应变,只起温度补偿作用。膜片形弹性元件采用周边固定的圆形平膜片,并将图 2.4(c)所示的箔式应变片直接粘贴在膜片上。组合形弹性元件的应变片不直接粘贴在膜片上,而粘贴在薄壁圆筒上,膜片将压力产生的位移传递给薄壁圆筒。

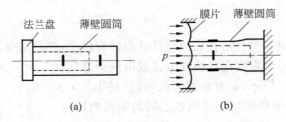

图 2.7 应变式压力传感器的弹性元件

(a) 筒形；(b) 组合形

应变式加速度传感器主要用于低频振动测量,如图 2.8 所示。测量时将基座与被测对象刚性连接,当被测对象以一定加速度振动时,作用在质量块上的惯性力使悬臂梁变形,粘贴在悬臂梁上的应变片接入电桥,电桥的不平衡输出电压与振动加速度成正比。该传感器也可用于金库、仓库、古建筑的安全防范,挖墙、打洞、爆破等破坏行为均能及时发现。

应变式扭矩传感器采用实心或空心圆柱形的弹性元件,如图 2.9 所示。应变片按45°和135°方向粘贴在圆柱外表面上,也可将图 2.4(b)所示的箔式应变片直接粘贴在旋转轴上,应变片组成差动电桥,既可以提高灵敏度,又可以消除弯曲产生的影响。由于传动轴是转动的,不能直接从应变片引出信号,所以采用电刷式集流环将应变信号由旋转轴引到静止的导线和仪器上,也可采用非接触式测量方法(如感应或遥测的方法)。

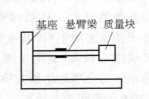

图 2.8 应变式加速度传感器

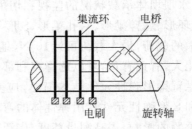

图 2.9 应变式扭矩传感器

2. 压阻式传感器

1）压阻效应

半导体材料受到外力作用时，其电阻率会发生变化，从而引起电阻发生变化，这种现象称为压阻效应。由式（2.2）可得电阻的相对变化量为

$$\frac{\Delta R}{R} \approx \frac{\Delta \rho}{\rho} = \lambda \sigma = \lambda E \varepsilon \tag{2.6}$$

式中：λ——沿某晶向的纵向压阻系数；

σ——沿某晶向的应力；

E——半导体材料的弹性模量。

压阻式传感器的灵敏度为

$$S = \frac{\Delta R/R}{\varepsilon} \approx \lambda E \tag{2.7}$$

如半导体硅，压阻系数 $\lambda = (40 \sim 80) \times 10^{-11}\,\mathrm{m^2/N}$，弹性模量 $E = 1.67 \times 10^{11}\,\mathrm{N/m^2}$，则压阻式传感器的灵敏度 $S = \lambda E = 70 \sim 140$，比电阻应变式传感器高几十倍。

2）结构类型

压阻式传感器主要有体型、薄膜型和扩散型三种。体型是利用半导体材料做成单根状的敏感栅，粘贴在基底上制成的半导体应变片，如图 2.10 所示。薄膜型是利用真空沉积技术将半导体材料沉积在带有绝缘层的基底上而制成。扩散型是在半导体材料的基片上利用集成电路工艺制成扩散电阻，也称为扩散型半导体应变片。

3）压阻式传感器的应用

图 2.11 所示为压阻式压力传感器，核心是周边固定的圆形 N 型硅膜片，其上扩散四个阻值相等的 P 型电阻，构成差动电桥。硅膜片两侧有两个压力腔，一个是与被测压力相通的高压腔，另一个是与大气相通的低压腔。当被测压力 p 作用时，膜片上各点产生应力和应变，使四个扩散电阻的阻值发生变化，由电桥输出获得压力的大小。

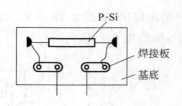

图 2.10　半导体应变片

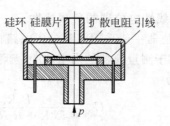

图 2.11　压阻式压力传感器

【案例 2.1】　图 2.12 所示是一种可插入人体心内导管的微型压阻式压力传感器，为了导入方便，在传感器端部加一塑料壳 6。当被测压力 p 作用于金属波纹膜片 7 上时，将压力转换为集中力，使硅片梁 5 产生变形，从而使硅片梁上扩散电阻 4 发生变化，再由电桥输出获得心内导管的压力。这种传感器可用于人体心血管、颅内、眼球内等压力的测量。

图 2.13 所示为压阻式加速度传感器的结构示意图。图中悬臂梁用单晶硅制成，在悬臂梁的根部扩散四个阻值相同的电阻，构成差动全桥。在悬臂梁的自由端装一质量块，当传感器受到加速度作用时，质量块的惯性力使悬臂梁发生变形产生应力，该应力使扩散电阻的阻

值发生变化,由电桥输出获得加速度的大小。

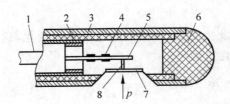

图 2.12 微型压阻式压力传感器

1—引线;2—硅橡胶导管;3—金属外壳;4—扩散电阻;

5—硅片梁;6—塑料壳;7—金属波纹膜片;8—推杆

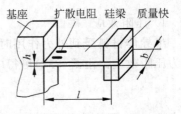

图 2.13 压阻式加速度传感器

3. 电位器式传感器

1) 电位器的结构类型

电位器式传感器也称变阻器式传感器,主要由电阻元件和电刷(活动触点)两部分组成,可将直线位移或角位移转换为与其成一定函数关系的电阻或电压输出,如图 2.14 所示。

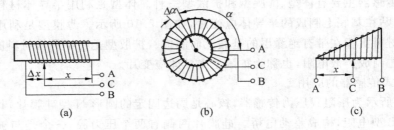

图 2.14 电位器式传感器

(a)直线位移型;(b)角位移型;(c)非线性型

2) 线性电位器的负载特性

电位器一般采用电阻分压电路将电阻变化转换成电压输出,如图 2.15 所示。负载电阻 R_L 相当于测量仪器的内阻,在直流激励电源 U 作用下,输出电压 U_o 为

$$U_o = \frac{R_x R_L}{R_L R + R_x R - R_x^2} U \qquad (2.8)$$

式中:R——电位器的总电阻;

R_x——随电刷位移 x 而变化的电阻值。

对于线性电位器,电刷的相对行程与电阻的相对变化成比例。当负载电阻 $R_L \to \infty$(空载状态)时,输出电压 U_o' 与电刷位移 x 成正比,即

$$U_o' = \frac{R_x}{R} U = \frac{U}{x_{max}} x \qquad (2.9)$$

一般情况下电位器接有负载电阻 R_L,其输出电压 U_o 与电刷位移 x 为非线性关系。令 $X = x/x_{max} = R_x/R, m = R/R_L$,代入式(2.8)得

$$U_。= \frac{X}{1+mX(1-X)}U \tag{2.10}$$

负载电阻 R_L 产生的非线性误差为

$$\gamma = \frac{U_。-U_。'}{U_。'} \times 100\% = \left[\frac{1}{1+mX(1-X)}-1\right] \times 100\% \tag{2.11}$$

由式(2.11)可知,负载电阻 R_L 越大(即 m 越小),非线性误差就越小。若要求电位器在整个行程内保持非线性误差为 $1\% \sim 2\%$,则必须使 $R_L \geqslant (10 \sim 20)R$。

3) 电位器式传感器的应用

电位器式传感器广泛用于自动配料秤和机械手、机器人中的直线位移及角位移测量。电位器通常用做内部反馈传感器,它可以检测关节和连杆的位置。电位器可单独使用也可以与其他传感器例如编码器一起使用。在这种情况下,编码器检测关节和连杆的当前位置,而电位器检测起始位置。这两种传感器组合在一起使用时对输入的要求最低,却能达到最高的精度。

4. 热电阻传感器

热电阻传感器是利用电阻随温度变化的特性而制成的,可分为金属热电阻和半导体热敏电阻两大类,主要用于温度测量、温度控制和温度补偿。

1) 金属热电阻

金属热电阻具有正的电阻温度系数,常用的材料有铂、铜、铟、锰、镍、铁等。

铂电阻具有精度高、稳定性好、性能可靠等优点,主要用于温度基准、标准传递、高精度温度测量等。在 $0 \sim 630℃$ 温度范围内,铂电阻的电阻值与温度之间的关系为

$$R_t = R_0(1+At+Bt^2) \tag{2.12}$$

式中: R_t、R_0——温度分别为 $t℃$ 和 $0℃$ 时的电阻值;

A、B——与铂纯度有关的系数,工业用 $A=3.985 \times 10^{-3}/℃$,$B=-5.874 \times 10^{-7}/℃^2$。

铂电阻是贵金属,在一些测量精度要求不高且温度较低的场合普遍使用铜电阻。铜电阻具有线性度好、电阻温度系数大、材料容易提纯、价格便宜等优点。在 $-50 \sim 150℃$ 温度范围内,铜电阻的电阻值与温度之间的关系为

$$R_t = R_0(1+\alpha t) \tag{2.13}$$

式中: α——铜电阻的温度系数,工业用 $\alpha=(4.25 \sim 4.28) \times 10^{-3}/℃$。

随着材料技术的不断发展,近年来开发出一些新颖的热电阻材料,制造的热电阻适用于超低温测量。如铟电阻的测温范围为 $-296 \sim 258℃$,精度高,灵敏度为铂电阻的 10 倍,但复现性差;锰电阻的测温范围为 $-271 \sim 210℃$,灵敏度高,但易损坏。

金属热电阻也采用电桥将电阻变化转换成电压或电流输出,为了消除连接导线电阻随温度变化而造成的测量误差,常采用三线接法和四线接法。

图 2.16 所示为金属热电阻测温电桥的三线接法,G 为检流计,R_1、R_2、R_3 为固定电阻,R_p 为调零电位器。热电阻 R_t 通过电阻分别为 r_1、r_2、r_3 的三根导线与电桥连接,r_2 和 r_3 接在电桥相邻臂。当温度变化时,只要导线的长度及电阻温度系数相等,则电阻变化不会影响电桥的工作状态,也不会产生温度测量误差。测温电桥三线接法的缺点是调零电位器的接触电阻与桥臂电阻相连,触点的接触状态变化会导致电桥的零位不稳定。

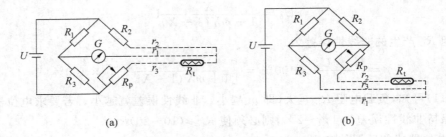

图 2.16　测温电桥的三线接法

(a) r_1 接检流计；(b) r_1 接电源回路

图 2.17 所示为金属热电阻测温电桥的四线接法,调零电位器 R_p 的接触电阻与检流计串联,接触电阻不稳定不会破坏电桥的平衡和工作状态。

2) 半导体热敏电阻

半导体热敏电阻具有电阻温度系数大、灵敏度高、体积小、热惯性小、工艺简单、寿命长、价格低廉等诸多优点,主要用于温度控制、温度补偿等,测温范围为 $-50\sim350$℃。其缺点是线性度差,电阻温度特性的分散性大。

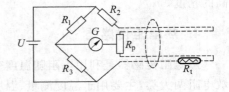

图 2.17　测温电桥的四线接法

热敏电阻的阻值随温度升高而减小,其电阻值与温度的关系可近似表示为

$$R_T = R_0 e^{\beta\left(\frac{1}{T} - \frac{1}{T_0}\right)} \tag{2.14}$$

式中：T、T_0——被测温度和参考温度,单位为 K；

　　　R_T、R_0——温度分别为 T 和 T_0 时的电阻值；

　　　β——热敏电阻的材料常数,$\beta = 2000\sim6000$K,常取 $\beta = 3400$K。

【案例 2.2】　图 2.18 所示为热敏电阻在温度自动控制中的应用。当实际温度低于设定温度时,热敏电阻 R_T 较大,A 点电位升高,晶体管 V_1 和 V_2 导通,继电器 K 线圈通电,常开触点 K_1 吸合,电热丝加热,发光二极管 LED 指示电路处于加热状态。当实际温度高于设定温度时,热敏电阻 R_T 较小,A 点电位降低,晶体管 V_1 和 V_2 截止,继电器 K 线圈断电,常开触点 K_1 断开,加热丝停止加热。二极管 V_D 为继电器 K 提供放电回路,保护晶体管 V_2。电位器 R_p 调节设定温度。

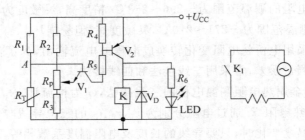

图 2.18　热敏电阻温度控制器

2.2.2 电容式传感器

电容式传感器是将被测量的变化转换成电容量变化的一种装置。它具有结构简单、灵敏度高、动态特性好、可实现非接触测量等一系列优点,广泛用于测量位移、振动、角度、加速度、压力、荷重、液位、温度、湿度等物理量。

1. 工作原理及类型

电容式传感器实质上是一个可变参数的电容器。由物理学可知,两平行金属极板组成的电容器,当忽略边缘效应时,电容量可表示为

$$C = \frac{\varepsilon A}{\delta} = \frac{\varepsilon_0 \varepsilon_r A}{\delta} \tag{2.15}$$

式中: ε、ε_0——极板间介质和真空的介电常数($\varepsilon_0 = 8.85 \times 10^{-12}\,\mathrm{F/m}$);

ε_r——极板间介质的相对介电常数,对于空气介质 $\varepsilon_r \approx 1$;

A——极板相互覆盖的面积;

δ——极板间的距离(亦简称间距)。

由式(2.15)可知,当被测量使 δ、A 或 ε 发生变化时,都会引起电容量 C 的变化。根据变化参数的不同,电容式传感器可分为变极距式、变面积式和变介电常数式。

1) 变极距式

图 2.19 所示为变极距式电容传感器的原理图及特性曲线。当上极板随被测量变化而上下移动时,两极板间的距离变化,从而引起电容量变化,且电容量与间距呈非线性关系。

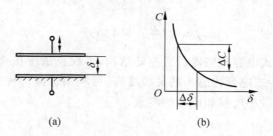

(a)   (b)

图 2.19 变极距式电容传感器

(a) 原理图;(b) 特性曲线

当电容器的 ε 和 A 为常数、初始间距为 δ_0 时,初始电容量 C_0 为

$$C_0 = \frac{\varepsilon A}{\delta_0}$$

若电容器极板间的距离由初始值 δ_0 改变 $\mp \Delta\delta$ 时,则电容量变化 $\pm\Delta C$,即

$$C = C_0 \pm \Delta C = \frac{\varepsilon A}{\delta_0 \mp \Delta\delta} = C_0 \frac{1}{1 \mp \Delta\delta/\delta_0} \tag{2.16}$$

当 $\Delta\delta \ll \delta_0$ 时,电容变化量为

$$\pm \Delta C = C_0 \frac{\Delta\delta/\delta_0}{1 \mp \Delta\delta/\delta_0} = C_0 \frac{\Delta\delta}{\delta_0} \left[1 \pm \frac{\Delta\delta}{\delta_0} + \left(\frac{\Delta\delta}{\delta_0}\right)^2 \pm \left(\frac{\Delta\delta}{\delta_0}\right)^3 + \cdots \right] \tag{2.17}$$

若略去式(2.17)中的非线性项,则传感器的灵敏度为

$$S = \frac{\Delta C}{\Delta \delta} \approx \frac{C_0}{\delta_0} = \frac{\varepsilon A}{\delta_0^2} \tag{2.18}$$

由此产生的非线性误差为

$$\gamma \approx \left| \frac{\Delta \delta}{\delta_0} \right| \times 100\% \tag{2.19}$$

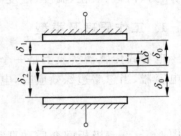

由式(2.18)和式(2.19)可以看出,减小初始间距 δ_0,可以提高灵敏度,但非线性误差增大。在实际应用中,为了提高灵敏度,减小非线性误差,且克服外界条件(如电源电压、环境温度等)变化对测量精度的影响,常采用图 2.20 所示的差动结构。当中间极板随被测量变化而上下移动时,若电容量 C_1 增大,电容量 C_2 则减小,由式(2.16)可得

图 2.20 差动变极距式电容传感器

$$C_1 = C_0 \left[1 + \frac{\Delta \delta}{\delta_0} + \left(\frac{\Delta \delta}{\delta_0} \right)^2 + \left(\frac{\Delta \delta}{\delta_0} \right)^3 + \cdots \right]$$

$$C_2 = C_0 \left[1 - \frac{\Delta \delta}{\delta_0} + \left(\frac{\Delta \delta}{\delta_0} \right)^2 - \left(\frac{\Delta \delta}{\delta_0} \right)^3 + \cdots \right]$$

差动结构的总电容变化量为

$$\Delta C = C_1 - C_2 = 2C_0 \frac{\Delta \delta}{\delta_0} \left[1 + \left(\frac{\Delta \delta}{\delta_0} \right)^2 + \left(\frac{\Delta \delta}{\delta_0} \right)^4 + \cdots \right] \tag{2.20}$$

差动结构的灵敏度和非线性误差为

$$S = \frac{\Delta C}{\Delta \delta} \approx \frac{2C_0}{\delta_0} = \frac{2\varepsilon A}{\delta_0^2} \tag{2.21}$$

$$\gamma \approx \left(\frac{\Delta \delta}{\delta_0} \right)^2 \times 100\% \tag{2.22}$$

由此可见,变极距式电容传感器做成差动结构,不仅灵敏度提高了一倍,而且非线性误差也大大减小。变极距式电容传感器的灵敏度高,可利用被测部件作为动极板实现动态非接触测量,广泛应用于微小位移和压力的测量。

2) 变面积式

图 2.21 所示为变面积式电容传感器的原理图。图 2.21(a)为直线位移型,当动极板移动时,两极板之间的覆盖面积发生变化,电容量也随之变化。其电容量和灵敏度分别为

$$C = \frac{\varepsilon b x}{\delta}$$

$$S = \frac{\Delta C}{\Delta x} = \frac{\varepsilon b}{\delta} = 常数 \tag{2.23}$$

式中: b——极板的宽度。

图 2.21(b)为角位移型,由两块半圆形极板构成,两极板间的有效覆盖面积 $A = \alpha r^2 / 2$,其电容量和灵敏度分别为

$$C = \frac{\varepsilon r^2 \alpha}{2\delta}$$

$$S = \frac{\Delta C}{\Delta \alpha} = \frac{\varepsilon r^2}{2\delta} = 常数 \tag{2.24}$$

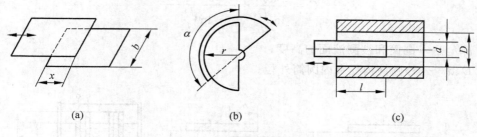

图 2.21　变面积式电容传感器

(a) 直线位移型；(b) 角位移型；(c) 直线位移圆筒型

式中：r——极板半径；

　　α——极板覆盖面积对应的中心角。

图 2.21(c)为直线位移圆筒型，由两个同心圆筒构成，其电容量和灵敏度分别为

$$C = \frac{2\pi\varepsilon l}{\ln\dfrac{D}{d}}$$

$$S = \frac{\Delta C}{\Delta l} = \frac{2\pi\varepsilon}{\ln\dfrac{D}{d}} = 常数 \tag{2.25}$$

式中：D——外圆筒的内径；

　　d——内圆筒（或圆柱）的外径；

　　l——两圆筒的覆盖长度。

变面积式电容传感器的灵敏度为常数，即输出与输入为线性关系。但与变极距式相比，灵敏度较低，适用于较大的直线位移和角位移的测量。

3）变介电常数式

变介电常数式电容传感器常用来测量介质的厚度、位置和液位等，如图 2.22 所示。图 2.22(a)是用来测量纸张、绝缘薄膜等厚度的电容传感器，两平行极板固定不动，当被测介质的厚度 δ_x 发生改变时，将引起电容量变化。其电容量为

$$C = \frac{lb}{\dfrac{\delta - \delta_x}{\varepsilon_0} + \dfrac{\delta_x}{\varepsilon}} \tag{2.26}$$

式中：l、b——极板的长度和宽度；

　　ε、ε_0——空气、介质的介电常数。

图 2.22(b)是用来测量介质位置的电容传感器，被测介质以不同深度 a_x 插入两固定极板中，电容量将发生变化。其电容量为

$$C = \frac{ba_x}{\dfrac{\delta - \delta_x}{\varepsilon_0} + \dfrac{\delta_x}{\varepsilon}} + \frac{b(l - a_x)}{\dfrac{\delta}{\varepsilon_0}} \tag{2.27}$$

图 2.22(c)是用来测量液位的电容传感器，被测液面高度 h_x 不同，电容量也将发生变化。其电容量为

$$C = \frac{2\pi\varepsilon_0 h}{\ln \dfrac{D}{d}} + \frac{2\pi(\varepsilon - \varepsilon_0)h_x}{\ln \dfrac{D}{d}} \tag{2.28}$$

式中：h、h_x——圆筒和被测液面的高度；

　　　D、d——外圆筒内径和内圆筒外径。

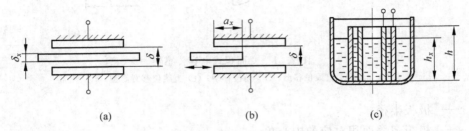

图 2.22　变介电常数式电容传感器
(a) 测量介质厚度；(b) 测量介质位置；(c) 测量介质液位

　　在全自动洗衣机中的水位测量就是应用了变介电常数式电容传感器。该传感器也可用来测量粮食、纺织品、木材等固体介质的温度或湿度，当被测介质受到外界温度或湿度影响时，其介电常数发生变化，从而引起电容量变化。

2. 调理电路

1）电桥电路

电容式传感器常做成差动结构，接入交流电桥的两个相邻桥臂，另外两个桥臂可以是固定电阻、电容或电感，也可以是变压器的两个次级线圈，如图 2.23 所示。

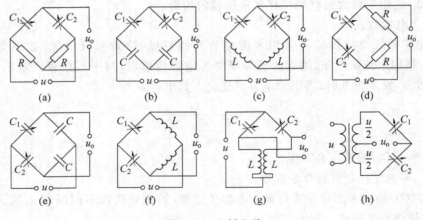

图 2.23　电桥电路

　　电桥的输出为一调幅波，再经放大、相敏检波、低通滤波等电路处理后获得的输出电压与电容变化量成正比。

2）调频电路

调频电路是将电容传感器与电容、电感元件并联构成振荡器的谐振回路，如图 2.24 所示。图中 C_x 是电容传感器，C_c 是传感器引线分布电容，C 和 L 是谐振回路的固有电容、电感。当传感器电容发生变化时,振荡器的振荡频率发生变化,通过限幅和鉴频电路将频率变化转换为电压变化,再经放大器放大后即可显示或记录。

图 2.24　调频电路

3) 运算放大器电路

运算放大器电路如图 2.25 所示。图中 C_x 是变极距式电容传感器,C 是固定电容,u 是交流电源电压。由运算放大器的理想条件"虚短"和"虚断"可得输出电压为

$$u_o = -u \frac{C}{C_x} \tag{2.29}$$

将 $C_x = \varepsilon A / \delta$ 代入式(2.29)得

$$u_o = -u \frac{C}{\varepsilon A} \delta \tag{2.30}$$

输出电压 u_o 与极板间距离 δ 呈线性关系,解决了变极距式电容传感器的非线性问题。若 C_x 是变面积式电容传感器,则将传感器电容 C_x 与固定电容 C 交换位置。

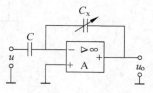

图 2.25　运算放大器电路

3. 电容式传感器的应用

1) 电容式压差传感器

图 2.26 所示为电容式压差传感器,由金属膜片(动极板)和两个镀金属层的凹形玻璃片(定极板)组成。当两腔的压力 p_1 和 p_2 不相等时,膜片弯向低压腔,从而改变两玻璃片与膜片之间的电容量。电容式压差传感器的分辨率很高,不仅用来测量压差,也可用来测量真空或微小绝对压力(0~0.75Pa),响应速度为 100ms。

2) 电容式加速度传感器

图 2.27 所示为电容式加速度传感器,两个定极板与壳体绝缘,质量块(动极板)由弹簧片支撑于壳体内。测量时,将传感器壳体固定在被测振动体上,振动体的振动使质量块相对于壳体运动,相对运动的位移与质量块所产生的惯性力成正比,在一定频率范围内,惯性力与被测振动加速度成正比。

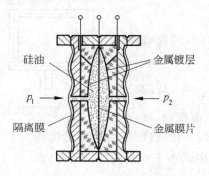

图 2.26　电容式压差传感器

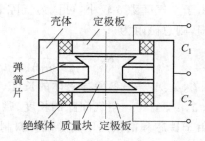

图 2.27　电容式加速度传感器

【案例 2.3】 图 2.28 所示为电容式测厚仪用于金属带材轧制过程中厚度的在线检测,在金属带材的上下两侧各放置一块面积相等的圆形极板,两极板与金属带材之间形成两个电容 C_1 和 C_2,当金属带材在轧制过程中发生厚度变化时,将引起电容量变化。电容 C_1 和 C_2 分别接入运算放大器 A_1 和 A_2 的负反馈回路,就可将电容变化转换成电压输出,只要测得输出电压 u_{o1} 和 u_{o2},由式(2.30)就可得到两极板与金属带材之间的间距 δ_1 和 δ_2。若两电容极板预留间距为 δ,则被测带材厚度 $h = \delta - (\delta_1 + \delta_2)$。该测量方法不仅实现了金属带材厚度的在线检测,而且也消除了变极距式电容传感器的非线性误差和金属带材在轧制过程中抖动而产生的误差。

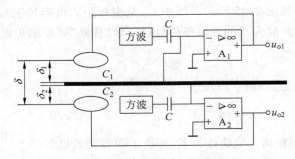

图 2.28 电容式测厚仪

2.2.3 电感式传感器

电感式传感器是利用电磁感应原理,将被测量转换成线圈自感 L 或互感 M 变化的一种装置,常用来测量位移、振动、压力、流量、转速、力矩等物理量。根据转换原理的不同,可分为变磁阻式、电涡流式的自感型传感器和差动变压器、感应同步器的互感型传感器。

1. 变磁阻式传感器

1) 变气隙式

变气隙式传感器如图 2.29 所示,由线圈、铁芯和衔铁组成。线圈自感为

$$L = \frac{N^2}{R_m} \tag{2.31}$$

式中:N——线圈的匝数;

　　R_m——磁路的总磁阻。

由于空气间隙 δ 较小,可认为气隙磁场是均匀的,若忽略磁路铁损,则总磁阻为

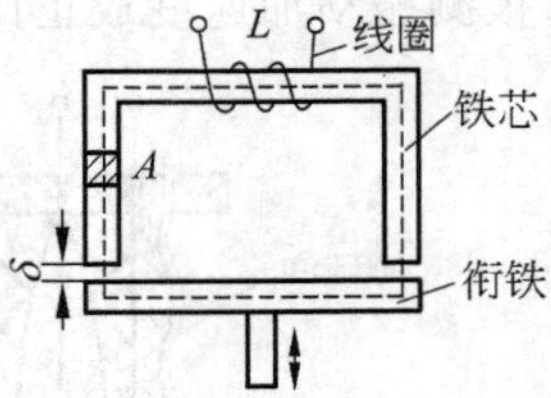

$$R_m = \sum_{i=1}^{N} \frac{l_i}{\mu_i A_i} + \frac{2\delta}{\mu_0 A_0} \tag{2.32}$$

图 2.29 变气隙式传感器

式中:l_i、μ_i、A_i——各段导磁体的长度、磁导率和截面积;

　　δ、μ_0、A_0——空气间隙的长度、磁导率($\mu_0 = 4\pi \times 10^{-7}$ H/m)和导磁截面积。

由于铁芯和衔铁是用高导磁材料制成的,其磁阻远小于空气间隙的磁阻,即

$$R_m \approx \frac{2\delta}{\mu_0 A_0}$$

将磁阻 R_m 代入式(2.31)可得

$$L \approx \frac{N^2 \mu_0 A_0}{2\delta} \qquad (2.33)$$

由式(2.33)可知,当铁芯的结构和线圈一定时,自感 L 与气隙长度 δ 成反比。其灵敏度和非线性误差分别为

$$S = \frac{\Delta L}{\Delta \delta} \approx \frac{L_0}{\delta_0} = \frac{N^2 \mu_0 A_0}{2\delta_0^2} \qquad (2.34)$$

$$\gamma \approx \left| \frac{\Delta \delta}{\delta_0} \right| \times 100\% \qquad (2.35)$$

为了提高灵敏度,减小非线性误差,常采用图 2.30 所示的差动结构。差动结构由两个完全相同的线圈共用一个活动衔铁构成,当衔铁随被测件上下移动时,一个线圈的自感增大,另一个线圈的自感减小。使用时,将线圈 L_1、L_2 与固定电阻 R_1、R_2 分别接在交流电桥的相邻桥臂,其电桥的输出电压 u_0 与衔铁的位移量成正比。

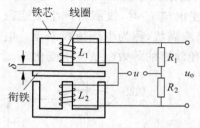

图 2.30 差动变气隙式传感器

2) 螺管式

螺管式传感器如图 2.31 所示,在线圈中放入圆柱形衔铁,当衔铁上下移动时,自感也将发生变化。图 2.31(a)为单个线圈的螺管式,图(b)为两个线圈构成的差动螺管式,将差动螺管线圈接于图(c)所示的变压器电桥,电桥的输出电压 u_0 也与衔铁的位移量成正比。这种传感器的线性取决于螺管线圈的长径比,长径比越大,线性工作范围就越大。

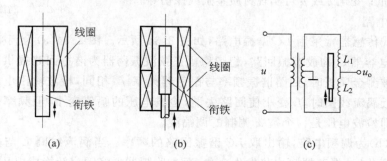

(a)   (b)   (c)

图 2.31 螺管式传感器

(a) 单个线圈;(b) 差动结构;(c) 变压器电桥

3) 变磁阻式传感器的应用

图 2.32 所示为变气隙式压力传感器的结构原理图,主要由 C 型弹簧管、铁芯、衔铁和线圈等构成。当被测压力进入 C 型弹簧管 1 时,弹簧管发生变形,其自由端产生位移,带动与自由端刚性连接的衔铁 2 发生移动,传感器线圈中的自感一个增大另一个减小,通过电桥电路转化为电压输出,其输出电压与被测压力成正比。

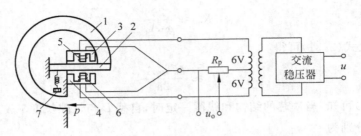

图 2.32　变气隙式压力传感器
1—弹簧管；2—衔铁；3、4—铁芯；5、6—线圈；7—调节螺钉

2. 电涡流式传感器

1) 涡流效应

电涡流式传感器是利用金属导体在交变磁场中的涡流效应原理制成的，如图 2.33 所示。在金属板上方放置一个扁平线圈，当线圈中通入交变电流 i_1 时，线圈将产生交变磁场 H_1，金属板上就产生感应电流 i_2。这种电流是闭合的，呈旋涡状，称为电涡流或涡流。电涡流又产生与激励磁场 H_1 方向相反的交变磁场 H_2，从而使线圈的等效阻抗发生变化。

线圈等效阻抗与金属板到线圈的距离 x 有关，也与金属板的电阻率 ρ、磁导率 μ、几何尺寸以及激励电流 i_1 的角频率 ω 等参数有关，即

$$Z = f(x, \rho, \mu, \omega) \qquad (2.36)$$

控制式(2.36)中的某些参数恒定不变，改变其中一个参数，就可实现被测参数的测量。例如，变化 x 可实现位移、振动的测量；变化 ρ 或 μ 可实现材质鉴别或探伤等。

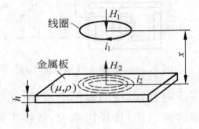

图 2.33　涡流效应

2) 调理电路

电涡流式传感器常采用 LC 谐振电路，如图 2.34 所示。图 2.34(a)为调幅电路，涡流线圈 L 和固定电容器 C 构成谐振回路，稳频稳幅正弦波振荡器为谐振回路提供稳定的高频电源。当没有被测金属板时，回路谐振频率与振荡器频率 f_0 相同，检波输出电压最大。当被测金属板接近涡流线圈时，L 变小使回路失谐，检波电压的幅值变小，但频率仍与振荡器频率 f_0 相同，即检波电压是一个被 x 调制的调幅波。

图 2.34(b)为调频电路，输出取 LC 谐振回路的频率。当涡流线圈 L 与金属板之间的距离 x 发生变化时，振荡器频率将发生变化，通过鉴频器再将频率转换成电压输出。

3) 电涡流式传感器的应用

电涡流式传感器具有结构简单、灵敏度高、可实现动态非接触测量、不受油污等介质的影响等特点，广泛用于位移、振动、转速和表面裂纹及缺陷的测量。

图 2.35 所示为电涡流式厚度传感器的原理图。在金属带材上、下各放置一个涡流传感器，也可消除带材抖动所产生的误差，从而提高测量精度，带材的厚度 $h = D - (x_1 + x_2)$。

图 2.36 所示为电涡流式转速传感器的原理图，图(a)是在一个旋转体上开一条或数条槽，图(b)做成齿状。在旋转体旁边安装涡流传感器，当旋转体转动时，传感器将输出周期性变化的电压，此电压经放大整形后用频率计指示出频率值。频率 f 与槽(齿)数 Z 及被测

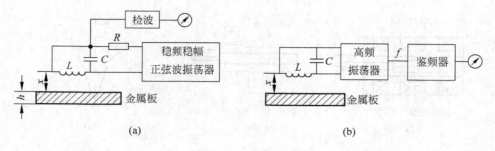

图 2.34 *LC* 谐振电路

（a）调幅电路；（b）调频电路

转速 n 的关系式为

$$n = \frac{60f}{Z}(\text{r/min}) \tag{2.37}$$

电涡流式传感器也可以用于焊接部位的探伤，还可以检查金属材料的表面裂纹、砂眼、气泡、热处理裂痕等。测量时，被测物体与传感器线圈之间做平行相对运动，如有裂纹、缺陷出现时，传感器线圈的阻抗发生变化，于是传感器的输出信号将产生突变，由此可以确定裂纹、缺陷的部位，达到探伤的目的。

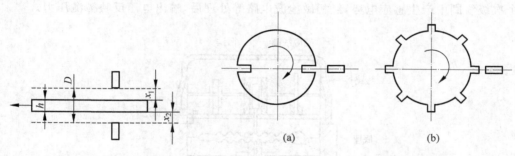

图 2.35 电涡流式厚度传感器

图 2.36 电涡流式转速传感器

（a）旋转体上开槽；（b）旋转体做成齿状

3. 差动变压器

1）结构与工作原理

差动变压器的结构如图 2.37（a）所示，由初级线圈和两个次级线圈及可在线圈中轴向移动的衔铁组成。当初级线圈加入适当频率的激励电压 u 时，两个次级线圈中就会产生感应电势，感应电势的大小与线圈之间的互感 M 成正比。若两个次级线圈的感应电势分别为 e_1 和 e_2，并按图 2.37（b）所示反极性串联，则传感器总输出电压 $u_o = e_1 - e_2$。

当衔铁在中间位置时，感应电势 $e_1 = e_2$，总输出电压 $u_o = 0$；当衔铁向左或向右移动时，感应电势 $e_1 \neq e_2$，总输出电压 $u_o \neq 0$。输出电压 u_o 的大小反映衔铁的位移量，相位反映衔铁的运动方向，其特性曲线如图 2.37（c）所示，为 V 形特性曲线。

差动变压器的输出电压为交流，若用交流电压表测量，只能反映衔铁位移量的大小，不能反映其移动方向。另外，由于两个次级线圈结构不完全对称、初级线圈的铜耗电阻、铁磁

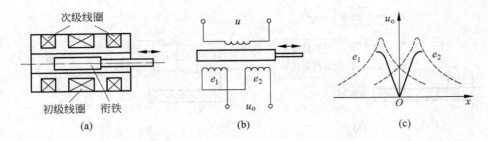

图 2.37　差动变压器

(a) 结构图；(b) 接线图；(c) 特性曲线

材料不均匀等原因,交流输出存在一定的零点残余电压。因此,差动变压器采用既能反映极性,又能补偿零点残余电压的相敏检波电路。

2) 差动变压器的应用

差动变压器可以直接用于位移测量,也可以测量与位移有关的量,如压力、力矩、加速度、振动等。

图 2.38 所示为差动变压器式压力传感器的结构原理图,主要由膜盒、衔铁、感应线圈等组成。振荡电路与初级线圈相连,为初级线圈提供交流激励电压,并在线圈周围产生磁场,两个次级线圈中产生感应电势,经相敏检波电路等处理后,输出电压反映被测压力。

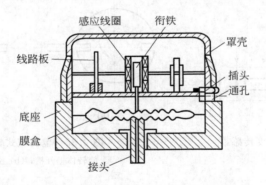

图 2.38　差动变压器式压力传感器

【案例 2.4】　图 2.39 所示为电感式测微仪的原理框图。振荡器产生的正弦波信号一方面作为传感器电桥的供桥电压,另一方面作为移相器的输入信号；移相器的输出信号通过电压比较器输出方波作为相敏检波器的参考信号；传感器的输出信号经过放大器放大后作为相敏检波器的输入信号；相敏检波器的输出信号既能反映位移量的大小,又能反映位移量的方向；低通滤波器滤除高频载波和高频干扰后就可得到稳定的直流信号,该直流信号经 A/D 转换器送入微处理器,微处理器计算后控制显示器显示位移量。

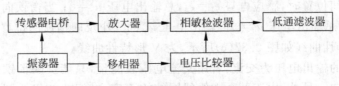

图 2.39　电感式测微仪原理框图

4. 感应同步器

1）结构与工作原理

感应同步器由两个平面形印刷电路绕组构成，两个绕组类似于变压器的初、次级线圈，故又称为平面变压器。感应同步器按其用途可分为直线感应同步器和圆感应同步器，如图 2.40 所示。

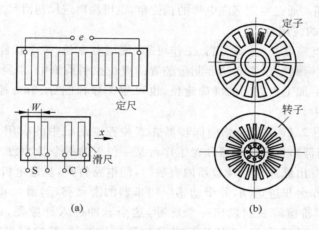

图 2.40　感应同步器工作原理示意图
（a）直线感应同步器；（b）圆感应同步器

直线感应同步器由定尺和滑尺组成，定尺为一组均匀分布的单相连续绕组，滑尺为两组节距相等、空间相差 90° 交替排列的分段绕组，S 为正弦绕组，C 为余弦绕组。定尺安装在不动部件上，滑尺安装在运动部件上，两尺平面绕组相对放置，并留有微小间隙，滑尺相对定尺移动。当滑尺的两个绕组各供给一个交流激励电压时，则定尺上的绕组由于电磁感应现象而产生与激励电压同频率的感应电势，通过测量感应电势的变化来测量位移。

圆感应同步器又称旋转式感应同步器，由定子和转子构成。转子为单相连续绕组，定子为两相扇形的分段绕组。定子和转子可以直接安装在机械设备上，也可以将它们组装在一起，通过联轴器与机械运动轴连接起来。

2）调理电路

感应同步器定尺上产生的感应电势是一个能反应滑尺与定尺相对移动的交变信号，可以用幅值和相位两个参数来描述，其调理电路有鉴幅型和鉴相型两种。

鉴幅型电路是在滑尺的正弦、余弦绕组上供给频率相同、相位相同、幅值分别为 $U_\mathrm{m}\sin\varphi$ 和 $U_\mathrm{m}\cos\varphi$ 的交流激励电压，通过测量定尺上感应电势的幅值来鉴别被测位移的大小。感应电势为

$$e = KU_\mathrm{m}\sin\left(\varphi + \frac{2\pi}{W}x\right)\sin\omega t \tag{2.38}$$

式中：K——比例常数；

W——绕组节距；

x——滑尺与定尺的相对位移。

式（2.38）表示感应电势的幅值随位移 x 的规律变化，当 x 变化一个节距 W 时，感应电

势的幅值变化一个周期。通过测量感应电势的幅值,即可测得滑尺与定尺之间的相对位移。

鉴相型电路是在滑尺的正弦、余弦绕组上供给频率相同、幅值相同、相位差为 90°的交流激励电压,通过测量定尺上感应电势的相位来鉴别被测位移量的大小。感应电势为

$$e = KU_m \sin\left(\omega t + \frac{2\pi}{W}x\right) \tag{2.39}$$

式(2.39)表示感应电势的相位角随 x 的规律变化,当 x 变化一个节距 W 时,感应电势的相位角变化一个周期。通过鉴别感应电势的相位角,也可测得定尺与滑尺之间的相对位移。

3) 感应同步器的应用

感应同步器具有精度高、分辨力高、工作可靠、使用寿命长、抗干扰能力强等特点,广泛用于数控机床、三坐标测量仪等高精度测量装置的点位控制系统中,主要控制刀具或工作台从某一加工点到另一加工点之间的准确定位,也可用于导弹制导、射击控制、雷达天线定位等高精度跟踪系统中。

【案例 2.5】　图 2.41 所示为感应同步器在点位控制系统中的应用。工作前通过输入装置(如可编程控制器),先给计数器预置工作台某一位置的指令脉冲数,脉冲发生器按机床移动速度要求不断发出脉冲。当计数器内有数时,门电路打开,步进电机按脉冲发生器发出的驱动脉冲控制工作台步进运动,并带动感应同步器的滑尺移动,滑尺每移动一定距离(如0.01mm),感应同步器检测装置发出一个脉冲,这个脉冲进入计数器,说明工作台移动了0.01mm,计数器中的数就减 1。当机床运动到达预定位置时,感应同步器检测装置发出的脉冲数正好等于预置的指令脉冲数,计数器出现全"0"状态,门电路关闭,步进电机停转,工作台停止运动,实现准确的定位。

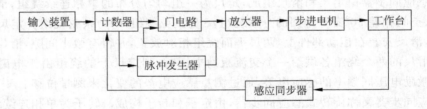

图 2.41　点位控制系统框图

2.3　能量转换型传感器

2.3.1　压电式传感器

压电式传感器具有动态性能好、灵敏度高、结构简单、工作可靠、体积小、重量轻等特点,广泛用于动态力、机械冲击与振动的测量,也可用于超声波检测装置。

1. 压电效应

某些压电材料在沿一定方向上施加外力而发生变形时,其内部会产生极化现象,并在表面产生电荷;当外力去掉后,电荷也随之消失,这种现象称为正压电效应。反过来,

在压电材料的电极面上施加交变电场时,也会发生机械振动变形,去掉电场后振动变形也随之消失,这种现象称为逆压电效应(或电致伸缩效应)。常用的压电材料有天然的石英晶体和人工合成的压电陶瓷等,压电材料不同其晶体结构不同,压电效应的机理也不同。

石英晶体的结晶形状为六角形晶柱,如图 2.42(a)所示。在直角坐标系中可用三条互相垂直的晶轴表示,通过六棱锥的 z 轴称为光轴,经过六棱线的 x 轴称为电轴,垂直于六棱面的 y 轴称为机械轴,如图 2.42(b)所示。沿 y 轴线切下一个压电晶片,如图 2.42(c)所示。

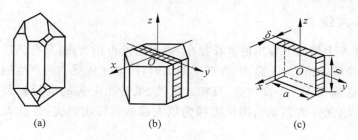

图 2.42　石英晶体

(a) 结晶形状；(b) 坐标轴；(c) 压电晶片

当沿电轴 x 方向施加压力 F_x 时,将在垂直 x 轴的平面上产生电荷 q_x,这种现象称为纵向压电效应。电荷 q_x 的大小与作用力 F_x 成正比,而与晶片尺寸无关,即

$$q_x = d_{11} F_x \qquad (2.40)$$

式中：d_{11}——纵向压电系数。

当沿机械轴 y 方向施加压力 F_y 时,仍在垂直 x 轴的平面上产生电荷 q_x,这种现象称为横向压电效应。电荷 q_x 的大小与晶片的长度 a、厚度 δ 有关,即

$$q_x = d_{12} \frac{a}{\delta} F_y = - d_{11} \frac{a}{\delta} F_y \qquad (2.41)$$

式中：$d_{12} = -d_{11}$——横向压电系数。

当沿光轴 z 方向施加外力时,则不会产生压电效应。

2. 等效电路及连接方式

在压电晶片的两个工作面上进行金属蒸镀,形成金属膜,构成两个电极。当压电晶片受到外力作用时,在两个极板上聚集数量相等、极性相反的电荷,从而形成电场。因此压电元件既是一个电荷发生器,也是一个电容器。其电容量 C_a 为

$$C_a = \frac{\varepsilon A}{\delta} \qquad (2.42)$$

式中：ε——压电材料的介电常数,石英晶体 $\varepsilon = 3.98 \times 10^{-11}$ F/m；

A——压电晶片的面积,$A = a \times b$。

压电元件的等效电路如图 2.43(a)所示,R_a 为压电元件的泄漏电阻。压电元件在实际使用中,常采用两片或多片压电晶片黏结在一起来提高输出。图 2.43(b)为并联接法,输出电荷增大,电容量也增大,时间常数增大,适用于电荷输出和缓变信号测量。图 2.43(c)为串联接法,输出电压增大,电容量减小,时间常数减小,适用于电压输出和瞬变信号测量。

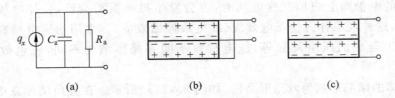

图 2.43　压电元件的等效电路及连接方式

（a）等效电路；（b）并联接法；（c）串联接法

3. 电荷放大器

压电元件在外力作用下输出的电荷很小，输出阻抗也相当高，只有当后接电路的输入阻抗（压电元件的负载阻抗）为无穷大、内部无漏电时，压电元件受力后产生的电荷才能长期保持下来。为此，必须接入一个高增益、高输入阻抗、低输出阻抗的电荷放大器。电荷放大器的作用是：把压电元件的高输出阻抗变换为放大器的低输出阻抗，并放大压电元件输出的微弱信号。

电荷放大器实际上是一个具有电容负反馈的高增益运算放大器，压电元件与电荷放大器连接的基本等效电路如图 2.44(a)所示。图中 C_c 为连接电缆的分布电容；R_i 和 C_i 分别为放大器的输入电阻和输入电容；C_f 为反馈电容，用来改变放大器的输入阻抗；R_f 为反馈电阻，为放大器提供直流负反馈，以减小零点漂移，稳定工作点。

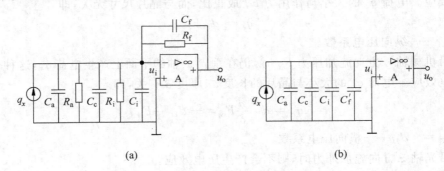

图 2.44　压电元件与电荷放大器

（a）基本等效电路；（b）简化等效电路

简化等效电路如图 2.44(b)所示，压电元件的泄漏电阻 R_a 和放大器的输入电阻 R_i、反馈电阻 R_f 都很大，可认为开路，反馈电容 C_f 折合到放大器输入端的等效电容 $C_f'=(1+K)C_f$，C_f' 与 C_a、C_c、C_i 并联。此时电荷放大器的输出电压 u_o 为

$$u_o = -Ku_i = -\frac{Kq_x}{C_a+C_c+C_i+(1+K)C_f} \qquad (2.43)$$

由于电荷放大器的开环增益 K 很大，则 $(1+K)C_f \gg C_a+C_c+C_i$，式(2.43)可简化为

$$u_o \approx -\frac{q_x}{C_f} \qquad (2.44)$$

式(2.44)表明，电荷放大器输出电压 u_o 与压电元件产生的电荷量 q_x 成正比，并与电缆分布电容 C_c 无关。这对小信号、远距离测量非常有利，因此电荷放大器应用相当广泛。

4. 压电式传感器的应用

1）压电式力传感器

图 2.45 所示是一种用于机床动态切削力测量的单向压电式力传感器,压电元件采用并联接法,被测力通过盖板作用在压电元件上,使压电元件在 x 轴方向上产生电荷。

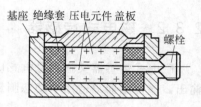

图 2.45　单向压电式力传感器

2）压电式加速度传感器

压电式加速度传感器的压电元件处于壳体和质量块之间,并用预紧螺栓将质量块、压电元件紧固在壳体上。当传感器随振动体加速运动时,压电元件将承受质量块相对运动而产生惯性力,从而输出与加速度成正比的电荷。压电式加速度传感器主要用于振动冲击测量和故障诊断等。

【案例 2.6】　图 2.46 所示为压电式加速度传感器在检测桥墩水下部位裂纹中的应用。激振器使桥墩承受垂直方向的激励,压电式加速度传感器测量桥墩的响应,响应信号经电荷放大器放大后送入数据采集仪,采集的信号再送入频谱分析仪分析后就可判断桥墩有无裂纹。没有裂纹的桥墩为一坚固整体,相当于一个大质量块,激振后只有一个谐振频率点,加速度响应曲线为单峰。若桥墩有裂纹,其力学系统变得更为复杂,相当于两个或数个质量-弹簧系统,具有多个谐振频率点,激振后的加速度响应曲线将出现双峰或多峰。

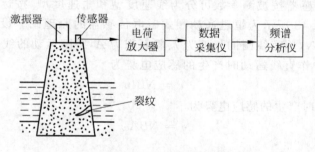

图 2.46　桥墩水下部位裂纹检测系统

3）压电式超声波传感器

压电式超声波传感器(或称超声波探头)是利用压电元件的逆压电效应,将高频交变电场转换成高频机械振动而产生超声波(发射探头),再利用正压电效应将超声振动波转换成电信号(接收探头)。发射探头和接收探头结构基本相同,可用一个探头完成两种任务。

【案例 2.7】　图 2.47 所示为压电式超声波传感器测量板材厚度的原理框图,超声波探头与被测件表面接触。主控制器产生一定频率的脉冲信号控制发射电路,经电流放大后激励超声波探头产生超声波脉冲。超声波脉冲传送到被测件再反射回来由同一超声波探头接收,经接收放大器放大加到示波器的垂直偏转板上,标记发生

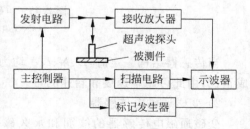

图 2.47　超声波传感器测板材厚度

器输出时间标记脉冲信号也加到示波器的垂直偏转板上,扫描电路输出扫描电压加到示波器的水平偏转板上。在示波器上可以直接读出发射超声波脉冲与接收超声波脉冲之间的时间间隔 t,由此计算出被测件的厚度 $h = ct/2$,c 为超声波在试件中的传播速度。

2.3.2 磁电式传感器

磁电式传感器又称为磁电感应式传感器,利用电磁感应原理将被测量转换成感应电势输出。该传感器只适用于动态测量,广泛用于振动速度、转速等参数的测量。

1. 工作原理及结构类型

根据法拉第电磁感应定律可知,对于匝数为 N 的线圈,当穿过该线圈的磁通 Φ 发生变化时,线圈中将产生感应电势 e,即

$$e = -N\frac{\mathrm{d}\Phi}{\mathrm{d}t} \tag{2.45}$$

感应电势的大小取决于线圈匝数 N 和通过线圈的磁通变化率。磁通变化率与磁场强度、磁路磁阻、线圈与磁场相对运动的速度有关,改变其中一个因素都会改变线圈中的感应电势。按照结构不同,磁电式传感器可分为恒磁通和变磁通两种形式。

1) 恒磁通磁电传感器

恒磁通磁电传感器按被测参数可分为线速度型和角速度型,按运动部件可分为动圈式和动磁式。图 2.48 所示为恒磁通动圈式磁电传感器的原理图。设磁场的磁感应强度为 B,线圈匝数为 N,单匝线圈的长度为 l、截面积为 A、线圈运动的线速度为 v、角速度为 ω,则线圈在磁场中作直线运动时产生的感应电势为

$$e = NBlv$$

线圈在磁场中旋转时产生的感应电势为

$$e = NBA\omega$$

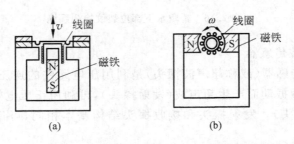

图 2.48　恒磁通动圈式磁电传感器
(a) 线速度型;(b) 角速度型

当传感器结构一定时,B、N、l、A 均为常数,感应电势 e 与线圈运动的速度 v 或角速度 ω 成正比,由此可用于速度和转速测量。

2) 变磁通磁电传感器

变磁通磁电传感器的线圈和永久磁铁都是静止的,感应电势由变化的磁通产生,如

图 2.49 所示。测量齿轮(导磁材料制成)安装在被测旋转轴上,当齿轮随转轴旋转时,磁路的磁阻发生周期性变化,使穿过线圈的磁通量变化,从而在线圈中产生感应电势,感应电势的频率 f 取决于齿轮的齿数 Z 和转速 n,其关系为

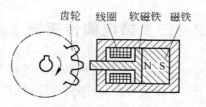

图 2.49　变磁通磁电式转速传感器

$$n = \frac{60f}{Z}(\text{r/min}) \qquad (2.46)$$

用频率计测得感应电势的频率 f,由已知齿轮齿数 Z 即可求得转速 n。

2. 微积分电路

　　磁电式传感器输出的感应电势与振动速度(或转速)成正比,若要获取振动位移或振动加速度,应配接适当的积分电路或微分电路。图 2.50 所示为磁电式传感器与微积分电路的连接图,选择开关 S 置"1"时,传感器输出信号与振动速度成正比;S 置"2"时经积分电路处理,得到振动位移信号;S 置"3"时经过微分电路处理,得到振动加速度信号。

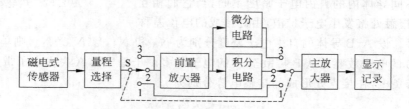

图 2.50　磁电式传感器的微积分电路

3. 磁电式速度传感器

　　图 2.51 所示是国产 CD-1 型振动速度传感器的结构原理图,它是一种恒磁通动圈式磁电传感器。其可动部分包括芯轴、阻尼器和工作线圈,通过弹簧片与传感器外壳连接。圆柱形永久磁铁用铝支架固定在外壳内,软磁铁制成的外壳同时也是传感器磁路系统的磁轭,并起屏蔽作用。磁路系统有两个空气隙,一个放置工作线圈,另一个放置阻尼器。传感器输出的感应电势通过引线连接到测量电路。

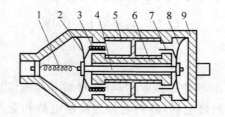

图 2.51　国产 CD-1 型振动速度传感器

1—引线；2、8—弹簧片；3—工作线圈；4—芯轴；5—铝支架；6—永久磁铁；7—阻尼器；9—外壳

2.3.3　热电偶传感器

热电偶是利用热电效应进行工作的测温元件,在工业生产中应用最为广泛,具有测温范围广、测量精度高、热惯性小、结构简单、使用方便等特点。

1. 热电效应

将两种不同导体或半导体串接成图 2.52 所示的闭合回路,若两个接点处于不同的温度,则回路中就会产生热电势,这种现象称为热电效应。其中 A、B 称为热电极,温度为 T 的接点称为热端或工作端,温度为 T_0 的接点称为冷端或参考端。

热电偶产生的热电势 $E_{AB}(T,T_0)$ 是由两种导体的接触电势(又称珀尔帖电势)和单一导体的温差电势(又称汤姆逊电势)组成,其大小与两种导体的性质和接点温度有关,而与导体材料的中间温度无关。

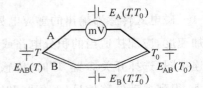

图 2.52　热电效应

1) 接触电势

由于不同导体内的自由电子密度不同,当它们相互接触时,在接触处将发生电子扩散,由此形成的电位差称为接触电势。设 A、B 导体的自由电子密度分别为 N_A 和 N_B,且 $N_A > N_B$,则单位时间内由 A 扩散至 B 的电子数要比从 B 扩散至 A 的电子数多。于是导体 A 失去电子带正电,导体 B 得到电子带负电,在接点处形成的接触电势分别为

$$E_{AB}(T) = \frac{kT}{q}\ln\frac{N_A}{N_B} \tag{2.47}$$

$$E_{AB}(T_0) = \frac{kT_0}{q}\ln\frac{N_A}{N_B} \tag{2.48}$$

式中：k——玻尔兹曼常数($k = 1.38 \times 10^{-23}$ J/K)；

　　　q——电子电荷量($q = 1.6 \times 10^{-19}$ C)；

　　　T、T_0——热端与冷端的绝对温度。

2) 温差电势

若同一导体两端温度不同,其高温端的电子能量比低温端的电子能量大,则高温端的自由电子就会向低温端扩散,由此形成的电位差称为温差电势。设 $T > T_0$,则高温端失去电子带正电,低温端得到电子带负电,形成的温差电势分别为

$$E_A(T,T_0) = \int_{T_0}^{T} \sigma_A \mathrm{d}T \tag{2.49}$$

$$E_B(T,T_0) = \int_{T_0}^{T} \sigma_B \mathrm{d}T \tag{2.50}$$

式中：σ_A、σ_B——导体 A、B 的汤姆逊系数,与导体材料和两端温度有关。

由 A、B 两种导体组成的热电偶,其热电势为接触电势和温差电势的代数和,即

$$E_{AB}(T,T_0) = E_{AB}(T) - E_{AB}(T_0) + E_B(T,T_0) - E_A(T,T_0)$$

$$= \frac{k}{q}(T - T_0)\ln\frac{N_A}{N_B} - \int_{T_0}^{T}(\sigma_A - \sigma_B)\mathrm{d}T \tag{2.51}$$

由式(2.51)可知,若热电偶回路中的两种导体材料相同,尽管两接点处的温度 T、T_0 不同,也不会产生热电势。若两接点处的温度相同,尽管导体材料 A、B 不同,热电偶回路中也不会产生热电势。若导体材料 A、B 选定,且冷端温度 $T_0 = 0℃$,则热电势 $E_{AB}(T, T_0)$ 为热端 T 的单值函数,用测量仪表测出热电势的大小,就可确定被测温度 T 的高低。

在热电偶回路中接入第三种导体,只要该导体的两端温度相同,则热电势不会发生变化,这一性质称为中间导体定律。同理,在热电偶回路中接入多种导体,只要每种导体的两端温度相同,则对热电势也无影响。这一性质对热电偶的应用十分重要,热电偶回路中的测量仪表、导线等均可视为中间导体,只要其两端温度相同,就不会产生附加热电势。

2. 热电偶的冷端补偿

由热电效应可知,热电偶的热电势大小与热电极材料及两接点温度有关。为了保证热电势是被测温度的单值函数,必须保证冷端温度恒定。热电偶的分度表以及根据分度表刻度的测温仪表,都是在冷端温度为 0℃ 时的条件下标定的,所以在使用热电偶时必须遵守这一条件。而工业现场中热电偶的冷端通常靠近被测对象,受周围环境温度影响,因此必须采取一些补偿或修正措施。

1) 热电势修正法

当冷端温度为 T_n,且 $T_n \neq 0℃$ 时,可采用热电势修正法进行修正。实测电势 $E_{AB}(T, T_n)$ 加上修正电势 $E_{AB}(T_n, T_0)$,得到冷端温度 $T_0 = 0℃$ 时的热电势 $E_{AB}(T, T_0)$,由 $E_{AB}(T, T_0)$ 查分度表即可得到准确的被测温度 T。

2) 电桥补偿法

在热电偶回路中串接一个图 2.53 所示的直流不平衡电桥。桥臂电阻 R_1、R_2、R_3 和限流电阻 R_d 均由温度系数很小的锰铜丝绕制,桥臂电阻 R_t 由温度系数较大的铜丝绕制,R_t 与热电偶的冷端处于相同的温度。当冷端温度 $T_0 = 0℃$ 时,R_t 与 R_1、R_2、R_3 相等,电桥平衡 $U_{ab} = 0$。当

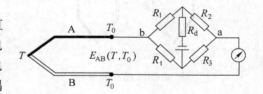

图 2.53　电桥补偿法

$T_0 > 0℃$ 时,热电势 $E_{AB}(T, T_0)$ 将减小,R_t 增大使电桥不平衡输出 $U_{ab} > 0$。适当选择桥臂电阻和供桥电压,可使电桥的不平衡输出 U_{ab} 正好补偿冷端温度变化而引起的影响。

3) 补偿导线法

由于热电偶的长度有限,冷端温度容易受热端温度影响,为此采用补偿导线将冷端移至远离热源且环境温度较稳定的地方,从而消除冷端温度变化所造成的影响。

4) 0℃ 恒温法

将纯水和冰屑相混合置于保温瓶内,并使水面略低于冰屑面。将热电偶的冷端置于其中,可使冷端保持在 0℃,此时热电偶的热电势与分度表一致。该方法通常用于实验室中。

3. 热电偶传感器的应用

在锅炉节能控制系统中,通常需要对炉膛、蒸汽、水等的温度进行测定。为了提高灵敏

度，将 n 支同型号的热电偶串联，仪表示值为 n 支热电偶的热电势之和，即

$$E = E_1 + E_2 + \cdots + E_n$$

这种测量方法只要有一支热电偶发生断路，整个电路将无法工作。

为了提高测量精度，将 n 支同型号的热电偶并联，仪表示值为 n 支热电偶热电势的算术平均值，即

$$E = \frac{E_1 + E_2 + \cdots + E_n}{n}$$

这种测量方法与串联测温电路相比，该电路中某个热电偶断路并不影响整个电路的工作，且相对误差为单支热电偶相对误差的 $1/\sqrt{n}$ 倍。

为了测量两点间的温度之差，将两支同型号的热电偶反向串联，如图 2.54 所示，且配接相同的补偿导线。测量仪表示值 $E = E_1 - E_2$，由示值 E 查分度表就可得到 T_1 和 T_2 的温度差。

【案例 2.8】 图 2.55 所示为热电偶测量炉温的示意图，将热电偶的热端插入炉内感受待测温度 T，冷端通过补偿导线与测量仪表的输入导线（铜线）相连，并插入冰瓶以保证 $T_0 = 0℃$，由测量仪表测得的热电势查分度表来确定炉内的实际温度。若测温现场不便保证冷端 $T_0 = 0℃$，则必须进行修正。

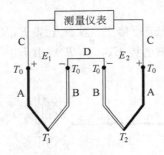

图 2.54　温差测量

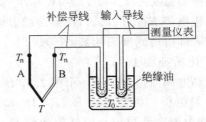

图 2.55　炉温测量

2.3.4　霍尔传感器

霍尔传感器是利用霍尔效应实现磁电转换，具有外围电路简单、灵敏度高、线性度好、体积小等特点，广泛用于位移、转速、压力、电流、磁场等物理量的测量。

1. 霍尔效应

将图 2.56 所示的 N 型（或 P 型）半导体薄片，置于磁感应强度为 B 的磁场中，在相对两端面 a、b 通入控制电流 I，电流与磁场互相垂直，则半导体另外两端面 c、d 会产生电动势，这种现象称为霍尔效应。产生的电动势称为霍尔电势，半导体薄片称为霍尔元件。

若采用 N 型半导体薄片，则载流子（电子）将沿着与电流 I 相反的方向运动。由物理学可知，在磁

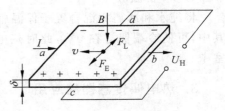

图 2.56　霍尔效应

场中运动的载流子会受到磁场力(洛伦兹力)F_L作用,使载流子的运动轨迹发生偏转,c、d两端分别产生电荷积聚,从而形成了电场。电场对电子的作用力(电场力)F_E与磁场力F_L的方向相反,当I、B一定时,且$F_E = F_L$,电荷的积累便达到动态平衡,c、d两端就形成一个稳定的电场,称为霍尔电场。相应的霍尔电势为

$$U_H = \frac{1}{nq\delta}BI = S_H BI \qquad (2.52)$$

式中:n——N 型半导体材料的电子浓度(单位体积中的电子数);

$\qquad q$——电子电荷量($q = 1.6 \times 10^{-19}$C);

$\qquad S_H$——霍尔元件的灵敏度($S_H = 1/nq\delta$)。

霍尔电势U_H的大小与磁感应强度B和控制电流I成正比,与霍尔元件的厚度δ成反比。改变B或I可实现被测参数的测量,减小δ可以提高霍尔元件的灵敏度。

霍尔传感器由霍尔元件、引线和调理电路(放大、滤波、温度补偿等电路)组成,可采用集成电路工艺将霍尔元件和调理电路集成在同一个芯片上,构成集成霍尔传感器。

2. 霍尔传感器的应用

图 2.57 所示为霍尔式位移传感器的工作原理。在两块极性相反、磁场强度相同的永久磁铁中放置一块霍尔元件,当控制电流恒定不变时,磁感应强度B在一定范围内沿x方向的变化率(梯度)为一常数。当霍尔元件在两块永久磁铁中沿x方向移动时,在一定范围内霍尔电势U_H与位移量x成正比。

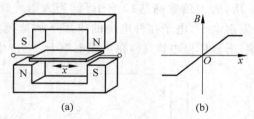

(a)　　　　　　　　　　(b)

图 2.57　霍尔式位移传感器

(a) 结构原理图;(b) 特性曲线

以利用霍尔元件测量位移为基础,通过一定形式的弹性元件,可实现压力、加速度、振动、转速的测量。

【**案例 2.9**】　图 2.58 所示是利用霍尔元件检测钢丝绳断丝的方框图。当钢丝绳有断丝时,在断丝处出现漏磁场,霍尔元件通过漏磁场获得一个脉动电压信号,该电压信号经过放大、滤波等预处理后送入数据采集卡进行 A/D 转换,通过 LabVIEW 软件平台和计算机实现对断丝信号的分析处理,从而识别断丝根数和位置。

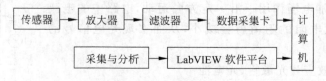

图 2.58　钢丝绳断丝检测仪

2.4　光电传感器

光电传感器是将光信号转换为电信号的传感器，具有非接触、高精度、反应快、可靠性好、分辨率高等优点，广泛用于各种自动检测和控制系统中。

2.4.1　光电器件

1. 光电效应

当光照射物体时，物体就受到具有一定能量的光子轰击，物体中的电子吸收光子能量，导致物体的电学性质发生变化，这种现象称为光电效应。光电器件就是基于光电效应的原理工作的，光电效应可分为外光电效应、内光电效应和光生伏特效应。

1) 外光电效应和光电管、光电倍增管

在光照作用下，物体向外发射电子的现象称为外光电效应。

光电管主要由光电阴极 K 和阳极 A 两部分组成，阴极和阳极封装在一个玻璃管内，其工作电路如图 2.59 所示，阴极 K 接电源负极，阳极 A 通过负载电阻 R_L 接电源正极。

光电倍增管由光电阴极 K、倍增极 D(二次电子发射极)和阳极 A 组成，如图 2.60 所示。倍增极具有光电流放大作用，放大倍数高达 $10^5 \sim 10^7$。当入射光透过玻璃窗照射到光电阴极上时，阴极受激发向外发射电子，电子在外电场的作用下加速轰击倍增极，经过 n 个倍增极放大的电子被阳极收集，形成阳极电流 I_A，在负载电阻 R_L 上产生信号电压 U_o。

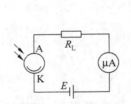

图 2.59　光电管工作电路

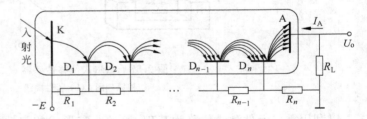

图 2.60　光电倍增管

2) 内光电效应和光敏电阻

在光照作用下，物体的导电性能增加而电阻率下降的现象称为内光电效应。

光敏电阻由均质的光电导体两端加上电极构成，如图 2.61 所示。当光照射在光电导体上时，光生载流子(电子-空穴对)的浓度增加，并在外加电场作用下沿一定方向运动，电路中的电流就会增大，即光敏电阻的阻值就会减小，从而实现光电信号的转换。

3) 光生伏特效应和光敏管、光电池

在光照作用下，能使物体产生一定方向电位差的现象称为光

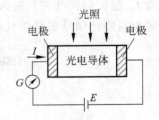

图 2.61　光敏电阻

生伏特效应。

光敏二极管的结构与晶体二极管相似,具有一个 PN 结、单向导电,如图 2.62 所示。不同之处在于光敏二极管的 PN 结安装在管壳的顶端,以便于接受光照,在电路中通常工作在反向偏置状态。无光照时,光敏二极管的反向电阻很大,反向电流很小,此时的电流称为暗电流。有光照射时,PN 结附近产生电子-空穴对,并在反向偏置电压作用下形成光电流 I_p,光电流的大小与光照强度成正比。

光敏三极管的结构与晶体三极管相似,具有电流放大作用,只是基极电流不仅受基极电压控制,还受光照控制,也有 NPN 型和 PNP 型两种。图 2.63 所示为 NPN 型光敏三极管结构原理图。

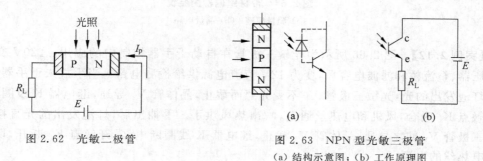

图 2.62　光敏二极管　　　　　图 2.63　NPN 型光敏三极管

(a) 结构示意图;(b) 工作原理图

光电池也有一个 PN 结,但 PN 结面积较大。当光照射 PN 结时,结区附近产生光生电子-空穴对,在 PN 结电场作用下,N 区的空穴被拉向 P 区,P 区的电子被拉向 N 区,结果在 PN 结两端产生电位差。光电池是航天工业的重要电源,也可作为航标灯、高速公路警示灯等野外无人值守设备的电源。常用的光电池有硅光电池和硒光电池两种,其中硅光电池作为太阳能电池广泛应用于人造卫星和宇宙飞船,硒光电池应用于光照强度检测与控制。

各种光电器件具有不同的光谱特性,选用时应注意与一定波长的光源配合使用。

2. 光电器件的应用

【案例 2.10】　图 2.64 所示为光敏电阻在带材跑偏检测装置中的应用。R_{G1}、R_{G2}、R_1、R_P 组成测量电桥,其中 R_{G1} 和 R_{G2} 为同型号的光敏电阻,R_{G2} 用遮光罩覆盖,与 R_{G1} 处于同一温度场中,起温度补偿的作用。当带材位于正确位置时,调节电位器 R_P 使电桥平衡,放大器输出电压 U_o 为零。如果带材在运动的过程中向右(向左)跑偏,则光敏电阻 R_{G1} 的光照减小(增大),阻值增大(减小),电桥失去平衡,放大器反相输入端电压降低(升高),输出电压 U_o 为正(负)。由此可见,输出电压 U_o 的正负和大小分别反映了带材跑偏的方向和程度。

【案例 2.11】　图 2.65 所示为光敏二极管在路灯自动控制中的应用。晚上无光照时,流过光敏二极管 V_{D1} 的电流很小,A 点为高电位,晶体管 V_1 和 V_2 均饱和导通,继电器 K 线圈通电,常开触点 K_1 吸合,路灯点亮。白天有光照时,流过光敏二极管 V_{D1} 的电流增加,A 点电位降低,晶体管 V_1 和 V_2 均截止,继电器 K 线圈断电,常开触点 K_1 断开,路灯熄灭。V_{D2} 为继电器 K 提供放电回路,保护晶体管 V_2。

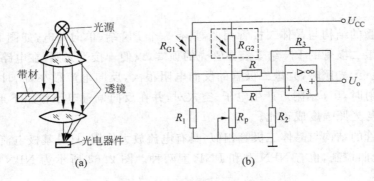

图 2.64　带材跑偏检测装置

(a) 测量原理；(b) 测量电路

【案例 2.12】　图 2.66 所示为光敏三极管在自动干手器控制中的应用。220V 交流电经变压器、整流桥和滤波电容后，变为 12V 直流电源供给检测电路。当手放入干手器时，手遮住灯泡发出的光，光敏三极管 V_1 不受光照而截止，晶体管 V_2 导通，继电器 K 线圈通电，常开触点 K_1 吸合，风机和电热丝通电，吹出热风烘手。手抽出后，灯泡发出的光直接照射光敏三极管 V_1 使之导通，晶体管 V_2 截止，继电器 K 线圈断电，常开触点 K_1 断开，切断风机和电热丝的电源。

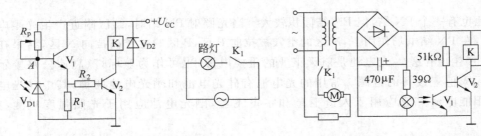

图 2.65　路灯自动控制器　　　　　　　　　图 2.66　自动干手器控制器

2.4.2　光纤传感器

光纤传感器具有灵敏度高、响应速度快、重量轻、体积小、工作频带宽、抗电磁干扰能力强等特点，广泛应用于磁、声、力、温度、位移、扭矩、电流等相关物理量的测量。

1. 光纤的结构与传光原理

光纤是光纤传感器的核心元件，通常由纤芯、包层及保护套组成，如图 2.67 所示。纤芯由玻璃或石英制成，包层为玻璃或塑料，包层的折射率 n_2 略小于纤芯的折射率 n_1。

光纤是利用光的全反射现象传光的。当光线在不同介质中传播时，会产生折射现象，若光线从光密介质射向光疏介质时，且入射角大于临

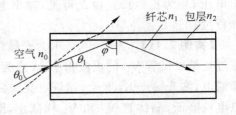

图 2.67　光纤的结构与导光原理

界角,则光线会产生全反射现象。设光纤周围介质的折射率为 n_0(空气 $n_0=1$),纤芯折射率为 n_1,包层折射率为 n_2,且 $n_1>n_0$、$n_1>n_2$,当光线从周围介质入射到纤芯的端面,并与轴线的夹角为 θ_0 时,光线在纤芯内的折射角为 θ_1,然后以 $\varphi(\varphi=90°-\theta_1)$ 角入射到纤芯与包层的界面,应用折射定律,有

$$n_0\sin\theta_0 = n_1\sin\theta_1 = n_1\cos\varphi \tag{2.53}$$

当入射光在纤芯与包层的界面上发生全反射时,光线就不会折射到包层内,而是不断地进行全反射,最终从光纤的另一端面射出。发生全反射的条件为

$$\varphi \geqslant \varphi_c = \arcsin\frac{n_2}{n_1} \tag{2.54}$$

式中:φ_c——光线入射到纤芯与包层界面的临界角。

将式(2.54)代入式(2.53)可知,光线入射到光纤端面的入射角 θ_0 应满足

$$\theta_0 \leqslant \theta_c = \arcsin\frac{1}{n_0}\sqrt{n_1^2-n_2^2} = \arcsin\frac{1}{n_0}NA \tag{2.55}$$

式中:θ_c——光线入射到光纤端面的临界角;

　　NA——光纤的数值孔径,与纤芯和包层的折射率有关,与光纤的几何尺寸无关。

式(2.55)给出了发生全反射时入射光在光纤端面的入射角范围,若入射角 θ_0 大于临界角 θ_c 时,则进入光纤的光线就会在纤芯与包层的界面处发生折射,光线透入包层而很快消失。

2. 光纤传感器的应用

根据光纤在传感器中的作用,可分为功能型和非功能型两类。功能型光纤不仅是传光媒质,也是敏感元件,光在光纤内受被测量调制。非功能型光纤仅起传光作用。

【案例 2.13】　图 2.68 所示为功能型光纤温度传感器的原理图。激光器发出的激光束经扩束器后,再经分光板将光束分别送入参考光纤和测量光纤。参考光纤置于恒温器内,测量光纤置于被测温度场中,当温度变化时将引起测量光纤中光的相位发生变化。测量光纤和参考光纤的输出端耦合在一起,两束光将发生干涉而产生干涉条纹,温度变化引起干涉条纹的移动,光电器件检测出干涉条纹移动的数量,就可以反映温度的变化。

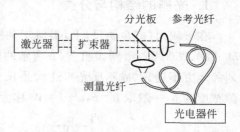

图 2.68　光纤温度传感器

【案例 2.14】　图 2.69 所示为非功能型光纤位移传感器的原理图和输出特性曲线。当被测表面紧贴光纤探头时,发射光纤中的光线不能反射到接收光纤中,光电器件就不能产生光电流信号。当被测表面逐渐远离光纤探头时,发射光纤照亮被测表面的面积 A 越来越大,相应的发射光锥和接收光锥重合面积 B_1 越来越大,接收光纤端面上被照亮的区域 B_2 也越来越大,光电器件产生的光电流也随之增加,这段曲线称为前坡区。在前坡区,输出光电流与位移量 x 成正比,由此可用来测量微小位移和表面粗糙度等。

当接收光纤端面被全部照亮时,输出的光电流达到最大值,即曲线的光峰点,利用光峰点检测被测表面的状态。当被测表面继续远离光纤探头时,由于被反射光照亮的面积 B_2

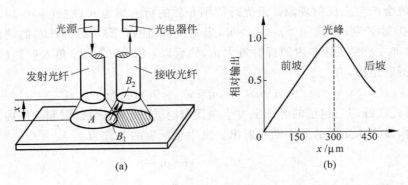

图 2.69　光纤位移传感器

(a) 原理图；(b) 输出特性曲线

大于接收光纤的截面积,有部分反射光没有进入接收光纤,接收到的光强逐渐减弱,光电器件产生的光电流也逐渐减小,进入曲线的后坡区。在后坡区,输出光电流与 x^2 成反比,由此可实现远距离测量。

在光纤位移传感器探头的前面加一弹性膜片,就可以将压力变化转换成微小位移变化,从而实现压力的测量。

2.4.3　光栅传感器

光栅传感器主要用于长度和角度的精密测量以及数控系统的位置检测等,在三坐标测量仪、数控机床的伺服系统等精密测量领域都有广泛的应用。光栅传感器可实现大量程、高精度和动态测量,易于实现测量及数据处理的自动化,具有较强的抗干扰能力等。

1. 光栅的结构与分类

在玻璃尺(或金属尺)上,类似于刻线标尺,进行密集刻划(刻线密度一般为每毫米 25、50、100、250 线),得到如图 2.70 所示的黑白相间的条纹,没有刻划的地方透光(或反光),刻划的地方不透光(或不反光),这就是长光栅。光栅上的刻线称为栅线,栅线的宽度为 a,缝隙宽度为 b,一般取 $a=b$,$a+b=W$ 称为光栅的栅距或节距。

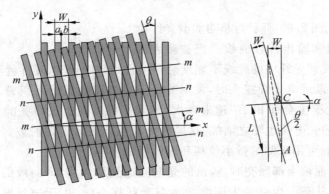

图 2.70　长光栅及莫尔条纹

光栅按其工作原理不同,可分为物理光栅和计量光栅。物理光栅利用光的衍射现象进行工作,主要用于光谱分析和光波长等的测量。计量光栅利用莫尔条纹原理工作,主要用于长度、角度、速度、加速度和振动等物理量的测量。计量光栅按应用场合不同可分为透射光栅和反射光栅;按形状与用途不同可分为长光栅和圆光栅,圆光栅又分为径向光栅、切向光栅和环形光栅。

2. 光栅的工作原理

现以图 2.70 所示的长光栅为例说明其工作原理。将栅距相同的两光栅刻面相对重叠在一起,中间留有适当的间隙,且两者栅线错开一个很小的角度 θ。其中一个光栅称为主光栅(或标尺光栅),另一个光栅称为指示光栅,指示光栅的长度要比主光栅短得多。主光栅一般固定在被测对象上,且随被测对象移动,其长度取决于测量范围,指示光栅相对于光电器件固定,当主光栅与指示光栅相对移动时,在明亮的背景下可以得到明暗相间的莫尔条纹。在 m—m 线上两光栅的栅线彼此重合,光线从缝隙中通过并形成亮带,在 n—n 线上两光栅彼此错开,形成暗带。这种明暗相间的条纹称为莫尔条纹,莫尔条纹间距 L 为

$$L = AB = \frac{BC}{\sin\frac{\theta}{2}} = \frac{W}{2\sin\frac{\theta}{2}} \approx \frac{W}{\theta} \tag{2.56}$$

由此可见,莫尔条纹间距 L 由栅距 W 和栅线夹角 θ 决定。对于给定栅距的光栅,θ 越小,L 越大。通过调整 θ,可使 L 获得任何需要的值。莫尔条纹具有如下性质。

(1) 放大作用:当光栅相对移动一个栅距 W 时,莫尔条纹上下移动一个莫尔条纹间距 L。由式(2.56)可知,θ 越小,L 越大,相当于将被测位移放大了 $1/\theta$ 倍。

(2) 平均效应:莫尔条纹是由光栅的大量栅线共同形成的,对光栅的刻线误差有平均作用,能在很大程度上消除栅距的局部误差和短周期误差的影响。

3. 光栅的辨向原理与细分技术

1) 辨向原理

实际应用时大部分被测对象往往是往复运动,既有正向运动,又有反向运动,因此必须正确辨别光栅相对移动的方向。为了实现辨向,在相距 $L/4$ 的位置安装两个光电器件,获得两路相位相差 90° 的信号 A 和 B,两路信号经过图 2.71 所示的辨向电路,就可判断出光栅相对移动的方向。

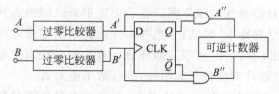

图 2.71　光栅的辨向电路

当光栅正向相对移动时,两个光电器件的输出信号 A 比 B 超前 90° 相角,波形如图 2.72(a)所示。A、B 两路正弦波信号经过零比较器后得到方波信号 A' 和 B',将 A' 和 B' 信号按图 2.71 所示接入 D 触发器,其输出信号 Q、$\bar{Q}$ 分别和 A'、B' 做与运算,可得信号 A'' 和

B'', A'' 有脉冲信号输出，而 B'' 输出恒为 0，可逆计数器进行加计数。

当光栅反向相对移动时，两个光电器件的输出信号 B 比 A 超前 90° 相角，波形如图 2.72(b) 所示。此时 B'' 有脉冲信号输出，而 A'' 输出恒为 0，可逆计数器进行减计数。

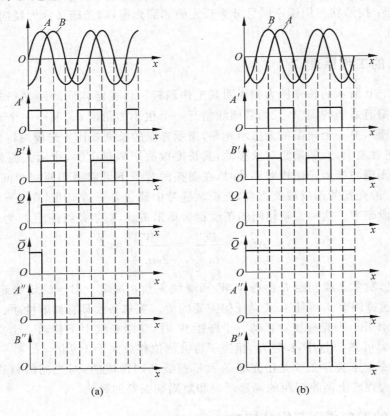

图 2.72　辨向电路各点波形

（a）正向移动时的波形；（b）反向移动时的波形

2）细分技术

利用光栅进行测量时，当运动部件带动光栅相对移动一个栅距 W，输出信号变化一个周期产生一个脉冲，其分辨率为一个栅距 W。为了提高分辨率，可采用细分技术，使光栅每移动一个栅距时均匀输出几个脉冲。

图 2.73 所示为直接细分法的原理图。在一个莫尔条纹间距 L 内并列放置四个光电器件，当光栅相对移动一个栅距 W 时，四个光电器件依次输出相位差 90° 的电压信号，即一个莫尔条纹周期内可发出 4 个脉冲，实现了四细分。直接细分法对莫尔条纹信号波形要求不高，电路简单，但受光电器件安放位置的限制，细分数不能太高。

图 2.74(a) 所示为电阻桥细分法的原理图，可实现很高的细分数。电阻桥由同频率的信号源 $u_1 = U_m \sin\varphi$，$u_2 = U_m \cos\varphi$ 和电位器组成，其输出电压 u_o 为

$$u_o = \frac{R_2}{R_1 + R_2} u_1 + \frac{R_1}{R_1 + R_2} u_2 = U_{om} \sin(\varphi + \theta) \tag{2.57}$$

输出电压 u_o 是两个正交旋转矢量之和，其幅值 U_{om} 和超前 u_1 的相位角 θ 分别为

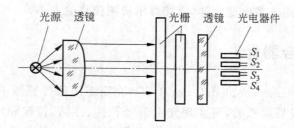

图 2.73 直接细分法

$$\begin{cases} U_{\text{om}} = \dfrac{\sqrt{R_1^2 + R_2^2}}{R_1 + R_2} U_{\text{m}} \\ \theta = \arctan \dfrac{R_1}{R_2} \end{cases} \tag{2.58}$$

调整电阻比 R_1/R_2，就可获得不同的相位角 θ。若把几个电位器并联，并使各触点处于不同的位置，即电阻比 R_1/R_2 互不相同，就可获得几个相位不同的正弦信号。如果采用图 2.74(b)所示电路，并把直接细分法获得的相位差 90°的四个正弦信号，分别加至电路的四个顶点，就可获得在 0°～90°、90°～180°、180°～270°、270°～360° 范围内的正弦相移信号。

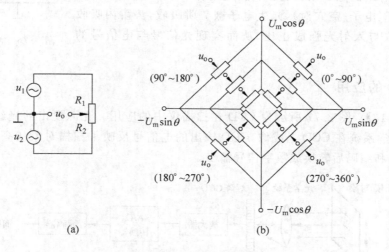

图 2.74 电阻桥细分法
（a）原理图；（b）电路图

4. 光栅传感器的应用

【**案例 2.15**】 图 2.75 所示为光栅位移传感器在机床上应用的结构示意图。光源、透镜、指示光栅和光电器件固定在机床床身上，主光栅固定在机床的运动部件上，可以往复运动。安装时，指示光栅和主光栅保证一定的间隙。当两光栅相对移动时便产生莫尔条纹，该条纹随光栅以一定的速度移动，用光电器件检测条纹亮度的变化，即可得到周期变化的电信号，电

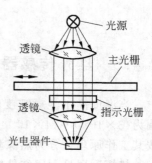

图 2.75 光栅位移传感器

信号通过前置放大器送入数字显示器,直接显示被测位移的大小。

2.4.4 电荷耦合器件

电荷耦合器件(charge coupled device,CCD)在固态图像传感器中应用最为普遍,是在MOS 器件的基础上发展起来的,可实现光电信号转换、存储、传输和检测的功能。CCD 具有体积小、重量轻、结构简单和功耗小等特点,不仅在传真、文字识别、图像识别领域广泛应用,而且在现代测控技术中常用于检测物体的有无、形状、尺寸、位置等。

1. CCD 的结构与原理

CCD 的基本单元是 MOS(金属-氧化物-半导体)电容器,如图 2.76 所示。用 P 型半导体硅为衬底,上面覆盖一层氧化物(SiO_2),并在其表面沉积一层金属电极(栅极)而构成MOS 电容器,MOS 电容器也称为光敏元或像素。

当 MOS 电容器的金属电极上施加正向电压 V_G 时,P-Si 中的多数载流子(空穴)受到排斥,少数载流子(电子)被吸引到 P-Si 表面形成带负电荷的耗尽层(势阱),栅极电压 V_G 越高,耗尽层越深,势阱所能容纳的电子数就越多。当光照射半导体硅时,P-Si 产生光生载流子(电子-空穴对),光生电子被势阱吸收,势阱内吸收的光生电子数与入射光强成正比,从而实现光信号与电信号的转换。

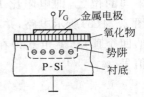

图 2.76 MOS 电容器

2. CCD 的应用

【案例 2.16】 图 2.77 所示为 CCD 在扫描仪中的应用。光源发出的光经扫描对象反射后,通过光学系统在 CCD 上成像,CCD 输出的电信号反映了扫描对象的亮度信息,经放大、A/D 转换和编码后转换成数字信号输出。

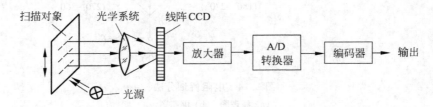

图 2.77 扫描仪原理图

2.4.5 红外传感器

当温度高于绝对零度就会辐射红外能(光),其波长范围为 $\lambda = 0.76 \sim 1000\mu m$,频率范围为 $(3\times10^{11}) \sim (4\times10^{14})$ Hz。红外传感器是将红外辐射能转换成电能的一种光敏器件,按其工作原理可分为热探测器和光子探测器两类。

热探测器是利用红外辐射的热电效应,根据温度变化测定所吸收的红外辐射能,包括热电偶型、热敏电阻型、热释电型等。其优点是响应波段宽,可在常温下工作,缺点是响应时间长。

光子探测型是利用半导体材料的光电效应,根据光子能量测定红外辐射能,包括光电导型、光生伏特型、光磁电型等。其工作原理与光电器件类似,仅区别于波长范围不同。其优点是灵敏度高、响应速度快;缺点是探测波段窄,需要在低温下工作。

【案例 2.17】 图 2.78 所示为红外辐射测温仪的原理图,由光学系统、调制器、红外探测器、放大器和指示器等组成。调制器把红外辐射调制成交变辐射,一般采用微电机带动一个齿轮盘(或等间距孔盘)旋转,使入射到红外探测器上的辐射信号转换成交变辐射,交变辐射便于处理,信噪比高。

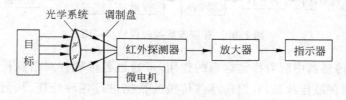

图 2.78　红外辐射测温仪

【案例 2.18】 图 2.79 所示是具有自动寻轨和避障功能的机器人小车。四个超声波传感器完成避障功能,分别安装在机器人小车的前、左、右三个方向,用于检测前方、左边和右边的障碍物。传感器向外发射调频脉冲,经障碍物后再返回到传感器,检测第一个回波的渡越时间即可获取机器人小车与周围障碍物的距离信息。超声波传感器的发射和接收由一个探头完成。

三个红外接近觉传感器完成自动寻轨功能。采用与地面颜色有较大差别的黑色线条作引导线,使传感器可以感知引导线,供机器人小车选择正确的行进路线。左右两个红外传感器位于引导线两侧用于检测是否跑偏,中间红外传感器在引导线范围内用于辅助检测。

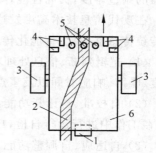

图 2.79　自动寻轨和避障的
机器人小车

1—万向轮;2—引导线;3—主动轮;
4—超声波传感器;5—红外传感器;
6—机器人本体

2.5　智能传感器

随着测控系统自动化、智能化的发展,对传感器的准确度、可靠性、稳定性提出了更高要求,同时应具备一定的数据处理能力和自检、自校、自补偿功能。传统传感器已不能满足这些要求,而制造高性能的传感器,仅靠改进材料工艺也很困难。计算机技术的发展使传感器技术发生了巨大的变革,将计算机和传感器融合,研制出具有信息检测、信号处理、信息记忆、逻辑思维与判断等功能强大的智能传感器(intelligent sensor 或 smart sensor)。

2.5.1　智能传感器的组成与功能

　　智能传感器由硬件和软件两大部分组成。其硬件部分主要由传感器、信号调理电路、微处理器(或微计算机)及输出接口等构成,其结构框图如图 2.80 所示。传感器将被测量转换成相应的电信号,经信号调理电路放大、滤波、模-数转换后送入微处理器。微处理器是智能传感器的核心,它不仅对传感器测量数据进行计算、存储、数据处理,还要通过反馈回路对传感器进行调节补偿,微处理器处理后的测量结果经输出接口输出数字量。

图 2.80　智能传感器硬件结构框图

　　软件在智能传感器中起着举足轻重的作用,可通过各种软件对信息检测过程进行管理和调节,使之工作在最佳状态,并对传感器传送的数据进行各种处理,从而增强传感器的功能,提高传感器的性能价格比。另外,利用软件可实现硬件难以完成的任务,由此来降低传感器的制造难度,提高性能,降低成本。

　　在现代信息技术高度发达的今天,传感器智能化和多功能化将成为传感器的发展趋势。与传统传感器相比,智能化传感器具有以下功能:

　　(1) 逻辑判断、信息处理功能:对检测数据具有判断、分析与处理功能,可完成非线性、温度、噪声、响应时间以及零点漂移等误差的自动修正或补偿,提高测量准确度。

　　(2) 自校准、自诊断功能:实时进行系统的自检和故障诊断,在接通电源时进行开机自检,在工作中进行运行自检,自动校准工作状态,自行诊断故障部位,提高工作可靠性。

　　(3) 自适应、自调整功能:根据待测量的数值大小和工作条件的变化情况,自动调整检测量程、测量方式、供电情况、与上位机的数据传送速率等,提高检测适应性。

　　(4) 组态功能:通过多路转换开关和程序控制,可实现多传感器、多参数的综合测量,扩大检测与使用范围。另外,通过数据融合、神经网络技术,可消除多参数状态下灵敏度的相互干扰,从而保证在多参数状态下对特定参数测量的分辨能力。

　　(5) 记忆、存储功能:智能传感器可存储大量信息,供用户随时查询,也可进行检测数据的随时存取,加快信息的处理速度。并通过软件进行数字滤波、相关分析等处理,滤除检测数据中的噪声,提取有用信号,提高信噪比。

　　(6) 数据通信功能:智能传感器具有数据通信接口,便于与计算机直接联机,相互交换信息,提高信息处理的质量。

2.5.2　智能传感器的应用

　　智能传感器可以输出数字信号,带有标准接口,能接到标准总线上,实现了数字通信功能,具有精度高、稳定性好、可靠性高、测量范围宽、量程大等特点。

　　【案例 2.19】　智能压力传感器的硬件结构如图 2.81 所示,由压力传感器、温度传感器、微处理器、电源模块和输出模块构成。其中电源模块为系统提供 3.3V 的模拟电压和 2.7V 的数字电压。

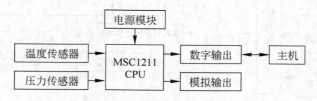

图 2.81　智能压力传感器的结构框图

MSC1211 是带 24 位 Σ-Δ 型 A/D 转换器和 16 位 D/A 转换器的微处理器,其内部包括程控增益放大器、多路转换开关、数字滤波和信号校准电路等。图 2.82 所示为 MSC1211 与传感器模块及主机的接口电路,采用恒流源供电的压阻式传感器,其供电电源由 MSC1211 提供,不需要外接电源。压力传感器信号采用差动输入方式,AIN4 作为正向输入端,AIN5 作为负向输入端。温度传感器信号采用单端输入方式。

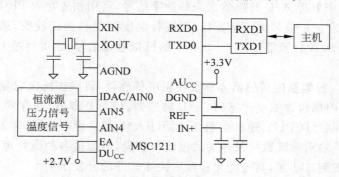

图 2.82　MSC1211 与传感器模块及主机的接口电路

当压力传感器信号进入 A/D 转换器后,其内部程控增益放大器根据输入压力信号的范围自动设置增益,并对压力信号进行模数转换及数字滤波。CPU 从温度芯片读取温度信号,并从闪速存储器(FLASH)中读取零点和线性度校正系数来进行温度补偿及非线性校正,然后根据量程范围进行量程转换并送至 D/A 转换器,从而输出相应的电压值。

压力信号由微处理器设置为数字输出模式或模拟输出模式,模拟输出传感器无需数字通信线路,而智能型数字输出传感器可进行双向通信。该系统通过 RS-232 标准接口与主机通信,如向主机发送测量数据、接收主机发出的控制指令、进行参数设置及校准操作等。

【案例 2.20】　ST3000 系列智能差压传感器由差压、静压、温度参数检测和数据处理两部分组成,如图 2.83 所示。被测差压通过膜片作用于扩散电阻上使电阻值发生变化,将扩散电阻接在电桥中使输出电压与差压成正比。芯片中两个辅助传感器分别用来检测静压和温度。差压、静压和温度三个信号经多路转换开关分时送至 A/D 转换器,转换成数字量后再送入 MCU。

数据处理部分由 MCU、ROM、PROM、RAM、EEPROM、D/A 转换器和 I/O 接口组成。其中,ROM 用来存储主程序,控制传感器的工作过程。PROM 分别存储三个传感器的温度

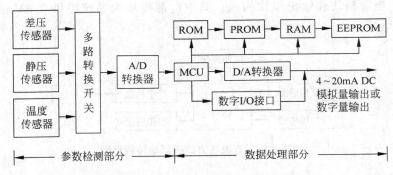

图 2.83　ST3000 系列智能差压传感器原理框图

与静压特性参数、温度与差压补偿曲线、传感器的型号、输入/输出特性、量程设定范围等。测量过程中的数据暂存在 RAM 中并可随时转存到 EEPROM 中，保证突然断电时不会丢失数据。恢复供电后 EEPROM 自动将数据送至 RAM 中，使传感器继续保持掉电前的工作状态。MCU 用来处理 A/D 转换器送来的数字信号，利用预先存入 PROM 中的特性参数对差压、静压和温度三个信号进行运算，以便进行温度补偿和静压校准，从而得到高精度的差压测量信号，经 D/A 转换器输出 4～20mA 的模拟电流信号，也可通过 I/O 接口输出数字信号。

【案例 2.21】　智能温度传感器亦称数字温度传感器，目前国际上已研制出多种智能温度传感器系列，其内部包含温度传感器、A/D 转换器、信号处理器、寄存器、接口电路以及多路选择器、中央控制器（CPU）、随机存取存储器（RAM）和只读存储器（ROM）等。智能温度传感器的特点是能输出温度数据及相关的温度控制量，可配接各种微处理器，在硬件的基础上通过软件来实现测试功能，其智能化程度取决于软件的开发水平。

智能温度传感器的测试功能也在不断增强。如 DS1629 型单线智能温度传感器增加了实时日历时钟（RTC），使其功能更加完善；DS1624 还增加了存储功能，利用芯片内部 256 字节的电擦写可编程只读存储器（EEPROM），可存储用户的短信息。此外，智能温度传感器已从单通道向多通道的方向发展，为开发多路温度测控系统创造了条件。智能温度传感器还具有多种工作模式可供选择，主要包括单次转换模式、连续转换模式、待机模式以及低温极限扩展模式等，操作非常简便。智能温度传感器的总线技术也已标准化、规范化，温度传感器作为从机，可通过专用总线接口与主机（微处理器或单片机）进行通信。

MAX6654 是美国 MAXIM 公司生产的双通道智能温度传感器，能同时测量远程温度和芯片的环境温度，适合构成具有故障自检功能的温度检测系统。MAX6654 内部包括 PN 结温度传感器、专供远程温度测量的偏置电路、多路转换开关、11 位 A/D 转换器、逻辑控制器、地址译码器、11 个寄存器、2 个数字比较器和漏极开路的输出级等。内部 PN 结温度传感器专门用于检测芯片的环境温度，测温范围为 $-55\sim+125℃$，在 $0\sim100℃$ 范围内的测温精度为 $\pm2℃$。MAX6654 采用 SMBus 总线接口，有多种模式可供选择，并具有可编程的低温和高温报警功能，可对 PC 机、笔记本电脑和服务器中 CPU 的温度进行监控。

图 2.84 所示为 MAX6654 与温度传感器及主机的接口电路。远程温度传感器 VT 采用 2N3904 型 NPN（或 2N3906 型 PNP）晶体管，将它粘贴在 CPU 芯片上，测温范围也为

$-55\sim+125℃$,在 $70\sim125℃$ 范围内的测温精度可达±1℃。C_1 为远程温度传感器的滤波电容;R_1 和 C_2 构成低通滤波器,为 MAX6654 提供高稳定度电源;$R_2\sim R_4$ 为上拉电阻。主机通过 SMBus 总线接口与 MAX6654 相连,为 MAX6654 提供串行时钟并完成读/写操作。当 CPU 的温度超限时,从 MAX6654 的 $\overline{\text{ALERT}}$ 端输出低电平报警,使主机产生中断。主机也可控制散热风扇,使 CPU 处于正常的温度范围。

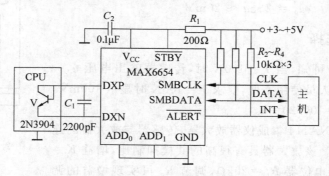

图 2.84 MAX6654 与温度传感器及主机的接口电路

2.6 项目设计实例

在临床实际应用中,骨折断端施加力的大小,直接影响骨骼愈合的速度和质量,若施力过小骨骼不愈合,施力过大会破坏骨骼的生理机能,图 2.85 所示为骨外固定力测量系统框图。传感器将骨折断端施加的力转换成电压输出,电压信号经放大、滤波后用数显表头实时显示骨外固定力的大小,并通过设定比较电路实现超载报警。

图 2.85 骨外固定力测量系统

1. 传感器选择

根据骨外固定的特点,传感器选择必须满足体积小、重量轻、耐腐蚀、结构简单、性能稳定、抗干扰能力强、安装拆卸方便、有较大的空间进行手术等要求,为此选用 S 形弹性元件的电阻应变式传感器,如图 2.86 所示。弹性元件两端面有内螺纹便于与骨外固定器安装连接,中间开孔处的弧顶粘贴四个箔式电阻应变片。当弹性元件受到力 F 作用时,中间开孔处上侧的弯矩 M 由负到正变化,而开孔处下侧的弯矩则相反。最大弯矩为

$$M_{\max} = \frac{1}{2}Fl$$

弹性元件材料选用比较常用的 45 钢,弹性模量 $E=210\text{GPa}$,开孔处的尺寸为:长度 $l_1=12\text{mm}$,厚度 $h=1\text{mm}$,宽度 $b=17\text{mm}$。当 $F=100\text{N}$ 时,粘贴应变片处的应变为

$$\varepsilon = \frac{\sigma}{E} = \frac{3Fl_1}{Ebh^2} \approx 1008 \times 10^{-6}$$

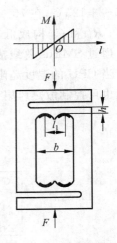

图 2.86　弹性元件及弯矩图

在实际应用时，采用两个结构完全相同的传感器对称安装在骨外固定器的两侧，电阻应变片接成差动全桥，供桥电压 $u = 5\text{V}$，应变片灵敏度 $S = 2$，两电桥串联后输出电压为

$$u_o = 2S\varepsilon u \approx 20\text{mV}$$

2. 放大器选择

由传感器设计可知，当 $F = 100\text{N}$ 时，传感器输出电压 $u_o \approx 20\text{mV}$。为了医护人员使用方便，要求 $F = 100\text{N}$ 时显示 100mV，放大器的增益 $K = 100/20 = 5$。

放大器选择 INA114 集成仪器放大器，传感器与放大器的连接如图 2.87 所示。该放大器具有很高的共模抑制比，增益 $K = 1 + 50\text{k}\Omega/R_p$，外接电位器 $R_p = 20\text{k}\Omega$，调节 R_p 可实现增益的调整，使得满足设计要求。

3. 滤波器选择

放大器输出的电压信号不仅反应骨折断端施力的大小，而且含有干扰噪声，必须通过滤波器滤掉干扰噪声。由于骨折断端施加的力是一个缓变信号，所以选择一阶有源 RC 低通滤波器，如图 2.88 所示。该滤波器结构简单，抗干扰能力强，具有很好的低频特性。电阻 $R = 10\text{k}\Omega$，电容 $C = 1\mu\text{F}$，截止频率 $f_c = 1/2\pi RC \approx 16\text{Hz}$，通带增益 $K_p = 1$。

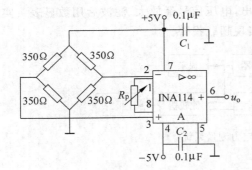

图 2.87　传感器与放大器

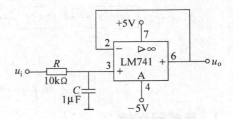

图 2.88　一阶有源 RC 低通滤波器

4. 设定与报警电路选择

在临床实际应用中，由于患者个人病况不同，骨折断端施加的力也不同，医生施力时应根据不同病例确定不同的设定力。设定力对应的电压利用 +5V 电源经电阻 R_1、R_2 和电位器 R_p 分压获取，如图 2.89 所示。调节 R_p 可以获得不同的设定电压。

当传感器输出信号经放大、滤波后的电压 u_i 小于设定电压时，比较器 LM741 输出高电平，晶体管 V_1 导通、V_2 截止，发光二极管 LED 不发光。当电压 u_i 大于设定电压时，LM741 输出低电平，V_1 截止、V_2 导通，LED 发光报警，及时提醒医生采取相应措施。

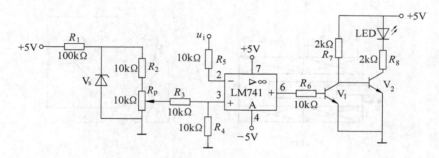

图 2.89　设定与报警电路

习题与思考题

2.1　请举出你身边的传感器应用实例,并说明其工作原理。

2.2　应变式传感器与压阻式传感器的工作原理有何区别? 它们各有何特点?

2.3　某截面积为 $5cm^2$ 的试件,弹性模量 $E=20\times10^{10}N/m^2$,沿轴向受拉力 $F=10^5N$。若沿受力方向粘贴一阻值 $R=120\Omega$、灵敏度 $S=2.0$ 的应变片,试求电阻变化量 ΔR。

2.4　用某线性电位器测量位移时的电路如图 2.90 所示。已知负载电阻 $R_L\to\infty$,电源电压 $U=12V$,$R_0=10k\Omega$,电位器总长度 $AB=150mm$,总电阻 $R_{AB}=30k\Omega$。试求:

(1) 输出电压 $U_o=0V$ 时的位移量 x;

(2) 当位移量 x 的变化范围在 $10\sim140mm$ 时,输出电压 U_o 的范围为多少?

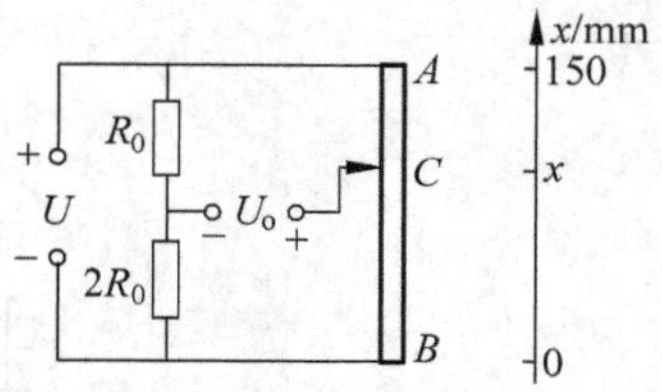

2.5　某电容式测微仪,其传感器的圆形极板半径 $r=4mm$,初始间距 $\delta_0=0.3mm$,介电常数 $\varepsilon=8.85\times10^{-12}F/m$,试求:

图 2.90　题 2.4 图

(1) 工作时,若传感器极板与工件的间距变化量 $\Delta\delta=2\mu m$,电容变化量为多少?

(2) 若把传感器接入灵敏度 $S_1=100mV/pF$ 的测量电路和灵敏度 $S_2=5$ 格/mV 的读数仪表,电容式测微仪的总灵敏度为多少?

(3) 当 $\Delta\delta=2\mu m$ 时,读数仪表示值变化多少格?

2.6　某差动螺管式自感传感器如图 2.91(a)所示。传感器线圈的自感 $L_1=L_2=30mH$,损耗电阻 $R_1=R_2=40\Omega$,与两个阻值相等的固定电阻 R 组成差动电桥如图 2.91(b)所示。当传感器阻抗变化 $\Delta Z=10\Omega$,电源电压 $u=4V$,频率 $f=400Hz$ 时,求电桥的输出电压。

2.7　压电式加速度传感器电荷灵敏度 $S_q=100pC/g$,电荷放大器反馈电容 $C_f=1000pF$。当被测加速度 $a=0.5g$ 时,求电荷放大器的输出电压(g 为重力加速度)。

2.8　某磁电式转速传感器如图 2.92(a)所示。齿轮随被测旋转轴转动,传感器输出信号经放大整形后波形如图 2.92(b)所示。已知齿轮齿数 $Z=12$,求被测旋转轴的转速。

2.9　热电偶的测温原理是什么? 为什么要对冷端进行温度补偿?

2.10　图 2.93 所示为光敏二极管控制路灯的原理图,请说明工作过程。

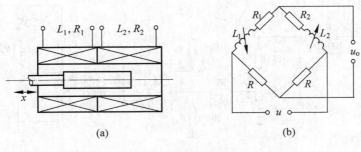

图 2.91　题 2.6 图

（a）传感器原理图；（b）差动电桥

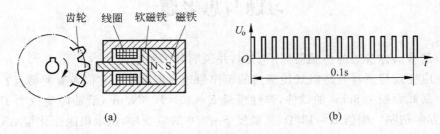

图 2.92　题 2.8 图

（a）传感器原理图；（b）输出波形

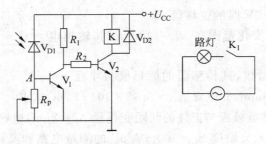

图 2.93　题 2.10 图

项 目 设 计

2.1　设计一个小量程的工业或商业用的电子秤,选择合适的传感器和调理电路。画出系统框图,并说明工作过程。

2.2　设计一个旋转轴转速的检测系统,选择合适的传感器和调理电路。画出系统框图,并说明工作过程。

2.3　设计一个铝带厚度的检测系统,选择合适的传感器和调理电路,要求能消除带材抖动产生的误差。画出系统框图,并说明工作过程。

2.4　设计一个钢丝绳断丝的检测系统,选择合适的传感器和调理电路,要求能识别出钢丝绳断丝的根数和位置。画出系统框图，并说明工作过程。

2.5　设计一个地下金属管道裂纹探测的检测系统，选择合适的传感器和调理电路。画出系统框图，并说明工作过程。

2.6　设计一个自动航标灯的控制电路，要求由光电池和蓄电池联合供电，由日光照度自动打开、关闭。画出控制电路框图，并说明工作过程。

信号转换与调理

1. 根据被测对象的特点、现场工况条件和对测试信号的要求,制定合理的测试方案,确定信号转换与调理电路的总体方案;

2. 根据测试系统的要求,恰当选择转换与调理电路的核心元器件,构建并调试配套的外围电路。

被测物理量经过传感器变换后往往输出为电信号,但这种电信号在形式或幅值等方面受限于传感元件,且可能包含干扰和噪声,一般无法有效驱动显示记录仪表、控制执行机构或输入计算机进行分析和处理,因此应该根据需要对传感器输出的电信号进行转换和处理。本章介绍了常见的信号转换与调理电路,包括信号放大与转换、测量电桥、调制与解调、滤波器等。

3.1 信号放大与转换

传感器输出的电信号一般较微弱,因此测控系统应该解决模拟信号的放大问题。有时信号需要远距离传输,或者在不同设备和电路之间传递,此时需要对信号的类型进行转换。

3.1.1 信号放大

检测系统中放大器的输入信号一般由传感器输出,传感器输出信号的幅值往往较微弱,且内阻高,还可能伴有低频噪声、电磁耦合、静电或共模干扰等各种杂波信号。因此对后续放大电路的基本要求是:输入阻抗与传感器输出阻抗相匹配;共模输入范围大,共模抑制比高;输入失调电压低,漂移小;噪声低;线性好;具有可调的闭环增益;足够的带宽和转换速率,以实现无畸变地放大瞬态信号。

信号放大电路,按照结构原理可分为差动直接耦合式、调制式和自动稳定式三大类,按照元件的制造方式,可分为分立元件结构形式、通用集成运算放大器组成形式和单片集成测量放大器三类。通用集成运算放大器组成形式相比较分立元件结构形式具有体积小、精度高、调节方便、性价比高等优点,而单片集成测量放大器则具有体积更小、精度更高、外接元件少、使用灵活等特点,但价格较贵。

实际应用中,应根据被测信号和传感器的不同,选择合适的后续放大电路。这里针对传感器输出信号放大特点重点介绍集成运放、基础放大电路、仪用放大器和程控增益放大器。

1. 集成运放和基础放大电路

集成运算放大器(Integrated Operational Amplifier)简称集成运放,是由多级直接耦合放大电路组成的高增益模拟集成电路芯片,主要由输入级、中间级和输出级三部分组成。输入级采用带恒流源的差动放大电路,具有同相和反相两个输入端,其中同相输入端的电压变化与输出端的电压变化方向一致,反相输入端则相反;中间级常采用带恒流源的共发射极放大电路构成,可以提供高电压放大倍数,是实现信号幅值放大的主要部分;输出级一般由互补对称电路或射极输出器构成,输出电阻低,带负载能力强。

集成运算放大器的符号以及集成运放的引脚图如图 3.1 所示,其中集成运算放大器符号图中省略了电源及地引脚,u_+ 和 u_- 分别代表同相输入端和反相输入端,▷ 符号表示信号传输方向,A_{uo}(或者 ∞)表示集成运放的开环增益。

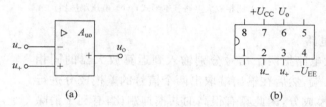

图 3.1 集成运算放大器的符号与集成运放芯片引脚图

(a) 集成运算放大器符号;(b) 集成运放芯片的引脚图

理想的集成运算放大器,具有开环增益高,输入阻抗高,输出阻抗低,共模抑制比高的特点,设计合适的外围电阻组成闭环放大电路,借助运算放大器的"虚短"(同相输入端和反相输入端近似等电位)、"虚断"(流入同相输入端和反相输入端的电流近似都为零)的特点,可以获得稳定的信号增益。

常用的集成运算放大器型号有 μA741(单运放)、LM358(双运放)、LM324(四运放)、OP07(低温漂)等,具有体积小、重量轻、功耗低、可靠性高、价格低等特点。

常用的基础放大电路包括:

1)反相放大电路

反相放大电路的基本结构形式如图 3.2 所示,其输入阻抗等于 R_1,反馈电路阻抗为 R_2,电路的闭环增益

$$K_f = -\frac{R_2}{R_1} \qquad (3.1)$$

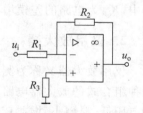

图 3.2 反相放大电路的基本形式

反相放大电路具有性能可靠、增益稳定的优点,不足之处是输入阻抗不高(一般能满足大多数场合的要求),提高输入阻抗和提升闭环增益之间存在矛盾。根据电阻平衡对称要求,$R_3 = R_1 // R_2$,以保证同相输入端和反相输入端的接地阻抗应对称平衡,减小输入偏置电流的影响。

2）同相放大电路

同相放大电路的基本结构形式如图 3.3(a)所示，其闭环增益

$$K_f = 1 + \frac{R_2}{R_1} \tag{3.2}$$

同相放大电路具有输入阻抗高的特点，但电路精度低，容易受到外部因素干扰，因此常作为多级放大电路的输入级。同相放大电路也要满足 $R_3 = R_1 // R_2$ 的电阻平衡要求。它的一个变形形式是如图 3.3(b)所示的电压跟随器，电路的闭环增益为 1，常用于前后环节的级间隔离和缓冲。

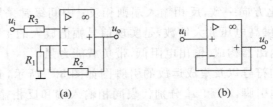

(a)　　　　　　　　　　　(b)

图 3.3　同相放大电路基本形式以及电压跟随器

(a) 同相放大电路基本形式；(b) 电压跟随器

3）差动放大电路

基本差动放大电路把两个信号分别输入到运算放大器的同相输入端和反相输入端，然后在输出端取出两个信号的差模成分进行放大，尽量抑制共模成分，因此具有很高的共模抑制比，有利于消除共模干扰和减小温度漂移，如图 3.4 所示。

两个输入信号的差模成分 u_{id} 和共模成分 u_{ic} 计算方法如式(3.3)：

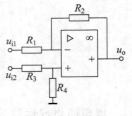

图 3.4　差动放大电路的基本形式

$$\begin{cases} u_{id} = u_{i2} - u_{i1} \\ u_{ic} = \frac{1}{2}(u_{i2} + u_{i1}) \end{cases} \tag{3.3}$$

令 $R_1 = R_3$，$R_2 = R_4$，则其输出电压

$$u_o = \frac{R_2}{R_1}(u_{i2} - u_{i1}) = K_d u_{id} \tag{3.4}$$

其中，K_d 为电路的差模增益。

2. 仪用放大器

仪用放大器又称为测量放大器或数据放大器，是一种组合式的放大器电路。其特点是输入阻抗高、失调电压低、温漂小、增益较高，尤为重要的是具有很高的共模抑制比。在热电偶或热电阻测温、应变电桥、流量计和生物医学测量等诸多领域获得了广泛的应用。

1）电路组成和工作原理

图 3.5 所示是由三个运算放大器组成的仪用放

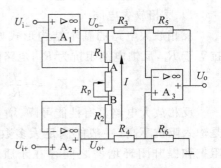

图 3.5　三个运算放大器组成的仪用放大器

大器,它由两级放大器串联组成。前级是两个对称的同相放大器 A_1 和 A_2,以提高输入阻抗。后级 A_3 接成差动放大器,以抵消前级的共模干扰输入,而且还将双端输入方式转换为单端输出方式,适应对地负载的需要。

在图 3.5 中,令 $R_1 = R_2 = R_a$,$R_3 = R_4 = R_b$,$R_5 = R_6 = R_F$,由运算放大器的基本知识可知

$$U_A = U_{i-}, \quad U_B = U_{i+}$$

流过电位器 R_p 的电流为

$$I = \frac{U_{i+} - U_{i-}}{R_p} = \frac{U_{o+} - U_{o-}}{2R_a + R_p} \tag{3.5}$$

由式(3.5)可知

$$U_{o+} - U_{o-} = \left(1 + \frac{2R_a}{R_p}\right)(U_{i+} - U_{i-}) \tag{3.6}$$

设 $U_i = U_{i+} - U_{i-}$,则输出电压

$$U_o = \frac{R_F}{R_b}(U_{o+} - U_{o-}) = \frac{R_F}{R_b}\left(1 + \frac{2R_a}{R_p}\right)U_i \tag{3.7}$$

由式(3.6)和式(3.7)可见,当 $U_{i+} = U_{i-}$ 时,流过电位器 R_p 的电流为零,输出电压 $U_o = 0$,即此电路可以放大差模信号,同时抑制共模信号。改变 R_p 的阻值可以在不影响共模抑制比的情况下调整电路的差模增益。

2) 集成仪用放大器

由普通运算放大器组成的仪用放大器可用于要求不高的场合,但是存在电阻误差以及因温漂而导致的增益不准和共模抑制比降低,运算放大器的输入失调电压导致整个电路的失调,降低参数对称性和共模抑制比等诸多问题,最终会导致仪器性能下降,调节复杂。在一些要求较高的应用场合经常采用集成仪用放大器,目前市场上这种放大器种类较多,如美国 AD 公司的 AD521、AD524、AD620、AD624、AD8221,BB 公司的 INA114、INA118、INA156,MAXIM 公司的 MAX4194,National Semiconductor 公司的 LM363、LH0038 等。

【案例 3.1】　在光纤通信系统中,光发射电路主要由光源驱动器、光源(如发光二极管 LED 或半导体激光器 LD 等)、光功率自动控制电路、检测器、温度自动控制以及报警电路等部分组成。光功率自动控制电路的作用是克服供电电源波动或光源老化等因素的影响,确保光源输出功率稳定。图 3.6(引自参考文献[19])所示是 INA114 在光功率自动控制电路中的应用,其中光敏二极管 PIN 用于检测激光器 LD 的辐射功率,二者往往集成在一起。

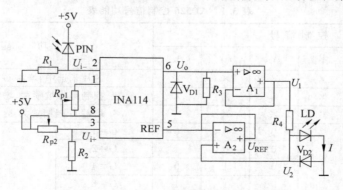

图 3.6　INA114 在光功率自动控制电路中的应用

PIN 输出的光电流通过电阻 R_1 转换为电压信号,送至 INA114 的反相输入端 2 脚。R_2 和 R_{p2} 提供参考电压,接至 INA114 的同相输入端。INA114 对同相和反相输入端的电压差值进行放大,电位器 R_{p1} 用于调节 INA114 的增益 G。运算放大器 A_1 和 A_2 均接成电压跟随器,目的是实现对激光器 LD 的恒流驱动。R_4 为限流电阻,肖特基二极管 V_{D2} 与 LD 反向并联,防止反向过冲电压冲击激光器。

电压跟随器 A_2 将激光器两端的电压 U_2 送至 INA114 的 5 脚,INA114 的输出电压为

$$U_o = G(U_{i+} - U_{i-}) + U_{REF} \tag{3.8}$$

因为 $U_1 = U_o$,且 $U_2 = U_{REF}$,结合式(3.8)可知流过激光器 LD 的电流为

$$I = \frac{U_1 - U_2}{R_4} = \frac{G(U_{i+} - U_{i-})}{R_4} \tag{3.9}$$

正常状态下,激光器 LD 工作在设定的工作点,流过 LD 的电流 I 与 LD 的输出辐射功率保持稳定的平衡状态。当 LD 因某种原因功率增大时,耦合至光敏二极管 PIN 的光电流也同比例增大,从而使电阻 R_1 上的电位升高。此时 INA114 的输出电压 U_o 降低,即 U_1 也降低,由式(3.9)可见流过激光器 LD 的电流 I 也相应降低,从而达到降低 LD 辐射功率的目的;当激光器 LD 的辐射功率降低时,PIN 的光电流相应降低,INA114 的输出电压升高,进而增大 LD 的驱动电流,达到增强 LD 辐射功率的目的。

3. 程控增益放大器

在智能检测系统中,希望能够自动改变放大器的增益,使信号经过放大后具有合适的动态范围,即实现量程自动切换。此外在多路数据采集系统中,也可能会遇到各路信号动态范围不一致的情况,这时希望放大器对不同通道的信号具有不同的增益,以实现相同的动态输出,此时可以选择程控增益放大器(programmable gain amplifier,PGA)。

程控增益放大器是由一个运算放大器和一个开关控制的电阻反馈网络组成。现代测控系统中常采用集成程控增益放大器,如美国 AD 公司的 AD526、BB 公司的 PGA103 等。

AD526 是一种单端输入程控增益放大器,其程序控制信号的功能如表 3.1 所示。AD526 通过软件编程可设置 1、2、4、8、16 共 5 种增益,两片 AD526 串联使用时可实现 1～256 倍的增益。该芯片具有增益误差小、非线性失真小、输入失调电压小等优点。实际使用时应注意将数字地(1 脚)和模拟地(5 脚和 6 脚)分别接地,最后在电源引出端汇合成一点接地。

表 3.1   AD526 控制信号功能表

控 制 信 号						功 能
$\overline{CS}$	$\overline{CLK}$	B	A_2	A_1	A_0	
1	$\times$	$\times$	$\times$	$\times$	$\times$	芯片未选中,增益 G 不变
0	1	$\times$	$\times$	$\times$	$\times$	控制信号被锁存,增益 G 不变
0	0	0	$\times$	$\times$	$\times$	增益 G 强制置为 1
0	0	1	0	0	0	$G=1$
			0	0	1	$G=2$
			0	1	0	$G=4$
			0	1	1	$G=8$
			1	$\times$	$\times$	$G=16$

【案例 3.2】　图 3.7 所示是 AD526 在超声波测距中的应用电路。超声波测距是目前广泛使用的一种测距方法,其原理是利用超声波在介质中传播损耗小、速度快等优点,以电声换能器自起始点向被测物体发射超声波,被测物体的反射回波信号再被电声换能器接收。利用该方法可测得超声波在介质中传播的时间,根据超声波在介质中的速度和传播时间即可确定声源(起始点)至被测物体的距离。

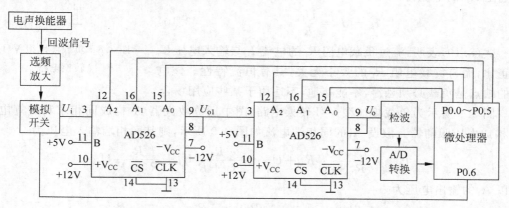

图 3.7　AD526 在超声波测距中的应用

当被测距离较短时,超声回波信号较强;而被测距离较长时,超声回波信号较弱。因此在超声回波接收电路中采用两片 AD526 串联组成可变增益放大器,保证弱信号有足够的增益,同时又避免强信号时阻塞电路。

图 3.7 中电声换能器采集的超声回波信号经过选频放大和模拟开关后送入 AD526 组成的可变增益放大器,信号放大后经检波电路提取回波脉冲,最后经 A/D 转换后送入微处理器。微处理器根据输入信号的幅值自动调整两片 AD526 的增益,保证在整个测量范围内处理后的回波信号具有合适的动态范围。

该系统采用一个换能器兼作超声波的发射与接收,因此电路中设置了模拟开关,以保证在发射超声波时接收电路关闭,避免干扰。

值得一提的是现在一些功能较强的单片机内部均集成有程控增益放大器。实际应用中可根据需要选择这种类型的单片机,以减化硬件电路,提高系统的可靠性。

将仪用放大器和程控增益网络进行适当的组合便可构成程控增益仪用放大器,其实现形式有两种:单片集成式或在仪用放大器的基础上配接增益调整网络组成。常用的集成式程控增益仪用放大器有美国 BB 公司的 PGA202、PGA203 和 National Semiconductor 公司的 LH0084 等。

3.1.2　信号转换

1. 电压-电流转换

信号进行远距离传输时,为了减少导线阻抗对信号的衰减作用,常常需要借助于电压-电流转换(V/I)电路将电压信号转换为与电压成正比的电流信号,而且输出电流不随负载电阻的变化而改变,即转换后具有恒流输出的特性,其实质相当于一种压控电流源。

电压-电流转换按照负载是否接地可分为负载浮地型和负载接地型两类。图 3.8 所示为负载浮地型 V/I 转换电路，图中输入电压 U_i 加至运算放大器 A 的反相输入端，负载电阻 R_L 接在反馈支路中。由"虚短"和"虚断"的概念可知，流经负载电阻 R_L 的电流为

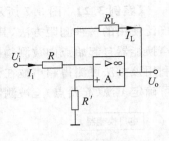

图 3.8　负载浮地型 V/I 转换电路

$$I_L = I_i = \frac{U_i}{R} \qquad (3.10)$$

式(3.10)表明，流过负载电阻 R_L 的电流 I_L 与输入电压 U_i 成正比，而与负载电阻 R_L 的大小无关，具有恒流特性。该电路的缺点是负载必须悬浮，不能接地，不适用于某些应用场合。

图 3.9 所示为负载接地型 V/I 转换电路，图中运算放大器 A_1 构成同相求和运算电路，A_2 构成电压跟随器。假设 A_1 的同相端电流如图 3.9 所示，则其同相端输入电压为

$$U_{P1} = \frac{U_i - U_{o2}}{R_3 + R_4}R_4 + U_{o2} = \frac{R_4}{R_3 + R_4}U_i + \frac{R_3}{R_3 + R_4}U_{o2}$$

所以 A_1 的输出电压为

$$U_{o1} = \left(1 + \frac{R_2}{R_1}\right)U_{P1} = \left(1 + \frac{R_2}{R_1}\right)\left(\frac{R_4}{R_3 + R_4}U_i + \frac{R_3}{R_3 + R_4}U_{o2}\right) \qquad (3.11)$$

因为 A_2 为电压跟随器，所以有 $U_{o2} = U_{P2}$。由"虚断"概念可知，流过负载电阻 R_L 的电流为

$$I_L = \frac{U_{P2}}{R_L} = \frac{U_{o1} - U_{P2}}{R_0} = \frac{U_{o1} - U_{o2}}{R_0} \qquad (3.12)$$

令 $R_1 = R_2 = R_3 = R_4 = R$，并将式(3.11)代入式(3.12)中，可得

$$I_L = \frac{U_i}{R_0} \qquad (3.13)$$

由式(3.13)可知，流过负载电阻 R_L 的电流 I_L 与输入电压 U_i 和电阻 R_0 有关，而与运算放大器的参数和负载电阻大小无关，也具有恒流特性。

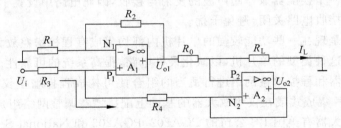

图 3.9　负载接地型 V/I 转换电路

实际应用中，除了采用上述的模拟器件搭接 V/I 转换电路之外，还可以选择集成的 V/I 转换芯片，常用的有美国 AD(Analog Devices)公司的 1B21、AD694，BB(Burr Brown)公司的 XTR100，德国 Analog Microelectronics 公司的 AM442 等。

【案例 3.3】 图 3.10 所示是 AD694 在啤酒发酵温度控制系统中的应用。啤酒发酵是整个啤酒生产过程最重要的环节，对发酵罐内温度的控制是啤酒生产工艺流程中的关键环节，也是确保啤酒质量、口感等特性的关键。发酵罐内麦汁在酵母的作用下发酵，并释放反应热，使罐内温度升高。LM35 温度传感器对发酵罐内温度进行采样，信号放大后经 A/D

转换送至微处理器。微处理器根据模糊积分控制算法的运算结果将控制信号输出至 D/A 转换器,再放大为 0～10V 的电压信号,最后利用 AD694 进行 V/I 转换,得到 4～20mA 的电流信号,自动调节冷却阀门的开度,使冷却夹套内的冷媒带走多余的反应热,实现发酵罐温度的控制(引自参考文献[16])。

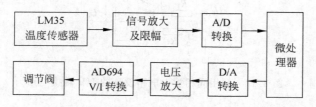

图 3.10　AD694 在啤酒发酵温度控制系统中的应用

图 3.11 是利用 AD694 进行 V/I 转换的电路图。AD694 是一种单片 V/I 转换器,内部包含有输入缓冲放大器、V/I 转换电路、4mA 偏置电流及其选通和微调电路、参考电压输出电路、输入量程选择电路、输出开路报警和超限报警电路等,具有精度高、抗干扰能力强等优点。在图 3.11 中,输入量程选择引脚 4 悬空,表示输入电压范围为 0～10V。输入缓冲放大器用来放大输入信号,图中接为电压跟随器的形式。4mA 偏置电流选择引脚 9 接地,表示输出电流范围是 4～20mA。由于被驱动的调节阀属于感性负载,因此电流输出引脚 11 与地之间跨接电容 C_1,以保证 AD694 性能的稳定,其电容值一般为 $0.01\mu F$。另外输出端增加两个二极管 V_{D1} 和 V_{D2},防止负载电压过高或过低时损坏 AD694。

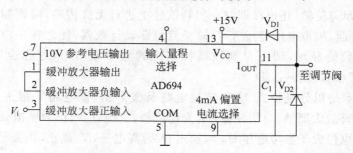

图 3.11　利用 AD694 进行 V/I 转换的电路

2. 电流-电压转换

电流-电压转换(I/V)是将电流信号转换为与之成正比的电压信号。这里的电流信号可以是前面所述的经过远距离传输的电流,也可以是某些传感器(如光敏二极管等)输出的电流。

最简单的转换方法是在输出电路中串接精密电阻,通过测量电阻两端的电压即可完成转换,例如电路中串接 250Ω 的精密电阻即可将 4～20mA 的标准电流信号转换为 1～5V 的电压信号。这种方法的优点是简单方便,但是当输入电流较大时,电阻的压降会对后续电路产生负载效应;当输入电流很小时,从电阻上直接获取的电压值又过小,影响测量的准确度。

利用集成运算放大器设计的 I/V 转换电路如图 3.12 所示。根据运算放大器虚断的特

点,输入电流 I 流经 R_4,产生压降 U_i

$$U_i = IR_4 \tag{3.14}$$

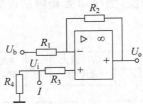

图 3.12　利用同相放大电路设计的 I/V 转换电路

根据电路叠加定理,则输出电压

$$U_o = \left(1 + \frac{R_2}{R_1}\right)U_i - \frac{R_2}{R_1}U_b \tag{3.15}$$

利用式(3.14)和式(3.15),就可以实现将电流信号转换为电压信号。

实际应用中也可采用美国 BB 公司的 RCV420,MAXIM 公司的 MAX471、MAX472 等集成的 I/V 转换芯片。

3. 电压-频率转换

电压-频率转换(V/F)是将模拟电压信号转换为相应的离散频率信号,又称为压控振荡器(voltage controlled oscillator,VCO)。频率信号抗干扰性能好,与微处理器接口时占用资源少,且便于远距离传输,还可以调制在射频信号上进行无线传输,或调制为光脉冲利用光纤传送。另一方面,模拟电压经过 V/F 转换后可驱动计数器,使之在一定的时间间隔内记录脉冲数,并以数码显示,即可得到该模拟电压的数字显示,该过程也可以理解为利用 V/F 转换实现了模数转换(A/D)。

图 3.13 所示是积分复位式 V/F 转换电路及波形图,该电路采用正、负双电源供电。图 3.13(a)中运算放大器 A_1 为积分器,A_2 为比较器,三极管 V_1 作为模拟开关使用。电路接通时 $U_{o1} = 0$,其电位大于参考电压 U_{REF},输出 U_o 为高电平,V_1 截止,积分器对 U_i 积分,使得 U_{o1} 电位逐渐减小。一旦 U_{o1} 电位小于 U_{REF},U_o 将跃变为低电平,V_1 导通,C_1 迅速放电,U_{o1} 电位又将大于参考电压 U_{REF},如此重复电路产生自激振荡,输出波形如图 3.13(b)所示。

因为 C_1 放电的过程非常迅速,所以图 3.13 所示电路的振荡周期 T 和频率 f 分别为

$$T = T_1 + T_2 \approx T_1 = R_1 C_1 \frac{U_{REF}}{U_i}$$

$$f = \frac{1}{T} \approx \frac{U_i}{R_1 C_1 U_{REF}} \tag{3.16}$$

由式(3.16)可见,输出信号 U_o 的振荡频率 f 与输入电压 U_i 成正比。实际应用中 V/F 转换可采用集成芯片完成,如美国 AD 公司的 AD650、AD654,Telcom Semiconductor 公司的 TC9401,BB 公司的 VFC101、VFC32,National Semiconductor 公司的 LM331 等。

【案例 3.4】　图 3.14 所示是 LM331 在香烟包装机温度检测中的应用。烟盒纸的粘合需要热熔胶,安装外层透明纸和丝带时需要加热器达到一定温度才能完成,这些都需要对温度进行控制,以避免材料被烫坏或粘贴不牢。香烟包装机的工作环境比较恶劣,且温度信号

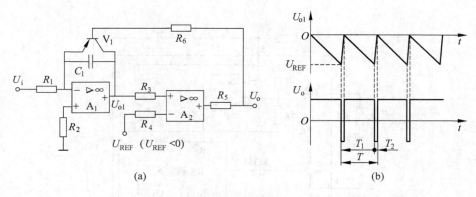

图 3.13　积分复位式 V/F 转换电路及波形图

(a) 转换电路；(b) 波形图

需要进行较长距离的传输。因此可以将热电偶输出的电压信号放大后再利用 LM331 转换为频率信号，频率信号经长距离传输通过光电隔离送入微处理器，微处理器对该频率信号进行处理，输出控制信号经功率放大后驱动可控硅，利用过零触发方式控制加热器电源的通断（引自参考文献[17]）。

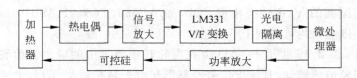

图 3.14　LM331 在香烟包装机温度检测中的应用

　　图 3.15 是利用 LM331 进行 V/F 转换的电路图，其中 R_t、C_t、比较器 A_2、三极管 V_1 和 RS 触发器等组成单稳定时器。当 7 脚输入电压 U_i 大于 6 脚电压 U_c 时，比较器 A_1 输出高电平，使 RS 触发器置位，Q 输出高电平，三极管 V_2 导通，3 脚输出低电平，同时开关 K 闭合，电流源对电容 C_L 充电。此时 V_1 截止，电源也通过电阻 R_t 对电容 C_t 充电。当 C_t 的充电电压大于 10V(2/3 倍的电源电压)时，比较器 A_2 输出高电平，使 RS 触发器复位，Q 输出低电平，三极管 V_2 截止，3 脚输出高电平，同时开关 K 断开，电容 C_L 通过电阻 R_L 放电。此时 V_1 导通，电容 C_t 通过 V_1 迅速放电。当 C_L 的放电电压小于输入电压 U_i 时，比较器 A_1 再次输出高电平，使 RS 触发器置位，如此反复循环，构成自激振荡。该电路输出信号的频率为

$$f_o = \frac{R_S}{2.09 R_t C_t R_L} U_i \tag{3.17}$$

　　图 3.15 中 R_1 和 C_1 组成低通滤波器，减少输入电压的脉冲干扰，提高转换精度。C_L 对转换结果没有直接影响，但应选择漏电流小的电容。增益调整电阻 R_S 用于调节充电电流 I_S 的大小。

4. 频率-电压转换

　　频率-电压转换（F/V）是将频率信号线性地转换为模拟电压信号，因此其实现过程也可以理解为数模转换（D/A）。在工业控制系统中，为了实现闭环控制，常常需要将频率信号转

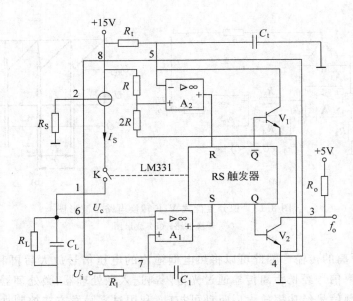

图 3.15 利用 LM331 进行 V/F 转换的电路

换为模拟电压信号。

实际上前面提到的 V/F 转换集成芯片,如 AD650、TC9401、VFC101、VFC32、LM331 等配以合适的外围电路均可实现 F/V 转换。

【案例 3.5】 图 3.16 所示是 LM331 在齿轮转速测量中的应用。齿轮旋转时,接近传感器连续感应到轮齿的转动,其输出信号经整形和电平转换后为 TTL 电平的频率信号 f_i。LM331 等外围元件组成 F/V 转换电路,f_i 经 F/V 转换后输出电压信号 U_o,并进行低通滤波后输出。

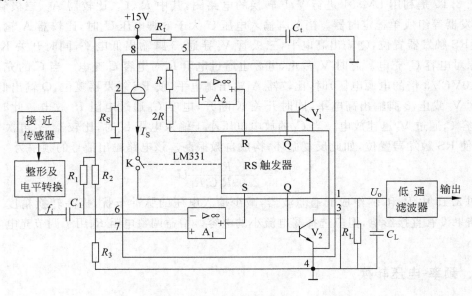

图 3.16 LM331 在齿轮转速测量中的应用

频率信号 f_i 首先经 R_1 和 C_1 组成的微分电路变成窄脉冲输入 LM331,其目的是为了消除当齿轮转速过低时,输入脉冲低电平宽度过大,可能对 LM331 正常工作造成影响。窄脉冲信号送至比较器 A_1 的反相输入端,A_1 的同相输入端经电阻 R_2、R_3 分压后电压固定。当 f_i 的下降沿到来时,微分电路输出负的尖脉冲,则比较器 A_1 输出高电平,使 RS 触发器置位,开关 K 闭合,电流源对电容 C_L 充电。此时 V_1 截止,电源也通过电阻 R_t 对电容 C_t 充电。当 C_t 的充电电压大于 2/3 倍的电源电压时,比较器 A_2 输出高电平,使 RS 触发器复位。此时 Q 输出高电平,三极管 V_1 导通,电容 C_t 通过 V_1 迅速放电,同时开关 K 断开,电容 C_L 通过电阻 R_L 放电,完成一次充放电过程。此后每当 f_i 的下降沿到来时,电路重复上述工作过程。频率信号 f_i 越高,电容 C_L 上积累的电荷就越多,输出电压 U_o(电容 C_L 两端的电压)就越大,实现了 F/V 转换。输出电压 U_o 与 f_i 的关系为

$$U_o = \frac{2.09 R_t C_t R_L}{R_S} f_i \tag{3.18}$$

5. 模拟信号-数字信号转换

微处理器在现代测控系统中越来越多地充当着控制核心的角色,而微处理器只能对数字信号进行处理,前面介绍的传感器和信号调理电路的输入输出信号多为模拟信号,因此需要利用模拟/数字转换器(模数转换器、A/D 转换器或 ADC)将模拟信号转换为数字信号。微处理器输出的信号经常反馈至模拟执行机构(如电机等),因此还需要数字/模拟转换器(数模转换器、D/A 转换器或 DAC)将数字信号转换为模拟信号。可以说 A/D 和 D/A 转换器是控制单元与输入输出之间的接口,是现代测控系统的重要组成部分。

常用的 A/D 转换器可分为双积分型、逐次逼近型、并行比较型和 Σ-Δ 型等。双积分型 A/D 转换器对输入信号的交流干扰有较强的抑制能力,精度较高,缺点是转换速度较慢。逐次逼近型 A/D 转换器速度较快,精度较高,而且电路较为简单,因此应用最为广泛,种类也最多。并行比较型 A/D 转换器速度最快,但难以达到很高的分辨率,且电路复杂,功耗大,成本高。Σ-Δ 型 A/D 转换器采用过采样技术进行噪声整形,利用速度换取较高的分辨率,线性度好,但对内部模拟电路处理速度要求高,常用于高分辨率的中低频信号测量和数字音频电路等。

目前市场上集成式 A/D 转换器的型号繁多,性能各异,根据需要和 A/D 转换器的技术指标进行合理选择可以有效保证系统功能,降低成本。

1) 分辨率的选择

选择 A/D 转换器的分辨率就是合理确定转换器的位数。若输入模拟电压的范围是 $u_{min}-u_{max}$,A/D 转换前的放大器增益为 K,n 位 A/D 转换器的满量程输出为 D,则应保证

$$K u_{min} \geqslant \frac{D}{2^n} \quad 且 \quad K u_{max} \leqslant D \tag{3.19}$$

或表示为

$$\frac{u_{max}}{u_{min}} \leqslant 2^n \tag{3.20}$$

即输入的小信号不至于被量化误差淹没,大信号不会使 A/D 转换器溢出。

实际测控系统的精度受多方面因素的影响,其中之一就是 A/D 器件的转换精度,转换精度虽然不等同于分辨率,但是却包含了分辨率所决定的量化误差。一般应保证由分辨率

所决定的量化精度应该至少比系统精度高一个数量级。

选择 A/D 转换器的分辨率还需考虑微处理器的位数。对于 8 位的微处理器（如 51 系列单片机），选择 8 位并行输出 A/D 转换器时接口简单。若 A/D 转换器是 8 位以上（如 12 位、14 位或 16 位等）的并行输出时，就需配接输出缓冲器，使微处理器分两次读取 A/D 转换结果。

2）转换速率的选择

不同类型 A/D 转换器的转换速率是不相同的，双积分型的转换速率较低，转换时间为毫秒级，可用于温度、压力或流量等缓慢变化的信号检测。逐次逼近型属于中速 A/D 转换器，可用于多通道数据采集或声频数字转换等领域。并行转换型的转换速率很高，适用于雷达、数字通信、实时光谱分析、实时信号记录或视频数字转换等。

3）其他应考虑的因素

选择 A/D 转换器时还需要考虑其他一些因素。例如 A/D 转换器的输入通道数应该与输入信号的数量匹配；各通道之间是借助于多路开关共享采样/保持和 A/D 转换电路，还是具有独立的采样/保持和 A/D 转换电路；A/D 转换器是并行输出还是串行输出；输出信号是二进制编码还是 BCD 编码；有无转换结束状态信号；有无三态输出缓冲器；A/D 转换器的工作温度等。

【案例 3.6】　AD1674 是美国 AD 公司生产的 12 位逐次逼近型并行输出 A/D 转换器，也可实现 8 位转换。该芯片内部集成有采样/保持电路、10V 基准电压源、时钟电路以及三态输出缓冲器，转换速率为 100ks/s。AD1674 有 10V 和 20V 两个模拟信号输入端，既允许单极性输入，也允许双极性输入。

AD1674 有两种工作模式：独立工作模式和完全控制模式。前者常用于具有专用输入端口的情况，不需要使用全部接口控制信号，启动转换时刻比完全受控模式更精确。完全控制模式要使用全部接口控制信号，适用于系统中地址总线上挂接有多个设备的情况，此时对各种控制信号的时序要求严格，若时序不符合 AD1674 的要求，电路无法正常工作。

AD1674 单极性输入和双极性输入的连接线路如图 3.17 所示。13 引脚的模拟输入电

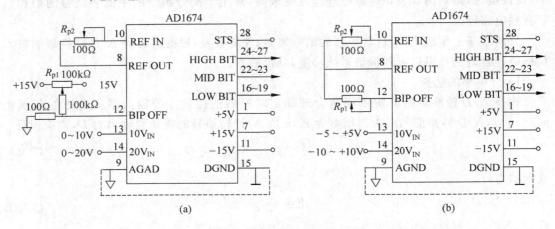

图 3.17　AD1674 单极性和双极性输入的接线图

（a）单极性输入；（b）双极性输入

压范围为 0～10V(单极性输入)或－5～＋5V(双极性输入),也可以在 14 引脚接入单极性(0～20V)或双极性(－10～＋10V)的模拟输入电压。图中 R_{p1} 用于零点调整,R_{p2} 用于满刻度调整。应该注意 AD1674 使用独立的模拟地和数字地,二者应该分开,以减小地线环路。

　　独立工作模式下 AD1674 与单片机 89C51 的接口电路如图 3.18 所示,其中 AD1674 的输入为－5～＋5V 的双极性模拟电压。因为 AD1674 模拟量输入端的输入阻抗比较低,所以待转换的模拟信号首先经过电压跟随器进行阻抗变换,再接至 AD1674 的 10V$_{\text{IN}}$ 输入端。

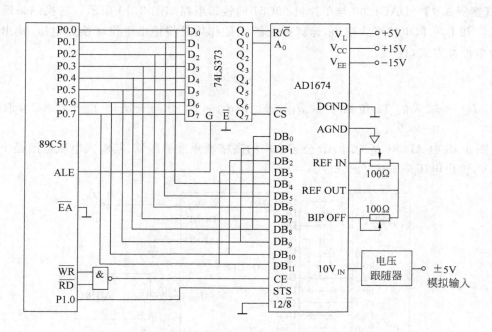

图 3.18　AD1674 与单片机 89C51 的接口电路

6. 数字信号-模拟信号转换

　　数字/模拟转换器(数模转换器、D/A 转换器或 DAC)是将数字量转换为模拟量,微处理器的数字信号经 D/A 转换后可实现控制后续模拟执行器件等功能,D/A 转换器也是某些 A/D 转换器的重要组成部分。

　　D/A 转换器也具有与 A/D 转换器相似的技术指标,包括分辨率、建立时间、转换精度和工作温度范围等。目前市场上集成式 D/A 转换器的种类很多,选择时除了需要考虑上述技术指标外,还需考虑以下一些因素。

　　1) 输入信号形式

　　D/A 转换器的输入信号有并行和串行两种形式,多数为并行输入,并行输入数据还可以是二进制编码或其他形式编码。有些数据,例如脉冲编码调制(pulse code modulation,PCM)信号,是以串行方式传输,串行方式适用于远距离传输数据,可节省硬件资源,但速度较慢。

　　2) 输出信号形式

　　D/A 转换器的输出结果可以是电压或电流两种形式,多数为电流输出,电流输出通常需要外接 I/V 转换电路,以获取电压形式的输出。

　　D/A 转换器的后面一般接有低通滤波器,以滤除高频噪声,使输出的模拟信号变得平滑。

　　3) 其他应考虑的因素

　　同一系统中 D/A 转换器的精度一般小于 A/D 转换器的精度,且 D/A 转换器的零点误差和满量程误差可以通过电路进行调整。实际选择 D/A 转换器时,还要考虑是单极性输出还是双极性输出,多通道输出方式等因素。

　　【案例 3.7】　DAC1208 与单片机 89C51 的接口电路如图 3.19 所示。转换结果通过引脚 I_{OUT1} 和 I_{OUT2} 以电流形式输出,运算放大器 A 的作用是将输出电流转换为电压,输出电压 u_o 为单极性方式,且

$$u_o = -D \frac{U_{REF}}{4096} \tag{3.21}$$

式中:D——输入的 12 位数字量 $d_{11} \times 2^{11} + d_{10} \times 2^{10} + \cdots + d_1 \times 2^1 + d_0 \times 2^0$,取值为 0~4095。

　　图 3.19 中 AD581 是美国 AD 公司生产的高精度集成稳压器,其输入电压范围是 +10~+40V,输出电压是 +10V±5mV。

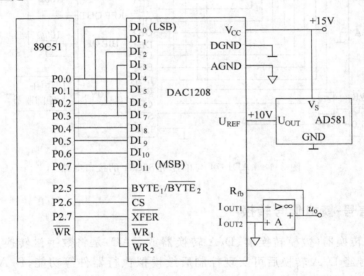

图 3.19　DAC1208 与单片机 89C51 的接口电路

　　被控对象需要双极性电压时,可按照图 3.20 所示接线,其中 A_1 和 A_2 均为运算放大器,由 A_2 的反相输入端虚地和式(3.21)可知

$$\begin{cases} i_1 + i_2 + i_3 = 0 \\ i_1 = \dfrac{u_{o1}}{R}, \quad i_2 = \dfrac{u_{o2}}{2R}, \quad i_3 = \dfrac{U_{REF}}{2R} \\ u_{o1} = -D \dfrac{U_{REF}}{4096} \end{cases}$$

　　解上述方程组可得

$$u_{o2} = (D - 2048) \frac{U_{REF}}{2048} \tag{3.22}$$

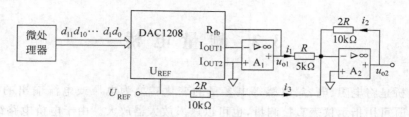

图 3.20 DAC1208 的双极性电压输出方式

由式(3.22)可知,当参考电压 U_{REF} 为正时,若输入数字量的最高位 d_{11} 为"1",则输出模拟电压 u_{o2} 为正;若输入数字量的最高位 d_{11} 为"0",则输出模拟电压 u_{o2} 为负。实际上,参考电压 U_{REF} 可取正值或负值。

【案例 3.8】 图 3.21(引自参考文献[18])所示是 DAC1208 在程控低通滤波器中的应用电路。该电路中 DAC1208 的参考电压 U_{REF} 由电压跟随器 A_1 提供,输入电压 u_i 和输出电压 u_o 分别通过电阻 R_1 和 R_2 接至 A_1 的同相输入端,因此有

$$U_{REF} = \frac{R_2}{R_1 + R_2} u_i + \frac{R_1}{R_1 + R_2} u_o \tag{3.23}$$

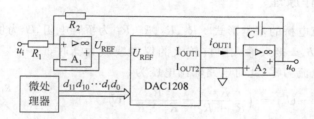

图 3.21 DAC1208 在程控低通滤波器中的应用

DAC1208 的 I_{OUT1} 端输出的模拟电流为

$$i_{OUT1} = \frac{U_{REF}}{R} \frac{D}{4096} \tag{3.24}$$

式中: R——DAC1208 内部 T 形网络的电阻,R 一般为 $15k\Omega$。

运算放大器 A_2 的输出电压为

$$u_o = -\frac{1}{j2\pi fC} i_{OUT1} \tag{3.25}$$

将式(3.24)和式(3.25)代入式(3.23)中,可以求出输入信号为 u_i、输出信号为 u_o 时,电路的频率特性 $H(f)$

$$H(f) = -\frac{R_2}{R_1} \frac{1}{1 + j2\pi f\tau} \tag{3.26}$$

式中 $\tau = \frac{4096RC(R_1+R_2)}{D} \cdot \frac{1}{R_1}$。

由式(3.26)可知,图 3.21 所示电路属于一阶低通滤波器,该滤波器的截止频率 $f_c \left(f_c = \frac{1}{2\pi\tau} \right)$ 与输入的 12 位数字量 D 有关。利用微处理器改变 D 值即可改变截止频率 f_c,达到程序控制低通滤波器参数的目的。

3.2　测　量　电　桥

　　测量电桥是将电阻、电容、电感等电参量的变化转换为电压或电流输出的一种测量电路。其输出既可用指示仪表直接测量,也可以送入放大器放大。由于电桥电路结构简单,具有较高的精确度和灵敏度,能预调平衡,易消除温度及环境的影响,因此在测量系统中被广泛采用。

　　按照电桥所采用的电源不同,可分为直流电桥和交流电桥,二者的结构相似。直流电桥按照供桥电源的不同又可分为恒压源直流电桥和恒流源直流电桥;按照输出测量方式不同,可分为不平衡电桥和平衡电桥。随着集成电路技术的发展和直流放大器性能的不断提高,直流电桥的应用日益广泛。

3.2.1　直流电桥

1. 电桥的工作原理

　　图 3.22 是直流电桥的基本形式。R_1、R_2、R_3、R_4 为桥臂电阻,U 为供桥直流电压。

　　当电桥输出端 b、d 接入输入阻抗较大的仪表或放大器时,可视为开路,输出电流为零,此时电路输出电压为

$$U_o = U_{ab} - U_{ad} = \left(\frac{R_1}{R_1 + R_2} - \frac{R_4}{R_3 + R_4} \right) U$$

$$= \frac{R_1 R_3 - R_2 R_4}{(R_1 + R_2)(R_3 + R_4)} U \qquad (3.27)$$

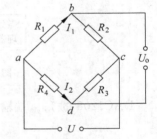

图 3.22　直流电桥

由式(3.27)可见,欲使输出电压 U_o 为零,即电桥处于平衡状态,应满足

$$R_1 R_3 = R_2 R_4 \qquad (3.28)$$

　　式(3.28)是直流电桥的平衡条件。适当选择各桥臂的电阻值,可使电桥测量前满足平衡条件,即输出电压 $U_o = 0$。

　　实际使用时可根据需要选择一个、两个或四个桥臂接入传感器作为工作桥臂。

　　若电桥初始处于平衡状态,且当各桥臂电阻均发生不同程度的微小变化 ΔR_1、ΔR_2、ΔR_3 和 ΔR_4 时,电桥就失去平衡。由式(3.27)可知此时输出电压为

$$U_o = \frac{(R_1 + \Delta R_1)(R_3 + \Delta R_3) - (R_2 + \Delta R_2)(R_4 + \Delta R_4)}{(R_1 + \Delta R_1 + R_2 + \Delta R_2)(R_3 + \Delta R_3 + R_4 + \Delta R_4)} U \qquad (3.29)$$

由于 $\Delta R \ll R$,忽略式(3.29)中分母的 ΔR 项和分子的 ΔR 高次项,则对于常用的全等臂电桥 $(R_1 = R_2 = R_3 = R_4 = R)$,式(3.29)可写为

$$U_o = \frac{U}{4R} (\Delta R_1 - \Delta R_2 + \Delta R_3 - \Delta R_4) \qquad (3.30)$$

　　由式(3.28)和式(3.30)可见,在静止状态下,调节桥臂的电阻值使电桥平衡,输出电压为零。当电桥的输入信号(工作桥臂上的电阻值变化)发生微小变化时,电桥平衡条件被破

坏,输出电压 $U_。$ 与电阻变化量 ΔR 成正比。由此可以从较大的静态分量(例如直流偏置)中提取出微弱的有用信号,这也是电桥获得广泛应用的原因之一。

直流电桥主要的优点是所需的高稳定度直流电源较易获得;电桥输出的是直流量,可以使用直流仪表测量,精度较高;对传感器至测量仪表的连接导线要求较低;电桥的预调平衡电路简单,仅需对纯电阻加以调整即可。其缺点是直流放大器比较复杂,输出信号易受零漂和接地电位的影响。

2. 电桥的连接方式

在测试技术中,一般根据工作中电阻值参与变化的桥臂数不同而有单臂电桥、差动半桥和差动全桥三种连接方式,如图 3.23 所示。

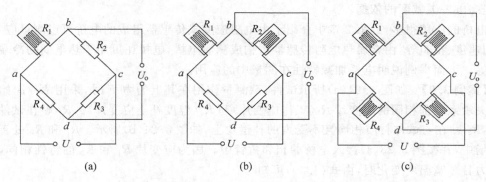

图 3.23　直流电桥的连接方式

(a) 单臂电桥;(b) 差动半桥;(c) 差动全桥

1) 单臂电桥

如图 3.23(a)所示,测量时有一个桥臂的阻值随被测量而变化,其余桥臂均为固定电阻。当 R_1 的阻值变化 $\Delta R_1 = \pm \Delta R$ 时,由式(3.30)可知电桥输出电压

$$U_。 = \pm \frac{1}{4} \frac{\Delta R}{R} U \tag{3.31}$$

2) 差动半桥

如图 3.23(b)所示,测量时电桥的两个相邻桥臂阻值随被测量而变化,且阻值变化方向相反,即 $\Delta R_1 = \pm \Delta R$、$\Delta R_2 = \mp \Delta R$,由式(3.30)可知电桥输出电压为

$$U_。 = \pm \frac{1}{2} \frac{\Delta R}{R} U \tag{3.32}$$

3) 差动全桥

如图 3.23(c)所示,测量时电桥的四个桥臂阻值都随被测量而变化,且相邻桥臂阻值变化方向相反,相对桥臂阻值变化方向相同,即 $\Delta R_1 = \Delta R_3 = \pm \Delta R$、$\Delta R_2 = \Delta R_4 = \mp \Delta R$,由式(3.30)可知电桥输出电压为

$$U_。 = \pm \frac{\Delta R}{R} U \tag{3.33}$$

电桥的灵敏度 K 定义为:电桥输出电压与电桥一个桥臂的电阻变化率之比,即

$$K = \frac{U_。}{\Delta R / R} \tag{3.34}$$

由式(3.31)~式(3.34)可见,电桥的接法不同其灵敏度也不同,差动半桥接法的灵敏度比单臂电桥的灵敏度高一倍,差动全桥接法的灵敏度最高。电桥的灵敏度不仅与电桥的接法有关,还与供桥电源电压 U 成正比,提高供桥电压可以提高灵敏度。但是一般桥臂电阻的功率有限制,例如应变片电阻电桥中要求应变片电流不超过 $20\sim30\text{mA}$,所以供桥电压亦不能过高,否则会导致电桥的电流和功耗过大。

3. 电桥的加减特性及其应用

由式(3.30)可知:相邻桥臂阻值变化方向相反,相对桥臂阻值变化方向相同时,电桥输出反映相加的结果;而相邻桥臂阻值变化方向相同,相对桥臂阻值变化方向相反时,电桥输出反映相减的结果,这就是电桥的加减特性。这一重要特性是合理布置应变片、进行温度补偿、提高电桥灵敏度的依据。

电桥的应用很多,如第2章中介绍了由电阻应变式传感器组成的电桥可以测量应力、应变、加速度、扭矩等,由金属热电阻传感器可构成测温电桥,电桥还可用于热电偶的冷端温度补偿等。下面举例说明电桥加减特性在测量中的应用。

【**案例 3.9**】　如图 3.24(a)所示试件,欲测量作用在其上的力 F 时,采用两片原始电阻值和灵敏系数都相同的应变片 R_1(工作应变片)和 R_2(温度补偿应变片)。R_1 贴在试件的测点上,R_2 贴在与试件材质相同且不受力的补偿块上,如图 3.24(b)所示。R_1 和 R_2 处于相同温度场中,并按图 3.23(a)接入电桥的相邻桥臂中。因为应变片 R_1 和 R_2 的特性相同,当试件受力且环境温度变化时,由式(3.30)可知

$$U_\circ = \frac{1}{4}\left(\frac{\Delta R_1}{R_1} - \frac{\Delta R_2}{R_2}\right)U = \frac{1}{4}\left(\frac{\Delta R_F}{R} + \frac{\Delta R_t}{R} - \frac{\Delta R_t}{R}\right)U = \frac{1}{4}\frac{\Delta R_F}{R}U \qquad (3.35)$$

由式(3.35)可见,测量结果中仅保留了由力 F 引起的电阻变化率 $\dfrac{\Delta R_F}{R}$,消除了温度的影响 $\dfrac{\Delta R_t}{R}$,减少了测量误差。这种桥路补偿方法在常温测量中经常采用。

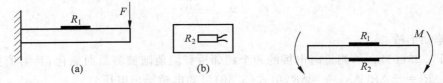

图 3.24　利用补偿块实现温度补偿　　　　图 3.25　差动半桥测量
（a）试件；（b）补偿块

【**案例 3.10**】　测量如图 3.25 所示的纯弯试件时,特性相同的应变片 R_1 和 R_2 分别贴于试件上下两个表面,上面的应变片 R_1 产生拉应变,下面的应变片 R_2 产生压应变,并按图 3.23(b)所示电桥接线。在弯矩 M 和环境温度的作用下,式(3.30)可知

$$U_\circ = \frac{1}{4}\left(\frac{\Delta R_1}{R_1} - \frac{\Delta R_2}{R_2}\right)U = \frac{1}{4}\left[\left(\frac{\Delta R_M}{R} + \frac{\Delta R_t}{R}\right) - \left(-\frac{\Delta R_M}{R} + \frac{\Delta R_t}{R}\right)\right]U = \frac{1}{2}\frac{\Delta R_M}{R}U$$

与单臂电桥相比,该方案采用差动半桥进行测量,并利用电桥的加减特性提高了测量灵敏度,使输出增加两倍,且实现了温度补偿。

对于图 3.25 所示的纯弯试件,也可采用差动全桥进行测量,如图 3.26 所示,应变片 R_1

和 R_3 贴在上表面,R_2 和 R_4 贴在对称于中性层的下表面,并按图 3.23(c)所示组成等臂差动全桥。同理,在弯矩 M 和环境温度的作用下,由式(3.30)可知

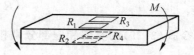

图 3.26 差动全桥测量

$$U_o = \frac{1}{4}\left(\frac{\Delta R_1}{R_1} - \frac{\Delta R_2}{R_2} + \frac{\Delta R_3}{R_3} - \frac{\Delta R_4}{R_4}\right)U = \frac{\Delta R_M}{R}U$$

由此可见,差动全桥的测量方案不仅实现了温度补偿,减小了测量误差,而且电桥的输出为单臂电桥的 4 倍,大大提高了测量的灵敏度。

3.2.2 交流电桥

交流电桥电路如图 3.27 所示,其供桥电源电压采用交流方式,电桥的四个桥臂可以是纯电阻,也可以是包含有电容、电感的交流阻抗。若阻抗、电流和电压都用复数表示,则直流电桥的平衡关系式在交流电桥中同样也适用,即交流电桥平衡时必须满足

$$Z_1 Z_3 = Z_2 Z_4 \tag{3.36}$$

复阻抗中包含有幅值和相位的信息,把各阻抗用指数形式表示,即 $Z_i = Z_{0i}\mathrm{e}^{j\varphi_i}$($i=1,2,3,4$),代入式(3.36)可得

$$Z_{01}Z_{03}\,\mathrm{e}^{j(\varphi_1+\varphi_3)} = Z_{02}Z_{04}\,\mathrm{e}^{j(\varphi_2+\varphi_4)} \tag{3.37}$$

式中:Z_{01}、Z_{02}、Z_{03}、Z_{04}——各阻抗的模;

φ_1、φ_2、φ_3、φ_4——阻抗角,即各桥臂电压与电流之间的相位差。纯电阻时电流与电压同相位,$\varphi=0$;电感性阻抗时电压超前于电流,$\varphi>0$(纯电感时 $\varphi=90°$);电容性阻抗时电压滞后于电流,$\varphi<0$(纯电容时 $\varphi=-90°$)。

若式(3.37)成立,必须同时满足

$$\begin{cases} Z_{01}Z_{03} = Z_{02}Z_{04} \\ \varphi_1 + \varphi_3 = \varphi_2 + \varphi_4 \end{cases} \tag{3.38}$$

式(3.38)表明,交流电桥平衡必须满足两个条件:相对两桥臂阻抗之模的乘积应相等,并且它们的阻抗角之和也必须相等,前者称为交流电桥的幅值平衡,后者称为相位平衡。

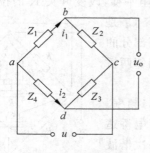

图 3.27 交流电桥

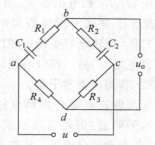

图 3.28 电容电桥

图 3.28 是一种常用的电容电桥,相邻两臂为差动电容式传感器 C_1 和 C_2,R_1 和 R_2 为电容介质损耗的等效电阻,另外相邻两臂为纯电阻 R_3 和 R_4。由式(3.38)可知该电桥平衡时须满足

$$\left(R_1 + \frac{1}{\mathrm{j}\omega C_1}\right)R_3 = \left(R_2 + \frac{1}{\mathrm{j}\omega C_2}\right)R_4 \tag{3.39}$$

令式(3.39)的实部和虚部分别相等,则有

$$R_1 R_3 = R_2 R_4 \tag{3.40}$$

$$\frac{R_3}{C_1} = \frac{R_4}{C_2} \tag{3.41}$$

由上述分析可知,电容电桥平衡时必须同时满足电阻平衡和电容平衡。

图 3.29 是一种常用的电感电桥,相邻两臂为差动电感式传感器 L_1 和 L_2,R_1 和 R_2 为电感线圈的等效电阻,另外相邻两臂为纯电阻 R_3 和 R_4。同理,电感电桥平衡时须满足

$$R_1 R_3 = R_2 R_4 \tag{3.42}$$

$$L_1 R_3 = L_2 R_4 \tag{3.43}$$

对于电阻应变片组成的交流电桥,即使各桥臂均为电阻,但由于应变片的敏感栅及导线间都存在分布电容,相当于每个桥臂上都并联了一个电容(如图 3.30 所示)。因此,除了电阻平衡外,还须考虑电容平衡。否则由于桥臂的阻值不可能完全相等(应变片阻值差异、导线电阻及接触电阻等因素的影响)以及桥臂电容的不对称性,使电桥在未工作前就失去平衡,产生零位输出,有时甚至大于由被测应变所引起的电桥输出,使仪器无法工作。因此,一般电阻应变仪都采取了相应的预调平衡装置。

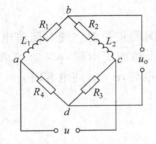

图 3.29　电感电桥

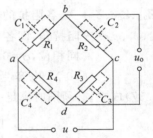

图 3.30　交流电桥的分布电容

【案例 3.11】　图 3.31 是一种用于动态电阻应变仪中的具有电阻和电容预调平衡的交流电桥。电阻 R_1、R_2 和电位器 R_p 用来调节电桥的电阻平衡,改变开关 K 的位置及调节电位器 R_p,即改变了并联于相邻桥臂电阻的大小。电容 C_1 是差动可变电容器,旋转电容平衡旋钮时,电容器左右两部分的电容一部分容值增加,另一部分容值减少,使并联于相邻两桥臂的电容值改变,实现电容平衡。

工程中交流电桥电源必须具有稳定的电压波形与频率。若电源电压波形畸变(即包含高次谐波),对基波而言电桥达到平衡,而对高次谐波电桥不一定能平衡,此时将有高次谐波电压输出。因此一般采用音频交流(5～10kHz)作为电桥电源,此时电桥输出为调制波,外界工频干扰不易从线路中引入,后续交流放大电路简单而无零漂。

采用交流电桥时,必须注意一些影响因素,如电桥元件之

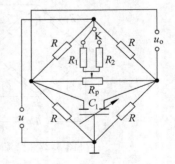

图 3.31　具有电阻电容平衡的
交流电桥

间的互感、无感电阻的残余电抗,邻近交流电源对电桥的感应作用,泄漏电阻以及元件之间、
元件与地之间的分布电容等。

3.3　调制与解调

　　工程中的一些物理量,如力、位移、温度等,经过传感器转换后,输出往往是一些微弱的
缓变信号,可能还伴有各种噪声。为了将被测信号从
噪声中提取出来,可以先把缓变信号变成频率适当的
交流信号,然后利用交流放大器放大,最后再恢复为缓
变信号,这样的变换过程称为调制与解调。从放大处
理角度来看,调制与解调技术可以克服直流放大器的
零漂和级间耦合等问题,在传感器的调理电路中应用
较广。

　　调制是指利用被测缓变信号来控制或改变高频振
荡波的某个参数(幅值、频率或相位),使其按被测信号
的规律变化,以利于信号的放大与传输。若控制量是
高频振荡波的幅值、频率或相位,相应地称为调幅
(AM)、调频(FM)或调相(PM)。解调则是对已调波
进行鉴别以恢复被测缓变信号的过程。本节仅讨论调
幅、调频及其解调原理。

　　一般把控制高频振荡波的缓变信号称为调制波;
载送缓变信号的高频振荡波称为载波;经过调制的高
频振荡波称为已调波。根据调制原理不同,已调波又
分为调幅波、调频波等,如图 3.32 所示。

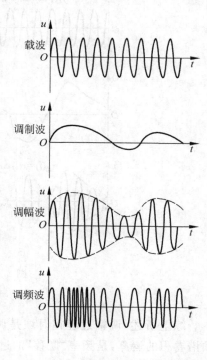

图 3.32　载波、调制波和已调波

3.3.1　调幅及其解调

1. 调幅原理

　　调幅是将高频正弦或余弦信号(载波)与被测信号(调制波)相乘,使高频载波信号的幅
值随被测信号的幅值而变化。调幅过程如图 3.33 所示,这里假设载波是频率为 f_0 的余弦
信号 $\cos 2\pi f_0 t$。由图 3.33 可见,调幅就是调制波与
载波在时域内相乘的过程。

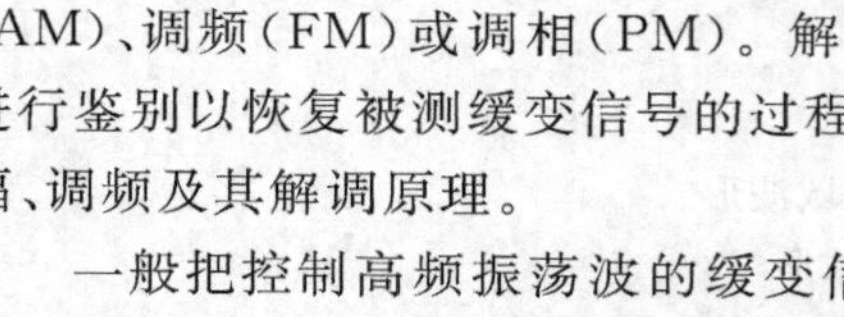

　　由傅里叶变换的性质可知,时域中两个信号相
乘,对应频域中两个信号的卷积,即

$$x(t) \cdot y(t) \Longleftrightarrow X(f) * Y(f)$$

余弦函数的频谱是一对脉冲谱线

图 3.33　调幅过程

$$\cos 2\pi f_0 t \Longleftrightarrow \frac{1}{2}\delta(f - f_0) + \frac{1}{2}\delta(f + f_0) \tag{3.44}$$

图 3.33 左侧框图：
$x(t)$ 调制波 → 调制器 → $x_m(t) = x(t)\cos 2\pi f_0 t$ 调幅波
$y(t) = \cos 2\pi f_0 t$　载波

一个函数与单位脉冲函数卷积的结果，就是将其以坐标原点为中心的频谱平移至该脉冲函数处。所以若以高频余弦信号 $\cos 2\pi f_0 t$ 作载波，把被测信号 $x(t)$ 和载波信号相乘，在频域中相当于把被测信号频谱由原点平移至载波频率 f_0 处，同时幅值减半，其时域和频域波形如图 3.34 所示，且有

$$x(t) \cdot \cos 2\pi f_0 t \Leftrightarrow \frac{1}{2}X(f) * \delta(f - f_0) + \frac{1}{2}X(f) * \delta(f + f_0) \tag{3.45}$$

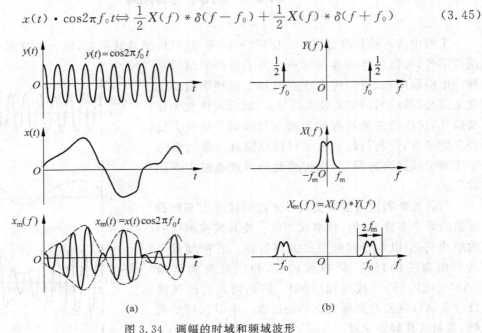

图 3.34 调幅的时域和频域波形

(a) 时域波形；(b) 频域波形

综上所述，调幅过程在时域是调制波与载波相乘的运算；在频域是调制波频谱与载波频谱卷积的运算，是频率"搬移"的过程。

从调幅原理和图 3.34 可知，载波频率 f_0 必须高于被测信号中的最高频率 f_m，这样才能使已调波保持原信号的频谱而不产生频率混叠。欲减小放大电路可能引起的失真，被测信号的最高频率相对载波频率应越小越好。工程应用中，载波频率 f_0 至少为被测信号最高频率 f_m 的 10 倍以上，但是载波频率的提高也受到放大电路截止频率的限制。

幅值调制装置实质上是一个乘法器，现在已有性能良好的线性乘法器组件。由前面的分析和式（3.36）可以看出，交流电桥实质上也是一个乘法器。设供桥电源电压 u 为高频余弦波，即 $u = E_0 \cos 2\pi f_0 t$，则由式（3.33）和式（3.36）可导出

$$u_o = \frac{\Delta R}{R} E_0 \cos 2\pi f_0 t \tag{3.46}$$

由式（2.4），则式（3.46）可写为

$$u_o = SE_0 \varepsilon \cos 2\pi f_0 t \tag{3.47}$$

式（3.47）表明，等幅载波 u 经电桥调幅后，输出 u_o 的幅值为 $SE_0\varepsilon$，即电桥输出为调幅波，其幅值随被测应变 ε 的变化而改变，而且随着被测应变 ε 正负半周的改变，调幅波的相位也相应地改变。当 ε 为正时，调幅波与载波同相；当 ε 为负时，调幅波与载波反相。

2. 解调原理

1) 同步解调

若把调幅波再次与载波信号相乘,则频域信号将再一次进行"搬移"。由于载波频谱与原来调制时频谱相同,而使第二次"搬移"后的频谱有一部分又"搬移"到原点处。所以频谱中包含有与原调制信号相同的频谱和附加的高频频谱两部分,其结果如图 3.35 所示。若利用低通滤波器滤除中心频率为 $2f_0$ 的高频成分,就可以恢复出被测信号(只是其幅值减少一半,可用放大处理来补偿),这一过程称为同步解调。"同步"是指解调时相乘的信号与调幅时的载波信号具有相同的频率和相位。通过时域分析也可以看到

$$x_{\mathrm{m}}(t)y(t) = x(t)\cos2\pi f_0 t\cos2\pi f_0 t = \frac{1}{2}x(t) + \frac{1}{2}x(t)\cos4\pi f_0 t \tag{3.48}$$

式(3.48)中 $\frac{1}{2}$ 是常量,前面一项就是解调出来的被测信号 $x(t)$,后面一项可通过低通滤波器滤除。这种解调方法需要性能良好的线性乘法器件。

由上述分析可见,调幅的目的是使缓变信号便于放大和传输,解调的目的则是为了恢复被测信号。广播电台把声音信号调制到某一频段,既便于放大和传输,也可避免各电台之间的干扰。在测试工作中,也常用调幅-解调技术在一根导线中传输多路信号。

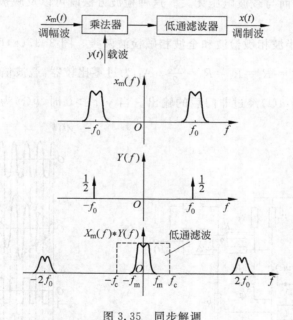

图 3.35　同步解调

2) 包络检波

包络检波在时域内的流程如图 3.36 所示。若把调制信号 $x(t)$ 进行偏置,叠加一直流分量 A,使偏置后的信号 $x_A(t)$ 都具有正电压,然后再与高频载波相乘得到的调幅波 $x_{\mathrm{m}}(t)$,其包络线具有调制波的形状。调幅波经过包络检波(整流、滤波)后可以恢复偏置后的信号 $x_A(t)$,最后再将所加直流分量去掉,即可恢复调制信号 $x(t)$。

若所加的直流偏置电压 A 未能使信号 $x_A(t)$ 都具有正电压,则对调幅波简单地包络检

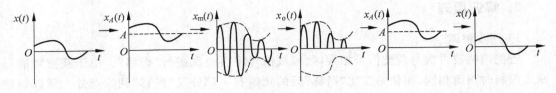

图 3.36　包络检波

波就不能恢复出调制信号。另外，在调制解调过程中有一个加减直流电压的过程，实际工作中要使每一直流成分很稳定，且使两个直流成分完全对称较难实现，结果会导致原始波形与恢复后的波形虽然幅值上可以成比例（中间有放大环节未标出），但在分界正负极性的零点上可能有漂移，而导致分辨原波形正负极性时可能有误。

3）相敏检波

工程中检测到的信号（原始信号）往往是矢量，经调幅后信号的极性与原始信号有所不同，为了辨识原始信号的极性，需要对调幅信号进行相敏检波。

相敏检波是利用载波作为参考信号来鉴别调幅波的极性。当调幅波与载波同相时，相敏检波器的输出电压为正；当调幅波与载波反相时，输出电压为负。输出电压的大小仅与调幅波的幅值成比例，而与载波电压无关。这种检波方法既可以反映被测信号幅值，又可以辨别其极性。

相敏检波可分为半波相敏检波和全波相敏检波两类。图 3.37（a）所示为开关式全波相敏检波电路，取 $R_2 = R_3 = R_4 = R_5 = R_6 = \dfrac{R_7}{2}$。$A_1$ 为过零比较器，载波信号 $y(t)$ 经过 A_1 后转换为方波 $u(t)$，$\bar{u}(t)$ 为 $u(t)$ 经过非门后的输出。当 $y(t) > 0$ 时，$u(t)$ 为低电平，$\bar{u}(t)$ 为高电

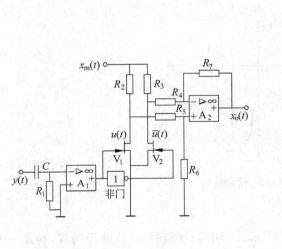

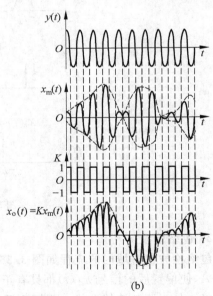

(a)

(b)

图 3.37　全波开关式相敏检波

（a）电路图；（b）各信号波形图

平,场效应管 V_1 截止,V_2 导通,运算放大器 A_2 的反相输入端接地,调幅波 $x_m(t)$ 从 A_2 的同相输入端输入。此时 A_2 的放大倍数为

$$K = \frac{R_6}{R_2 + R_5 + R_6}\left(1 + \frac{R_7}{R_4}\right) = 1$$

当 $y(t) < 0$ 时,$u(t)$ 为高电平,$\bar{u}(t)$ 为低电平,V_1 导通,V_2 截止,运算放大器 A_2 的同相输入端接地,调幅波 $x_m(t)$ 从 A_2 的反相输入端输入。此时 A_2 的放大倍数为

$$K = -\frac{R_7}{R_3 + R_4} = -1$$

输出信号 $x_o(t)$ 如图 3.37(b)所示。

相敏检波器的输出由低频调制信号的频率分量和高频载波的频率分量组成。欲提取已处理后的调制信号,必须接一个低通滤波器,滤除高频载波分量,仅允许低频调制信号 $x(t)$ 通过。

【案例 3.12】 动态电阻应变仪是电桥调幅与相敏检波的典型实例,如图 3.38 所示。电桥由振荡器提供等幅高频振荡电源(相当于载波),被测量(力、应变等,相当于调制波)通过电阻应变片控制电桥输出。电桥输出为调幅波 $x_m(t)$,经过放大、半波相敏检波和低通滤波后提取出所需的被测信号。

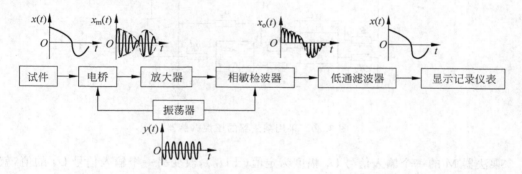

图 3.38 动态电阻应变仪原理框图

3.3.2 调频及其解调

1. 调频原理

调频是利用低频调制信号的幅值控制高频载波信号的频率,其实质是电压-频率转换的过程,调频波是等幅波,但其频率与调制信号的幅值成正比。当幅值为零时,调频波的频率等于载波频率(中心频率),幅值为正值时频率提高,幅值为负值时频率降低。在整个调制过程中,调频波的幅值保持不变,而瞬时频率随调制信号幅值作相应的变化。所以调频波是随信号幅值变化的疏密不等的等幅波,其频谱结构非常复杂,虽和原信号频谱有关,但却不像调幅那样进行简单的"搬移",也不能用简单的函数关系描述。为保证测量精度,载波中心频率应远高于调制信号的最高频率成分。调频可以理解成为电压-频率转换的过程,根据转换电路的不同,载波可以是正弦波、三角波或方波。

噪声干扰会直接影响信号的幅值,而调频波对影响幅值的噪声不敏感,因此信号经调频

后具有抗干扰能力强、便于远距离传输、不易错乱或失真等优点。调频后也很容易采用数字技术和计算机相连接。

在第 2 章介绍电容式传感器和电涡流式传感器时曾提到了一种调频方案,利用传感器和外围元件组成谐振回路,输出为等幅调频波。当被测量(如距离、振动幅值等)变化时,传感器输出随之变化,谐振回路输出信号的频率也会改变。这种把被测量的变化直接转换为谐振回路频率变化的过程称为直接调频。

另一种调频方案是基于压控振荡器(VCO)的原理。图 3.39 是采用乘法器的压控振荡器,A_1 是正反馈放大器,其输出电压受稳压管 V_D 钳制,为 $+U_D$ 或 $-U_D$。M 是乘法器,A_2 是积分器,假设 U_x 是恒值正电压。初始时 A_1 输出为 $+U_D$,则乘法器输出 U_z 是正电压,A_2 的输出电压将线性下降。当降到比 $-U_D$ 更低时,A_1 翻转输出为 $-U_D$,同时乘法器输出 U_z 也随之变为负电压,结果导致 A_2 的输出电压线性上升。当升至 $+U_D$ 时,A_1 又将翻转输出为 $+U_D$。所以在 U_x 的作用下,积分器 A_2 的输出为频率一定的三角波,A_1 则输出同一频率的方波 U_y。

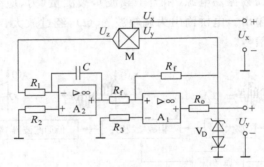

图 3.39　采用乘法器的压控振荡器

乘法器 M 的一个输入信号 U_y 幅度为定值($\pm U_D$),改变另一个输入信号 U_x 的值,就可以线性地改变其输出 U_z,因此积分器 A_2 的输入电压也随之改变,最终导致积分器由 $-U_D$ 充电至 $+U_D$(或由 $+U_D$ 放电至 $-U_D$)所需时间的变化。所以压控振荡器的振荡频率与电压 U_x 成正比,改变 U_x 的值就可达到线性控制振荡频率的目的。

2. 鉴频原理

调频波的解调又称为鉴频或频率检波,其实质是频率-电压转换的过程,实现鉴频作用的电路又称为鉴频器。鉴频可以采用多种方案完成,最简单的一种是将调频波放大,限幅为方波,然后取其上升(或下降)沿转换为脉冲,脉冲的疏密就是调频波的疏密。每个脉冲触发一个定时的单稳,即可获得一系列脉宽相等、疏密随调频波频率而变化的单向窄矩形波。取其瞬时平均电压就可以反映调制信号电压的幅值,但应注意必须从平均电压中减去与载波中心频率所对应的直流偏置电压。

图 3.40 是另一种简单的鉴频电路,利用变压器耦合的谐振回路进行鉴频,其过程通常分两步完成:第一步先将等幅的调频波转换为幅值随频率变化的调频调幅波,第二步检测幅值的变化,获得调制信号。

线性变换部分的作用是把等幅的调频波转换为调频调幅波。图 3.40(a)中 L_1 和 L_2 是

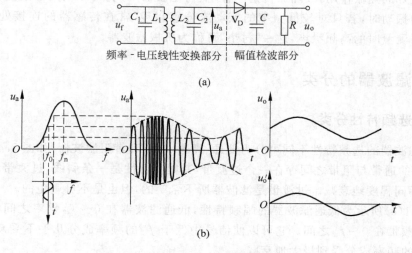

图 3.40　利用谐振回路进行鉴频

（a）鉴频电路；（b）频率电压特性曲线

变压器耦合的原、副边线圈，它们与 C_1、C_2 组成并联谐振电路。若输入等幅调频波 u_f 的频率在回路的谐振频率 f_n 处，则线圈 L_1 和 L_2 中的耦合电流最大，副边输出电压 u_a 也最大。u_f 的频率偏离 f_n 后，u_a 也随之下降。u_a 的频率虽然和调频波 u_f 保持一致，但 u_a 的幅值却不恒定，而是随谐振曲线上 u_f 频率所对应的电压而变化，即 u_a 是既有频率变化又有幅值变化的调频调幅波，如图 3.40(b) 所示。为获得较好的线性，通常利用谐振曲线的亚谐振区近似直线的部分实现频率电压变换，将调频时的载波频率 f_0 设计在谐振曲线上升或下降区域（亚谐振区）近似直线段的中心。由于在谐振曲线的线性区工作，所以 u_a 的幅值变化与频率变化呈线性关系。显然输入调频波 u_f 后，便可获得上下对称的调频调幅波 u_a。

幅值检波部分是常见的整流滤波电路，调频调幅波 u_a 经过幅值检波后得到叠加了偏置电压的调制波 u_o，去掉 u_o 中的直流偏置电压即可获得原调制信号 u_o'。

3.4　滤　波　器

实际系统的输入信号往往会因干扰等原因而包含一些不必要的成分，因此必须借助于滤波电路将有用信号提取出来，同时将干扰信号衰减到足够小的程度。滤波可以实现选频作用，即允许信号中特定的频率成分通过，而极大地衰减其他频率成分，实现滤波作用的电路称为滤波器。在测试系统中，滤波器具有滤除干扰噪声、提高信噪比、进行频谱分析或分离不同频率成分的信号等功能。在调幅和调频的解调电路中，都需要低通滤波器将缓变的调制信号从高频载波中分离出来。在数据采集系统中，也需要在 A/D 转换之前进行抗混叠滤波。各类仪器仪表都有一定的工作频率范围，说明它们本身都有滤波作用。

广义上任何装置的响应特性都是激励（输入信号）频率的函数，因此都可以看成是一个滤波器。例如隔振台对低频激励无明显的隔振作用，甚至有可能谐振放大，但对高频激励则可以起到良好的隔振作用,故隔振台是一种"低通滤波器"。利用压电式加速度传感器测量被测对象的振动时,若只对较低频率的振动成分感兴趣,常在传感器的连接处加一个"衬垫",以削弱测量时的高频噪声,这一"衬垫"可称为机械滤波器。

3.4.1　滤波器的分类

1. 按选频特性分类

根据滤波器的选频特性不同可分为低通、高通、带通和带阻滤波器,如图 3.41 所示。这 4 种滤波器的通带与阻带之间存在一个过渡带,其幅频特性是一条斜线,过渡带内不同频率信号受到不同程度地衰减。过渡带是滤波器所不希望的,但也是不可避免的。

图 3.41(a)所示为低通滤波器的幅频特性,低通滤波器在 $0 \sim f_{c2}$ 频率之间的幅频特性平直,即通频带在 $0 \sim f_{c2}$ 之间。它可以使信号中低于 f_{c2} 的频率成分几乎不受衰减地通过,而高于 f_{c2} 的频率成分受到极大地衰减。

图 3.41(b)所示为高通滤波器的幅频特性,与低通滤波器相反,在频率 $f_{c1} \sim \infty$ 范围内其幅值特性平直。它可以使信号中高于 f_{c1} 的频率成分几乎不受衰减地通过,而低于 f_{c1} 的频率成分受到极大地衰减。

图 3.41(c)所示为带通滤波器的幅频特性,其通频带在 $f_{c1} \sim f_{c2}$ 之间。它可以使信号中高于 f_{c1} 而低于 f_{c2} 的频率成分几乎不受衰减地通过,而其他频率成分受到极大地衰减。

图 3.41(d)所示为带阻滤波器的幅频特性,其阻带在频率 $f_{c1} \sim f_{c2}$ 之间。与带通滤波器相反,它使信号中高于 f_{c1} 而低于 f_{c2} 的频率成分受到极大地衰减,而其他频率成分几乎不受衰减地通过。

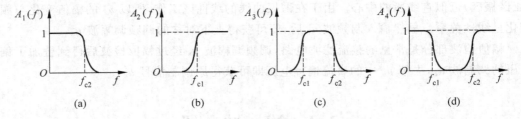

图 3.41　滤波器的幅频特性
(a) 低通滤波器;(b) 高通滤波器;(c) 带通滤波器;(d) 带阻滤波器

2. 按构成滤波器的元件分类

根据滤波器的构成元件不同可分为 LC 滤波器、RC 滤波器和由特殊元件构成的滤波器。

LC 滤波器由电感和电容等元件组成,在高频场合具有良好的频率选择性,但电感元件体积大,不便于集成。

RC 滤波器由电阻和电容等元件组成,属于无感滤波器,一般适用于低频场合。

由特殊元件构成的滤波器主要有机械滤波器、压电陶瓷滤波器、晶体谐振滤波器、声表面波滤波器等。其工作原理是通过电能与机械能、分子振动能等的相互转换,并与器件的固有频率谐振来实现频率选择,在一些特殊场合中可用作频率选择性很高的滤波器。

3. 按电路性质分类

根据滤波器电路的性质不同可分为无源滤波器和有源滤波器。

无源滤波器单纯由无源器件(电感、电容、电阻)组成。这种滤波器对信号衰减较大,性能也较差。

有源滤波器由具有能量放大功能的有源器件(运算放大器、晶体管等)和电阻、电容等元件组成,其性能较好,应用也非常广泛。但受有源器件带宽的限制,这种滤波器一般不适用于高频场合。

滤波器还有其他不同的分类方法,如根据滤波器传递函数的阶数不同可分为一阶滤波器、二阶滤波器等,根据滤波器所处理的信号性质不同可分为模拟滤波器和数字滤波器等。

3.4.2　滤波器的特性

1. 理想滤波器

理想滤波器是指能使通带内信号的幅值和相位都不失真,阻带内的频率成分都衰减为零,其通带和阻带之间有明显分界线的滤波器。也就是说,理想滤波器在通带内的幅频特性为常数,相频特性的斜率亦为常数,在通带外的幅频特性为零。理想滤波器是一个理想化的模型,在物理上是不能实现的,但它对深入了解滤波器的传输特性是有用的。

图 3.42 所示为理想低通滤波器的幅频特性和相频特性曲线,其频率特性为

$$H(f) = \begin{cases} A_0 \mathrm{e}^{-\mathrm{j}2\pi f t_0}, & |f| < f_c \\ 0, & \text{其他} \end{cases} \qquad (3.49)$$

图 3.42 中幅频特性是以双边谱形式画出,相频特性的直线斜率为 $-2\pi t_0$。

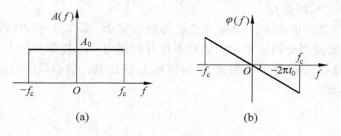

$$(a) \qquad\qquad\qquad (b)$$

图 3.42　理想低通滤波器
(a) 幅频特性;(b) 相频特性

讨论理想低通滤波器是为了进一步了解滤波器的传输特性,确定滤波器的通频带宽和建立稳定输出所需时间之间的关系。

滤波器对阶跃输入的响应有一定的建立时间。若滤波器的通频带很宽,即 f_c 很大,那么 $y(t)$ 的图形将很陡峭,响应的建立时间 t_e 也将很小。反之,若通频带窄,即 f_c 小,则建立时间就长。

建立时间可以这样解释:输入信号突变处形成尖角,必然含有丰富的高频分量。低通

滤波器衰减了高频分量,结果是把信号波形"圆滑"了。通带越宽,衰减的高频分量越少,信号能更多、更快地通过,所以建立时间就短;反之,建立时间就长。

低通滤波器阶跃响应的建立时间 t_e 和通频带宽度 B 成反比,或者说带宽和建立时间的乘积是常数,这一结论对其他滤波器(高通、带通、带阻)也适用。滤波器的带宽表示其频率分辨力,带宽越窄分辨力越高。因此上述结论具有重要意义:滤波器的高分辨能力和测量时的快速响应是互相矛盾的。若使用滤波的方法从信号中选取某一很窄的频率成分(例如希望做高分辨力的频谱分析),就需要足够的时间。若建立时间不够,就会产生谬误和假象。

2. 实际滤波器

图 3.43 表示理想带通(细实线)与实际带通(粗实线)滤波器的幅频特性。对于理想滤波器,只需规定截止频率即可说明其性能。而实际滤波器的特性曲线没有明显的转折点,通带中幅频特性也并非常数,因此需要用更多的参数来描述其性能。

1) 波纹幅度 d

实际滤波器在通带内的幅频特性不像理想滤波器那样平直,可能呈波纹变化,其波动的幅度称为波纹幅度 d。波纹幅度与通带内幅频特性的平均值 A_0 相比越小越好,即 $d \ll A_0/\sqrt{2}$。

2) 截止频率 f_c

为保证通带内的信号幅值不会产生较明显的衰减,一般规定幅频特性值等于 $A_0/\sqrt{2}$ 时所对应的

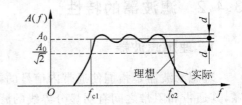

图 3.43 理想带通与实际带通滤波器的幅频特性

频率 f_{c2}、f_{c1} 分别为滤波器的上、下截止频率。以 A_0 为参考值,$A_0/\sqrt{2}$ 对应于 -3dB 点,即相对于 A_0 衰减 -3dB,这样通带内信号幅值的衰减量不会超过 -3dB。若以信号的幅值平方表示信号功率,则 -3dB 点正好是半功率点。

3) 带宽 B 和品质因数 Q

上下截止频率之间的频率范围称为滤波器的带宽 B,或称为 -3dB 带宽 B_{-3dB},单位为 Hz。带宽决定了滤波器分离信号中相邻频率成分的能力——频率分辨力。

滤波器的品质因数 Q 是中心频率 f_0 和带宽 B 的比值。中心频率的定义是上下截止频率的几何平均值,即

$$f_0 = \sqrt{f_{c1} f_{c2}} \tag{3.50}$$

因此

$$Q = \frac{f_0}{B} = \frac{\sqrt{f_{c1} f_{c2}}}{f_{c2} - f_{c1}} \tag{3.51}$$

品质因数 Q 也用来衡量滤波器分离相邻频率成分的能力。Q 值越大,滤波器的分辨力越高。

4) 倍频程选择性

实际滤波器存在过渡带,过渡带内幅频曲线的倾斜程度代表了幅值衰减的快慢,它决定了滤波器对通带外频率成分的衰减能力,通常用倍频程选择性来表征。所谓倍频程选择性,是指在上截止频率 f_{c2} 与 $2f_{c2}$ 之间,或者在下截止频率 f_{c1} 与 $\frac{1}{2}f_{c1}$ 之间幅频特性的衰减值,

即频率变化一倍频程时的衰减量,以 dB 表示。滤波器的倍频程选择性数值越大,对通带外信号的衰减越厉害,滤波性能越好。

5) 滤波器因数(或矩形系数)λ

滤波器选择性的另一种表示方法是用滤波器因数 λ 表示,即滤波器幅频特性的一60dB带宽与一3dB带宽的比值。一般滤波器的 $\lambda=1\sim5$,λ 越小表明滤波器的选择性越好。

3.4.3　RC 无源滤波器

在机械工程测试系统中,常采用 RC 滤波器设计,其电路具有结构简单,抗干扰性强,低频特性好,元器件选择容易,设计方便等特点。

1) RC 一阶无源低通滤波器

RC 一阶低通滤波器的典型电路及其幅频、相频特性如图 3.44 所示,设输入和输出信号电压分别为 u_i 和 u_o,电路时间常数 $\tau=RC$,其传递函数为

$$H(s) = \frac{1}{1+s\tau} \tag{3.52}$$

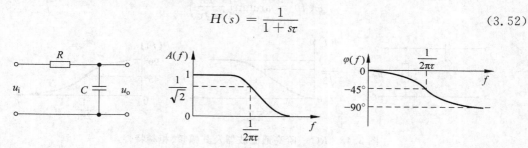

图 3.44　RC 一阶低通滤波器及其幅频、相频特性

频率特性为

$$H(f) = \frac{1}{1+\mathrm{j}2\pi f\tau} \tag{3.53}$$

其幅频特性和相频特性分别为

$$A(f) = \frac{1}{\sqrt{1+(2\pi f\tau)^2}} \tag{3.54}$$

$$\varphi(f) = -\arctan(2\pi f\tau) \tag{3.55}$$

由滤波器的频率特性分析可知,当 $f\ll\dfrac{1}{2\pi\tau}$ 时,$A(f)=1$,此时信号几乎不受衰减地通过,并且相频特性近似为一条通过原点的直线。因此,当输入信号频率较低时,可以认为 RC 低通滤波器是一个不失真传输系统。

当 $f=\dfrac{1}{2\pi\tau}$ 时,$A(f)=\dfrac{1}{\sqrt{2}}$,即滤波器的一3dB 截止频率由 RC 值决定,适当改变 RC 值,可以改变滤波器的截止频率。

当 $f\gg\dfrac{1}{2\pi\tau}$ 时,输出信号 u_o 与输入信号 u_i 的积分成正比,即

$$u_o = \frac{1}{\tau}\int u_i \mathrm{d}t \tag{3.56}$$

此时,RC 低通滤波器起着积分器的作用,对输入信号的高频成分起到抑制效果,其衰减率为 $-20\text{dB}/$十倍频程。

2) RC 一阶无源高通滤波器

图 3.45 为 RC 一阶高通滤波器典型电路及其幅频、相频特性。设输入和输出信号电压分别为 u_i 和 u_o,电路时间常数 $\tau = RC$,其传递函数为

$$H(s) = \frac{s}{1 + s\tau} \tag{3.57}$$

频率特性为

$$H(f) = \frac{\mathrm{j}2\pi f\tau}{1 + \mathrm{j}2\pi f\tau} \tag{3.58}$$

其幅频特性和相频特性分别为

$$A(f) = \frac{2\pi f\tau}{\sqrt{1 + (2\pi f\tau)^2}} \tag{3.59}$$

$$\varphi(f) = \arctan\left(\frac{1}{2\pi f\tau}\right) \tag{3.60}$$

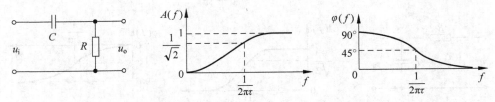

图 3.45　RC 一阶高通滤波器及其幅频、相频特性

由图 3.45 可见,当 $f \gg \dfrac{1}{2\pi\tau}$ 时,幅频特性接近于 1,相移趋于零,此时 RC 高通滤波器可视为不失真传输系统。

当 $f = \dfrac{1}{2\pi\tau}$ 时,$A(f) = \dfrac{1}{\sqrt{2}}$,即滤波器的 -3dB 截止频率由 RC 值决定。

当 $f \ll \dfrac{1}{2\pi\tau}$ 时,RC 高通滤波器的输出与输入的微分成正比,起着微分器的作用,抑制了低频段的信号成分。

$$u_o \approx \tau \frac{\mathrm{d}u_i}{\mathrm{d}t} \tag{3.61}$$

RC 无源滤波器电路结构非常简单,但也存在滤波性能不够完善,幅频特性通带和阻带间过渡较缓,带负载能力较差,对信号幅值也没有放大作用等不足。

3.4.4　RC 有源滤波器

RC 无源滤波器电路非常简单,但性能不够完善,应用不多。RC 有源滤波器调整方便,也易于集成化,利用运算放大器作有源器件几乎没有负载效应,各滤波器可以级联以实现所需的功能,因此在实际测控系统中应用广泛。

RC 有源滤波器由 RC 无源滤波网络和运算放大器组成。运算放大器既可起级间隔离

作用,又可起信号幅值的放大作用。运算放大器的负反馈回路若是高通滤波网络,则得到低通滤波器;若用带阻滤波网络作负反馈,则可得到带通滤波器。这里仅介绍低通和带通滤波器。

1. 一阶低通滤波器

图 3.46 所示为一阶有源低通滤波器。图 3.46(a)是将简单的一阶无源低通滤波网络接到运算放大器的输入端,运算放大器起隔离负载影响、提高增益和增强带负载能力的作用。

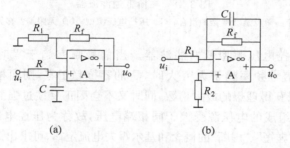

图 3.46　一阶有源低通滤波器
(a) 低通滤波网络接至放大器的输入端;(b) 高通滤波网络用作负反馈

图 3.46(a)所示低通滤波器的频率特性 $H(f)$、幅频特性 $A(f)$ 和相频特性 $\varphi(f)$ 分别为

$$H(f) = \left(1 + \frac{R_f}{R_1}\right) \frac{1}{1 + \mathrm{j}2\pi f\tau} \qquad (3.62)$$

$$A(f) = \frac{1}{\sqrt{1 + (2\pi f\tau)^2}} \qquad (3.63)$$

$$\varphi(f) = -\arctan 2\pi f\tau \qquad (3.64)$$

式中:$\tau = RC$——时间常数。

其幅频特性曲线和相频特性曲线如图 3.47 所示。

该低通滤波器的截止频率 $f_c = \dfrac{1}{2\pi\tau}$,通带内的信号

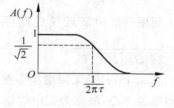

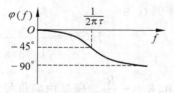

图 3.47　一阶低通滤波器的幅频特性和相频特性曲线

放大倍数 $K = 1 + \dfrac{R_f}{R_1}$。由此可见,改变电阻和电容的数值就可以调节滤波器的参数。

图 3.46(b)是把高通滤波网络作为运算放大器的负反馈而获得的低通滤波器。其截止频率 $f_c = \dfrac{1}{2\pi R_f C}$,通带内的信号放大倍数 $K = -\dfrac{R_f}{R_1}$。这两种低通滤波器在通带外侧的高频衰减率为 $-20\mathrm{dB}/$十倍频程。

2. 二阶低通滤波器

欲改善滤波器的选择性,使通带外侧的频率成分衰减更快,应提高滤波器的阶次。图 3.48 所示为不同形式的二阶低通滤波器,通带外侧的高频衰减率为 $-40\mathrm{dB}/$十倍频程。其中图 3.48(a)是两个一阶低通滤波器的简单组合。

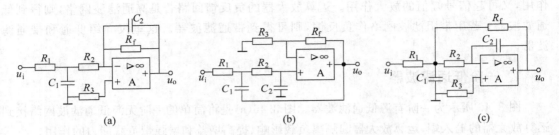

图 3.48   二阶低通滤波器

(a) 两个一阶低通滤波器的组合；(b) 压控电压源型；(c) 无限增益多路反馈型

图 3.48(b)是压控电压源型低通滤波器。当信号频率趋于零时，C_1 的容抗趋于无穷大，正反馈很弱；当信号频率趋于无穷大时，C_2 的容抗趋于零，则同相端电压趋于零。只要反馈引入得当，就可以获得理想的放大倍数，同时又不会因正反馈过强而自激振荡。由运算放大器 A 和电阻 R_f、R_3 组成的电压源受控于同相端电压，故称为压控电压源型滤波器。

利用运算放大器"虚短"、"虚断"的概念和基尔霍夫电流定律，可求出该滤波器的频率特性为

$$H(f) = \frac{K}{1 + \mathrm{j}2\pi f(R_1C_1 + R_2C_2 + R_1C_2 - KR_1C_1) + (\mathrm{j}2\pi f)^2 R_1R_2C_1C_2} \tag{3.65}$$

式中：$K = 1 + \dfrac{R_f}{R_3}$ 为通带内的信号放大倍数。

利用高低频渐近线近似评价滤波器的幅频特性时，可以很容易估算出其截止频率 $f_c = \dfrac{1}{2\pi \sqrt{R_1R_2C_1C_2}}$。

图 3.48(c)是无限增益多路反馈型低通滤波器。该电路以高增益的运算放大器和多反馈回路为核心，故称为无限增益多路反馈型滤波器。利用上述分析方法，可求出该滤波器的频率特性为

$$H(f) = \frac{K}{1 + \mathrm{j}2\pi fR_2R_fC_2\left(\dfrac{1}{R_1} + \dfrac{1}{R_2} + \dfrac{1}{R_f}\right) + (\mathrm{j}2\pi f)^2 R_2R_fC_1C_2} \tag{3.66}$$

式中，$K = -\dfrac{R_f}{R_1}$ 为通带内的信号放大倍数。

该滤波器的截止频率 $f_c = \dfrac{1}{2\pi \sqrt{R_2R_fC_1C_2}}$。

3. 二阶带通滤波器

图 3.49(a)是由一阶低通和一阶高通滤波网络组合而成的带通滤波器，运算放大器只起级间隔离和提高带负载能力的作用，这种滤波器的 Q 值很低。图 3.49(b)是无限增益多路反馈型带通滤波器，适当调整电路中元件的参数，可获得较大的 Q 值。

4. 开关电容滤波器

开关电容滤波器是一种新型的大规模集成器件，由 MOS 模拟开关、电容和运算放大器组成，MOS 模拟开关受时钟脉冲信号的控制。其特点是利用开关和电容代替电路中的电

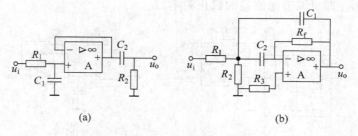

图 3.49　二阶带通滤波器

(a) 一阶低、高通滤波网络的组合; (b) 无限增益多路反馈型

阻,属于数字电路和模拟电路相结合的产物。

1) 基本开关电容单元电路

图 3.50 所示是基本开关电容单元电路,K_1 和 K_2 为模拟开关,互补的时钟脉冲信号 ϕ 和 $\overline{\phi}$ 分别控制 K_1 和 K_2 的通断。当 ϕ 为高电平、$\overline{\phi}$ 为低电平时,开关 K_1 闭合,K_2 断开,u_i 对电容 C 充电,充电电荷 $Q_1 = Cu_i$;当 ϕ 为低电平,$\overline{\phi}$ 为高电平时,开关 K_1 断开,K_2 闭合,C 向外放电,放电电荷 $Q_2 = Cu_o$。若时钟脉冲周期(开关周期)为 T_{CLK},则在一个周期内电容单元转移的电荷为

$$\Delta Q = Q_1 - Q_2 = C(u_i - u_o)$$

流过电容单元的平均电流为

$$\bar{i} = \frac{\Delta Q}{T_{CLK}} = \frac{C}{T_{CLK}}(u_i - u_o)$$

若时钟脉冲周期 T_{CLK} 足够短,即时钟脉冲频率 f_{CLK} 足够高,可以认为上述过程是连续的,此时可将开关电容单元等效为电阻,其阻值为

$$R = \frac{u_i - u_o}{\bar{i}} = \frac{T_{CLK}}{C} \tag{3.67}$$

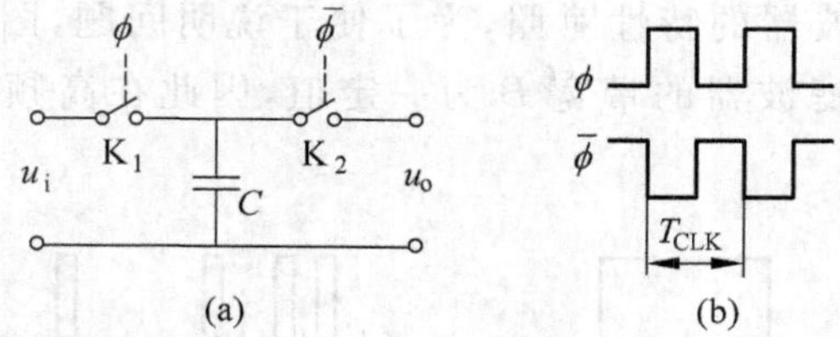

图 3.50　基本开关电容单元电路

(a) 开关电容单元; (b) 时钟脉冲信号

2) 开关电容滤波电路

图 3.51(a) 所示是开关电容低通滤波电路,其中开关电容单元可等效为电阻,由式(3.67)可知其阻值 $R = T_{CLK}/C_1$。图 3.51(b) 是该滤波器的等效电路,其截止频率为

$$f_c = \frac{1}{2\pi R C_2} = \frac{1}{2\pi} \frac{C_1}{C_2} f_{CLK} \tag{3.68}$$

式中,C_1/C_2 称为电容比,现代 CMOS 制造工艺可将电容比的精度控制在 0.1% 以内。改变

时钟脉冲频率 f_{CLK} 即可调节滤波器的截止频率。

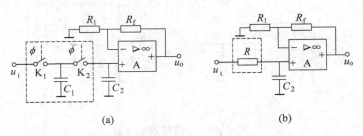

图 3.51　开关电容低通滤波器

(a) 低通滤波电路；(b) 等效电路

使用开关电容滤波器时,应保证 f_{CLK} 远大于输入信号的频率,因此输入信号的前端可增加一个 RC 低通滤波网络进行抗混叠滤波。

常用的集成式开关电容滤波器有美国 National Semiconductor 公司的 LMF40,MAXIM 公司的 MAX263、MAX280、MAX293 等。

3.4.5　恒带宽滤波器与数字滤波器简介

1. 恒带宽滤波器

实际测试中可能需要获取不同频率成分的信息,此时可将信号通过增益相同而中心频率各不相同的多个带通滤波器。上述利用 RC 元件构成的滤波器都是恒带宽比(品质因数 Q 为常数)滤波器。对于这样一组滤波器,若基本电路选定以后,每一个滤波器都具有大致相同的 Q 值。这种滤波器的通频带在低频段内较窄,分辨力较好,而高频段内则由于带宽 B 的增加导致分辨力下降。

欲使滤波器在所有频段都具有同样良好的频率分辨力,可采用恒带宽的滤波器。图 3.52 是恒带宽比和恒带宽滤波器的特性对照,为了便于说明问题,图中滤波器的特性都画成理想形状。由于恒带宽滤波器的带宽 B 为一定值,因此在高频段仍具有很高的频率分辨力。

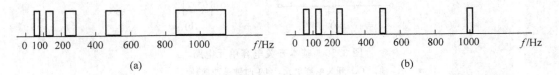

图 3.52　理想恒带宽比和恒带宽滤波器的特性对照

(a) 恒带宽比滤波器；(b) 恒带宽滤波器

欲提高滤波器的频率分辨力,带宽应窄一些,但这样为覆盖整个频率范围所需要的滤波器数量就很大。因此恒带宽滤波器的中心频率一般不固定,而是利用一个参考信号,并使滤波器的中心频率跟随参考信号频率变化,这种滤波器又称为恒带宽跟踪滤波器。恒带宽跟踪滤波器常采用压控跟踪滤波或变频跟踪滤波技术来实现。

2. 数字滤波器

数字滤波器是具有一定传输选择特性的数字信号处理装置或程序,其输入输出均为数字信号。数字滤波器的基本工作原理是利用线性时不变系统对输入信号进行加工和变换,改变输入序列的频谱或信号波形,让有用的信号分量通过,并抑制无用的信号分量。

数字滤波器可以利用硬件实现,而软件数字滤波仅依赖于软件的算法结构,并具有稳定性好(0、1 两种电平状态)、滤波器参数调整灵活、可以进行软件仿真和预先设计测试、不要求阻抗匹配以及可实现模拟滤波器无法实现的特殊滤波功能等优点,所以数字滤波器一般借助于软件实现。数字滤波器只能处理离散信号,若需处理模拟信号,则可通过 A/D 和 D/A 转换实现信号形式上的匹配,因此也可以利用数字滤波器对模拟信号进行滤波。实际上数字滤波器经常指的是一种算法,不再具有"器"或"装置"的含义。

数字滤波器总体上可分为两大类:一类称为经典滤波器,其特点是如果输入信号中有用的频率成分和希望滤除的频率成分各占不同的频带,则通过一个选频合适的滤波器达到滤波目的,常用的经典滤波算法详见 6.5.2 节。当噪声与有用信号的频带重叠时,使用经典滤波器不可能达到有效抑制噪声的目的,这时需要采用所谓的现代滤波器,如维纳滤波器、卡尔曼滤波器、自适应滤波器等。这些滤波器从传统的概念出发,对要提取的有用信号从时域内进行统计,在统计指标最优的意义下,估计出最优逼近的有用信号,衰减噪声。

经典数字滤波器根据选频作用的不同,也可分为低通、高通、带通和带阻滤波器;如果从实现的网络结构或者从单位抽样分类,则可以分为无限冲击响应滤波器(IIR)和有限冲击响应滤波器(FIR)。前者是指单位抽样响应 $h(n)$ 为无限长序列,后者的 $h(n)$ 则为有限长序列。

IIR 滤波器是对模拟滤波器的模仿,有比 FIR 滤波器更陡的过渡带和更大的阻带衰减,能满足幅频特性的要求,但其相位特性往往呈现出非线性。FIR 滤波器的传递函数只有零点,没有有限的极点,因此总是稳定的。其突出优点是具有线性相位特性,不存在相位失真,但要获得好的特性,运算时间较长,算法较复杂。

维纳滤波器、卡尔曼滤波器、自适应滤波器等是基于最小均方误差的滤波器,它们按照最小二乘准则来设计滤波器,使滤波输出与期望输出之间的均方差最小,从统计的意义上来处理滤波问题。因此这些滤波器不仅将噪声,还将要处理的有用信号作为随机信号来对待,这与"从噪声中提取确定性信号"有所不同。

维纳滤波器根据平稳随机信号的全部过去和当前的观测值来估计信号的当前值,在最小均方误差下求得系统传递函数或单位抽样响应。卡尔曼滤波器、自适应滤波器都是维纳滤波理论的一种推广。卡尔曼滤波器使用前一个估计值和最近的观测数据,应用递推算法得到当前的信号估计值。自适应滤波器无需输入信号的先验知识,计算量小,特别适用于实时处理等对速度要求较高的场合。

3.4.6 应用 MATLAB 设计和分析滤波器

MATLAB 信号处理工具箱中有非常丰富的滤波器设计和分析函数,包括 FIR 滤波器设计、IIR 滤波器设计、时域分析、频域分析、任意输入响应、零极点位置等。常用的滤波器分析函数和设计函数如表 3.2 所示。

表 3.2 常用的滤波器分析和设计函数

函 数 名	功 能
freqs	求模拟滤波器的频率特性
impz	求数字滤波器的脉冲响应
filter	计算数字滤波器对输入的响应
filtfilt	零相移数字滤波器
butter	巴特沃斯滤波器设计
buttord	计算巴特沃斯滤波器的阶次和截止频率
cheby1	I 型切比雪夫滤波器设计
cheby2	II 型切比雪夫滤波器设计
lp2bp	将低通滤波器转换为带通滤波器
zp2tf	将滤波器的零极点形式转换为传递函数形式
fir1	利用窗函数法设计 FIR 滤波器
fir2	利用频率抽样法设计 FIR 滤波器

在 MATLAB 的命令窗口中输入 fdatool 命令可以打开交互式的滤波器设计和分析工具 fdatool，在 fdatool 的工作区内输入滤波器，或者直接确定滤波器的系数，即可利用 fdatool 提供的工具设计和分析滤波器。

在 MATLAB 的命令窗口中输入 sptool 命令可以打开交互式的数字信号处理工具 sptool。sptool 可以设计和分析滤波器，观察信号经滤波器后的输出，并利用多种谱密度估计方法分析信号频域内的数据。

【案例 3.13】 MATLAB 在滤波器设计和分析中的应用。

动态心电图（Dynamic Electrocardiography，DCG，又称 Holter 心电图）可以连续记录患者 24h 的心电活动，其信息量远远大于常规心电图，能够反映常规检查不易发现的阵发性心律失常和一过性心肌缺血等症状，是临床分析病情、确立诊断、判断疗效的重要依据。但是动态心电图也容易受到各种干扰和伪差的影响，基线漂移（baseline drifting）就是一种很常见的伪差。基线漂移是指由于人体呼吸、电极移动、电极与皮肤接触不良等原因造成的心电信号整体缓慢地移动，其频率一般小于 5Hz。

可以根据基线漂移的特点，利用 MATLAB 编程构造滤波器，滤除心电图中的基线漂移干扰。具体程序如下：

```
[n,wn] = buttord(5/985,20/985,0.5,20);          % 设计巴特沃斯低通滤波器
[b,a] = butter(n,wn);                            % b 为分子多项式的系数，a 为分母多项
                                                 % 式的系数
drift_line = filtfilt(b,a,ecg_signal);           % 对原始心电信号滤波，获取基线信号
no_drift = ecg_signal - drift_line + mean(drift_line);  % 获取最终处理结果
subplot(3,1,1)                                   % 建立 3 行 1 列的绘图区，并选择第一个
                                                 % 区域绘图
plot(ecg_signal)                                 % 绘制带基线漂移的原始心电图
axis tight                                       % 坐标轴的范围等于数据范围
xlabel('带基线漂移的原始心电信号')                   % x 轴添加标注，以下程序作用类似
subplot(3,1,2),plot(drift_line),axis tight,xlabel('基线信号')
subplot(3,1,3),plot(no_drift),axis tight
```

```
xlabel('滤除基线漂移后的心电信号')
```

　　程序中 buttord 函数的作用是根据滤波指标要求设计最低阶次的巴特沃斯低通滤波器,要求通带截止频率 f_c 为 5Hz,通带内信号衰减不大于 0.5dB;阻带边界频率 f_s 为 20Hz,阻带内信号衰减 20dB。两个边界频率 f_c 和 f_s 的取值范围是 0~1,其中 1 对应奈奎斯特频率;过渡带介于 5~20Hz 之间。buttord 函数计算出的滤波器阶次和截止频率分别返回至参数 n 和 wn,根据这两个参数利用 butter 函数计算滤波器的传递函数。filtfilt 函数可完成原始心电信号的无相移滤波,该函数先将输入信号按顺序滤波,然后将所得结果逆序排列后反向通过滤波器,最后再将所得结果逆序排列,即可获得零相位失真的输出信号。

　　程序运行结果如图 3.53 所示,其中最上面显示的是带基线漂移的原始心电信号,中间显示的是对原始信号滤波后得到的基线信号,最下面显示的是滤除基线漂移后的心电信号。可以看出,经过滤波处理后基线漂移已经很好地被滤除掉。

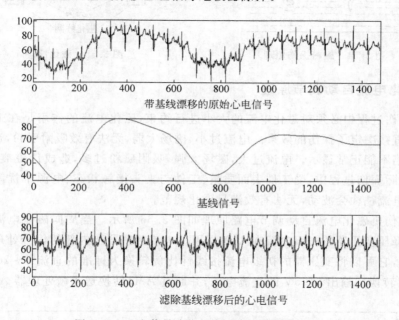

图 3.53　心电信号滤除基线漂移前后效果对比

3.5　项目设计实例

　　【案例 3.14】　磁粉探伤是利用磁现象来检测铁磁性工件缺陷的无损检测方法,在工业生产中应用非常广泛,其基本原理如图 3.54 所示。被磁化后的工件若不存在缺陷,则其导磁率没有变化,磁力线均匀分布;若其表面或近表面存在与磁力线不平行的裂纹、气孔等缺陷,则缺陷本身的导磁率远远小于工件材料,阻碍磁力线的通过,部分磁力线会绕过缺陷而逸出工件表面,并在缺陷周围形成漏磁场。此时如果在工件表面喷洒导磁率很高且粒度很小的磁粉,则部分磁粉就会被缺陷处的漏磁场吸附并形成磁痕。目视检查或利用机器视觉"观测"磁粉探伤后工件表面形成的磁痕,即可判断该工件的表面或近表面是否存在缺陷。

　　目前磁粉探伤机多采用复合磁化技术,原理如图 3.55 所示。周向磁化电源为降压变压器,将380V的交流电降压为6V左右的交流电,然后通过夹头接至工件的两端,则工件内就会建立交变的周向磁场。纵向磁化电源的核心是全波整流电路,整流后的脉动直流电接至两个磁化线圈,产生交变的纵向磁场。这样工件内的周向磁场和纵向磁场交互作用,可反映出表面或近表面的缺陷,实现复合磁化。

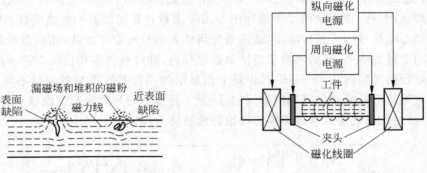

图 3.54　磁粉探伤原理　　　　　　　　图 3.55　磁化原理

1. 磁化电流自动调节原理

　　磁粉探伤过程中必须对磁化电流的大小进行约束,磁化电流的作用是在工件上建立磁场,其大小直接决定了探伤的效果。电流过小,磁场太弱,无法有效吸附磁粉,达不到规定的灵敏度,缺陷不能正常显示。电流过大,磁场太强,吸附磁粉过多,造成伪磁痕过多,影响判断结果。实际探伤过程中,受工件表面质量、工件与夹头接触状态、电源干扰等多种因素的影响,磁化电流往往会波动,无法有效满足磁化规范。

　　磁粉探伤机磁化电流自动调节电路原理如图3.56所示。当周向磁化电流的最大值为2000A时,降压变压器的初级电流在40A以下。电流互感器和内部的信号处理电路构成了电流变送器,它可以将变压器的初级电流按线性比例转换为标准的直流4～20mA信号,该信号经I/V转换后输出0～5V的直流电压,并通过A/D转换送入微处理器AT89S51。

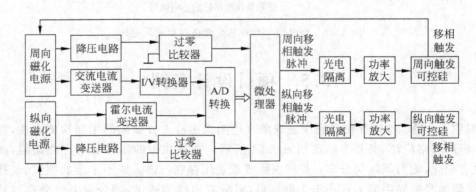

图 3.56　磁化电流自动调节电路原理图

　　纵向磁化电流是小于5A的脉动直流电,磁补偿式霍尔电流变送器用于检测纵向磁化电流的大小,并输出0～5V的直流电压信号,然后进行A/D转换。周向和纵向磁化电流变送器的输出均为标准信号,且可实现输入信号与输出信号之间的电气隔离。选择变送器可简化硬件电路设计,提高系统的可靠性。

可控硅调压原理如图 3.57 所示,两个单向可控硅反向并联,对应控制极短接。在正弦波的正负半周分别施加触发脉冲电压 u_g,则两个可控硅分别在正弦波的正负半周导通。改变触发脉冲 u_g 的相位即可改变可控硅的导通角,控制负载两端的电压 u',进而达到调节电流的目的。图中 R 和 C 用于保护可控硅,可控硅后续负载为降压变压器,属于强感性负载。

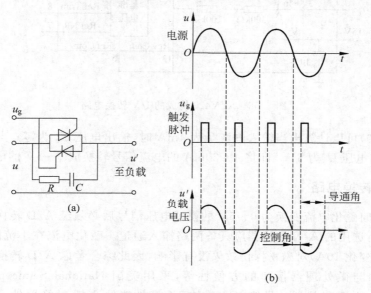

图 3.57　可控硅调压原理
(a) 可控硅触发电路;(b) 移相触发电路波形

可控硅的导通角与磁化电流的函数关系较复杂,因此可以实测不同导通角时磁化电流的大小,并将其存储在微处理器的存储器中。磁粉探伤开始后,微处理器不断检测周向和纵向磁化电流的大小,并与设定的磁化参数(如磁化电流等)对比,根据二者的差值和存储的工艺参数不断调整触发脉冲的相位。由于两路磁化电流不同相,必须分别检测两路电源的过零时刻,过零比较器的信号分别送至微处理器的外部中断源 INT0 和 INT1,并设定为边沿触发,中断发生时刻即为触发脉冲移相的参考基准。移相触发脉冲经光电隔离和功率放大后接至可控硅的控制极,控制可控硅的导通角,实现移相触发。

2. I/V 转换电路

交流电流变送器将周向磁化电源变压器的初级电流转换为标准的直流 4~20mA 信号,所以进行 A/D 转换必须先将电流信号转换为电压信号,这里选用美国 BB 公司生产的精密电流环接收器 RCV420,将 4~20mA 的电流信号转换成 0~5V 的电压信号。RCV420 是一种功能上完全独立的器件,不需要调整增益和偏置,转换精度为 ±0.1%,且具有较低的开发成本和现场维护费用。RCV420 构成的 I/V 转换电路非常简单,如图 3.58 所示。

经分析,有

$$U_o = 312.5 \times I_i - 1.25 \qquad (3.69)$$

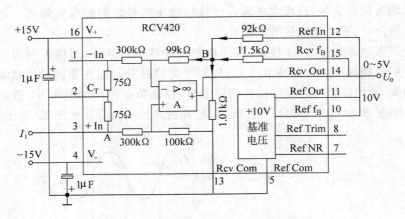

图 3.58　RCV420 构成的 I/V 转换电路

由式(3.69)可以计算出当输入电流 I_i 为 4mA 时，输出电压 U_o 为零；当输入电流 I_i 为 20mA 时，输出电压 U_o 为 5V。即将 4～20mA 的电流信号转换成 0～5V 的电压信号。

3. A/D 转换电路

周向和纵向磁化电流变换为 0～5V 的模拟电压信号后必须经 A/D 转换才能被微处理器接收，因此所选用的 A/D 转换器应具备两路输入通道。磁化电流在小范围内波动(例如周向磁化电流变化 10A)对磁粉探伤效果没有影响，因此综合考虑 A/D 转换的精度、速度、输入通道数和与微处理器接口的方便性等，采用美国 National Semiconductor 公司的 ADC0809 作为 A/D 转换器。虽然市场上有很多高性能的 A/D 转换器件，但 ADC0809 依然以其性能稳定、价格低廉、与各种 8 位微处理器接口方便等优点，在过程控制、智能仪器和机床控制等领域广泛使用。

AT 89S51 与 ADC0809 的接口电路如图 3.59 所示，其中 AT 89S51 使用的晶振为 12MHz，

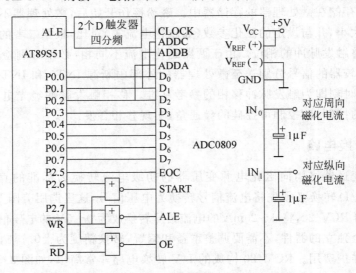

图 3.59　AT89S51 与 ADC0809 的接口电路

其 ALE 端输出的脉冲频率为晶振频率的六分之一,该脉冲信号经两个 D 触发器四分频后送至 ADC0809 的时钟 CLOCK 端,因此 ADC0809 的时钟频率为 500kHz。尽管将 AT89S51 的 ALE 输出脉冲二分频后(频率为 1000kHz)也能够满足 ADC0809 的时钟要求,且转换速率较快,但考虑到 ADC0809 的典型时钟频率为 640kHz,此时转换精度最高,500kHz 更接近 640kHz,因此这里选择 ADC0809 的时钟频率为 500kHz,牺牲一定的速度以保证转换精度。

很多参考资料在介绍 ADC0809 的使用时都是将 ALE 端和 START 端直接相连,这样接线有时会产生较大的转换误差。ALE 是 ADC0809 中多路转换开关的地址锁存允许端,该信号有效时(高电平)才会将微处理器选择的模拟通道打开。START 信号在其上升沿使逐次逼近寄存器 SAR 清零,下降沿启动 A/D 转换。必须注意,从 ALE 信号有效到被选择的模拟信号送至 ADC0809 比较电路的输入端,且保持稳定约需 $3\mu s$ 的时间。如果将二者直接相连,当 ADC0809 的时钟频率较高时,START 脉冲持续时间将变短,会造成输入的模拟信号尚未稳定就送至比较电路,转换电路就开始工作,从而造成较大的转换误差。

由前面的叙述可知,周向磁化电流和纵向磁化电流的过零信号分别送至 AT89S51 的外部中断源 INT0 和 INT1,因此这里采用查询法读取 A/D 转换结果,ADC0809 的 EOC 引脚接至 AT89S51 的 P2.5 引脚。

习题与思考题

3.1 常用的信号转换形式有哪些?试举例说明其功能。

3.2 电压-电流转换电路如图 3.60 所示,已知 $R_1 = R_2 = R_4 = R_3 + R_5$,且 $R_5 \gg R_3$,求流过负载 R_L 的电流 I_L。

3.3 欲将 4~20mA 电流信号转换为 0~10V 的电压信号,试设计转换电路。

3.4 仪用放大器与普通的运算放大器相比具有什么特点?适用于什么场合?

3.5 有一薄壁圆管式拉力传感器如图 3.61 所示。已知其弹性元件材料的泊松比为 0.3,电阻应变片的灵敏度为 2,贴片位置如图所示。若受拉力 P 作用,问:

(1) 欲测量拉力 P 的大小,应如何正确组成电桥?

(2) 当供桥电压 $U = 2V$,$\varepsilon_1 = \varepsilon_2 = 500\mu\varepsilon$ 时,输出电压是多少($1\mu\varepsilon = 1 \times 10^{-6}$)?

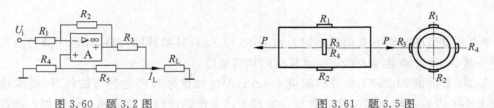

图 3.60 题 3.2 图   图 3.61 题 3.5 图

3.6 悬臂梁受轴向力 P 和弯矩 M 共同作用,如图 3.62 所示,若要求用 4 片应变片采用一次布片,分别接全桥,试画图回答:

(1) 如何布片;

(2) 欲测量弯矩 M,应该如何接桥?

（3）欲测量轴向力 P，应该如何接桥？

3.7　图 3.63 为电阻应变仪中常用的标定电路简图。R 为电阻应变片，阻值为 120Ω，灵敏度为 2。若分别取 $R_a=1\times10^6\Omega, R_b=5\times10^5\Omega, R_c=1\times10^5\Omega$ 时，各相当于多大应变？

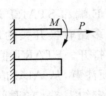

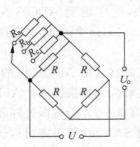

图 3.62　题 3.6 图　　　　　　　　图 3.63　题 3.7 图

3.8　非调制信号直接与输入量相对应，对于测量而言是十分方便的。为什么要采用调制技术对输入量（被测信号）进行调制处理？

3.9　调幅波 $x_m(t)=(100+30\cos2\pi f_\Omega t+20\cos6\pi f_\Omega t)\cos2\pi f_c t$，已知 $f_c=10\mathrm{kHz}$，$f_\Omega=500\mathrm{Hz}$，试求 $x_m(t)$ 所包含的各分量的频率及幅值。

3.10　试求调幅波 $x_m(t)=(1+\cos t)\cos100t$ 通过带通滤波器后的输出。已知带通滤波器的频率响应函数 $H(f)=\dfrac{1}{1+\mathrm{j}(2\pi f-100)}$。

3.11　已知低通滤波器如图 3.64 所示，求：

（1）滤波器传递函数、频率响应函数、幅频特性和相频特性的表达式；

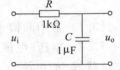

（2）当输入信号 $u_i=10\sin1000t$ 时，滤波器的输出信号。

3.12　滤波器与鉴频器有何不同？它们各应用于什么场合？

图 3.64　题 3.11 图

3.13　何谓滤波器的分辨力？它与哪些因素有关？

3.14　软件滤波与硬件滤波各有什么特点？既然软件滤波是靠编程实现，无需另外搭接硬件，实际测控系统中是否可以利用软件滤波完全代替硬件滤波？

项 目 设 计

3.1　请借助网络下载两款不同公司的 16 位 A/D 转换器的资料，并说明其特点。画出其中一款 A/D 转换器与 MCS-51 单片机的接口电路。

3.2　欲借助 MCS-51 单片机测量 4～20mA 电流信号和产生锯齿波信号，要求输入电流的大小可以控制输出锯齿波的频率。实现上述功能的硬件电路应该如何规划？请编制出相应的软件流程图。

3.3　某数据采集系统的采样对象是温室大棚内三个不同位置的温度和湿度，已知温、湿度的测量精度分别为 $\pm1℃$ 和 3％ 的相对误差，每 10min 采集一次数据，应该选择什么类型的 A/D 转换器？通道方案如何配置？

第 4 章

测试信号分析与处理

1. 根据测试系统中常见信号的特点,掌握测试信号的分析方法;
2. 对测试信号或测试实验数据能恰当处理,满足测试任务要求。

测试系统是通过某种技术手段,从被测对象的运动状态中提取所需的信息。这个信息从物理的角度讲,是以某种信号的形式反映出来的。在工程实际中,测试过程包括信号的获取、加工、处理、显示、反馈、计算等,因此测试系统对被测参量测试的整个过程都是信号的流程。本章主要讲述常见信号的特点、测试信号的分析和处理方法。

4.1 概　　述

4.1.1 信号的概念和分类

1. 信号的基本概念

在我们日常生活中,经常用到"信号"一词,例如有的热水器会发出报警的声音信号,城市十字街头大都有交通信号灯等。有报警功能的热水器在烧水时,若报警声音响起,提示人们水已经被烧开可以关火了。街头的交通信号灯发出绿色光信号,就表示可以正常前行。可见,信号是在特定系统中表征一定信息的声、光、电、磁等物理量。

在科学研究和生产过程中,经常要对许多客观存在的物体或物理的运动过程进行观测,这些客观存在的运动事物中包含着大量标志其本身所处的时间空间特征的数据和情报,这些数据和情报就是该事物的信息。信息本身不具有能量及物质,因此,信息的传递必须借助于某种中间媒介,而这个包含有特定信息的媒介即为信号。信号是信息的载体,是信息的表现形式。

信号一般可以用数学语言描述。信号可以描述极为广泛的物理现象,可以计算、合成、分解和传输。

2. 信号的分类

为了更好地了解信号的物理特性,常将信号分类后进行研究。常见的分类方法有下列几种。

1）按信号的规律分类

按信号的规律，信号可分为确定性信号和非确定性信号。

确定性信号：可以用明确的数学关系式描述或可由实验多次复现的信号。

非确定性信号：不能用数学关系式描述，而且其幅值、相位、频率不可预知。这类信号也称为随机信号，只能用概率统计的规律加以描述。

然而，在实际工程测试过程中，其信号的物理过程往往是很复杂的，既无理想的确定性信号，也无理想的非确定性信号，而是确定性信号与非确定性信号的叠加。

上述两大类信号还可根据各自的特点作更细致的划分，如图 4.1 所示。

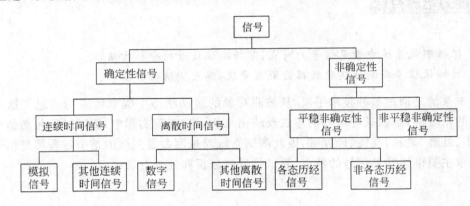

图 4.1　信号的分类

2）按信号的函数性质分类

按函数性质，信号可分为连续时间信号和离散时间信号。

连续时间信号：在某一指定时间内，除若干个第一类间断点外，该函数都可给出确定的函数值的信号。

离散时间信号：仅在某些不连续的时刻有定义的信号。

除了对函数在时间上有连续时间信号与离散时间信号之分外，还可以在幅值取值上将信号分为连续幅值信号与离散幅值信号。

对于时间和幅值均连续的信号称为模拟信号。时间和幅值均离散，且幅值被量化的信号称为数字信号。

3）按信号的能量分类

按信号的能量可将信号分为能量信号及功率信号。

能量信号：在所分析的区间能量为有限值的信号。

功率信号：具有有限平均功率的信号。一个能量信号具有零平均功率，而一个功率信号具有无限大能量。

4.1.2　信号分析

信号可以看作是一个随时间变化的量，是时间 t 的函数 $x(t)$。以时间 t 为横坐标，以信号的幅值作为纵坐标,可以将信号表示在相应的图形中。信号的这种描述方法就是信号的时域描述。基于微分方程和差分方程等知识,在时域中对信号进行分析的方法称为信号的时域分析。

对于快速变化的信号,时域描述有时不能很好地揭示信号特征。此时人们感兴趣的是什么样的幅值在什么频率值或什么频带出现。与此对应,将频率作为自变量,把信号看作是频率 f 的函数 $X(f)$,以自变量频率 f 作为横坐标可以绘出函数 $X(f)$ 的图形。信号的这种描述方法就是信号的频域描述。信号在频域中的图形表示又称作信号的频谱,包括幅频谱和相频谱等。幅频谱以频率为横坐标,以幅度为纵坐标;相频谱以频率为横坐标,以相位为纵坐标。基于傅里叶变换理论,在频域中对信号进行分析的方法称为信号的频域分析。

信号分析的主要任务就是要从尽可能少的信号中,取得尽可能多的有用信息。时域分析和频域分析,只是从两个不同角度去观察同一现象。时域分析比较直观,能一目了然地看出信号随时间的变化过程,但看不出信号的频率成分。频域分析正好与此相反。除了时域分析和频域分析外,还有许多现代信号分析方法。在工程实际中应根据不同的要求和不同的信号特征,选择合适的分析方法,或多种分析方法结合起来,从特定测试信号中取得需要的信息。

4.2 信号的时域分析

4.2.1 信号的运算

确定性信号可以用关于时间的函数描述,因此,确定性信号的四则运算和微积分运算规律与函数的相应运算规律相同。例如 $f(t) = f_1(t) + f_2(t)$,则在某时刻 t_1 时 $f(t)$ 的值就等于该时刻 $f_1(t)$ 与 $f_2(t)$ 值之和,即 $f(t_1) = f_1(t_1) + f_2(t_1)$。

【案例 4.1】 在采用非抑制调幅技术设计测试系统时,如果调制波信号幅值有正有负,在调制前把调制波和一个足够大直流偏置信号相加。解调后的信号再与同样的直流偏置信号相减。否则解调波中的部分波形相位将发生 180°滞后。

【案例 4.2】 数字式电能表检测电能的工作原理大多是通过实时检测入户电压和电流,并将电压信号和电流信号进行乘法运算得到各时刻的瞬时电功率,并按时间积分电功率后得到电能值。

4.2.2 信号的波形变换

以时间 t 为横坐标,以信号的幅值作为纵坐标,将信号各个时刻的幅值表示出来的图形成为信号的波形。在信号的时域分析中经常要进行波形变换,其中最基本的波形变换有三种(在不改变坐标单位的前提下)。

(1) 信号的翻转:以 $-t$ 代替 t,信号的波形以纵轴为中心旋转 180°。

例如已知信号 $f(t)$ 如图 4.2(a)所示,若以 $-t$ 代替 t,则 $f(-t)$ 的波形如图 4.2(b)

所示。

(2) 信号的平移：以 $t-t_0$(或 $t+t_0$)代替 t，信号的波形沿着横轴向右(或向左)平移 t_0 单位，其中 t_0 为正数。

图 4.2(a)所示的信号 $f(t)$，若以 $t+\dfrac{1}{2}$ 代替 t，则 $f\left(t+\dfrac{1}{2}\right)$ 的波形如图 4.2(c)所示。

(3) 信号的展缩：以 $\alpha t\left(\text{或}\dfrac{t}{\alpha}\right)$ 代替 t，信号的波形以原点为中心，缩窄(或展宽)为原来波形宽度的 α 倍。其中 α 为大于 1 的正整数。

图 4.2(a)所示的信号 $f(t)$，若以 $4t$ 代替 t，则 $f(4t)$ 的波形如图 4.2(d)所示

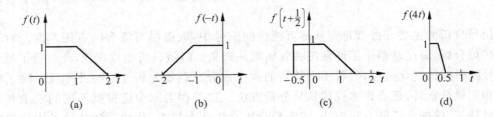

图 4.2 信号的波形变换

(a) $f(t)$ 的波形 ；(b) $f(-t)$ 的波形；(c) $f\left(t+\dfrac{1}{2}\right)$ 的波形；(d) $f(4t)$ 的波形

信号的时域四则运算和微积分运算、信号的时域波形变换规律也适用于信号的频域表示。

4.2.3 信号的时域统计参数

为满足应用，有时需要将信号(尤其是含有随机成分的信号)各个时刻的幅度按一定规律进行计算，我们将这些计算称为信号的时域统计参数，主要常用的时域统计参数包括：均值、方差、均方值和概率密度函数等。

1. 均值

均值 μ_x 是信号(或样本记录)所有观测值的简单平均，即

$$\mu_x = \frac{1}{T}\int_0^T x(t)\,\mathrm{d}t \tag{4.1}$$

式中：$x(t)$——确定性信号或各态历经随机过程的样本记录；

T——确定性信号观测时间或样本记录时间。

均值反映了信号的静态分量(直流分量)。

2. 方差

方差 σ_x^2 用以描述随机信号的动态分量。在工程实际中，方差的计算方法为

$$\sigma_x^2 = \frac{1}{T}\int_0^T [x(t) - \mu_x]^2\,\mathrm{d}t \tag{4.2}$$

方差的大小反映了信号对均值的离散程度,即代表了信号的动态分量(交流分量)。其正平方根称为标准差。

3. 均方值

工程中均方值 ψ_x^2 的计算方法为

$$\psi_x^2 = \frac{1}{T} \int_0^T x^2(t)\,\mathrm{d}t \tag{4.3}$$

它描述了信号的强度或平均功率。其正平方根称为均方根值(或称有效值)。

均值、方差和均方值之间的关系为

$$\psi_x^2 = \mu_x^2 + \sigma_x^2 \tag{4.4}$$

4. 概率密度函数

概率密度函数是表示信号瞬时值落在某指定区间内的概率。例如图 4.3 所示的信号 $x(t)$,其值落在区间 $(x, x+\Delta x)$ 内的时间为

$$T_x = \Delta t_1 + \Delta t_2 + \cdots + \Delta t_n = \sum_{i=1}^n \Delta t_i \tag{4.5}$$

当 T 趋于无限大时,T_x/T 的比值就是幅值落在区间 $(x, x+\Delta x)$ 内的概率,即

$$P(x < x(t) \leqslant x + \Delta x) = \lim_{T \to \infty} \frac{T_x}{T} \tag{4.6}$$

概率密度函数 $P(x)$ 的定义为

$$
\begin{aligned}
P(x) &= \lim_{\Delta x \to 0} \frac{P(x < x(t) \leqslant x + \Delta x)}{\Delta x} \\
&= \lim_{\Delta x \to 0} \frac{1}{\Delta x} \left[\lim_{T \to \infty} \frac{T_x}{T} \right]
\end{aligned} \tag{4.7}
$$

工程中概率密度函数 $P(x)$ 的计算方法为

$$\hat{P}(x) = \frac{T_x}{T \Delta x} \tag{4.8}$$

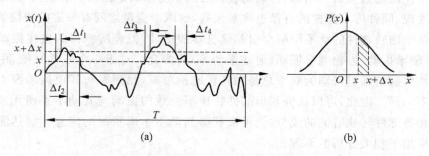

图 4.3　信号的概率密度函数
(a) 信号 $x(t)$ 的时域波形；(b) 信号 $x(t)$ 的概率密度函数图形

概率密度函数反映了随机信号幅值分布的规律。由于不同的随机信号具有不同的概率密度函数图形,故可根据它识别信号。图 4.4 所示为 4 种典型信号(均值为零)及其概率密度函数图形。

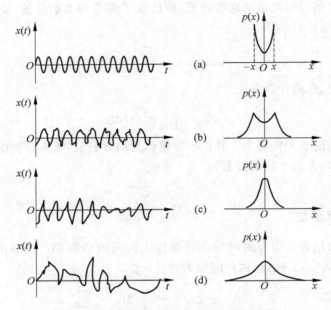

图 4.4 四种典型信号及其概率密度函数

(a) 正弦函数及其概率密度函数;(b) 正弦函数加随机信号及其概率密度函数;
(c) 窄带随机信号及其概率密度函数;(d) 宽带随机信号及其概率密度函数

4.2.4 相关分析

在测试数据的分析中,相关是一个非常重要的概念。所谓"相关"是指变量之间的线性关系。对于确定性的信号来说,两个变量之间可用函数关系来描述,两者一一对应并为确定的数值。两个随机变量之间就不具有这样确定的关系,如果这两个变量之间具有某种内涵的物理联系,那么,通过大量统计就能发现它们之间还是存在着某种虽不精确但却具有相应的表征其特征的近似关系。例如,树高与直径之间不能用确定性函数表述,但是通过大量的统计可以发现,同种树木高树的直径也常常大些,这两个变量之间有一定的线性关系。又例如机器上某个回转部件的动不平衡会引起该机器的振动,但是所测得的机座振动却是各种振源(包括轴承振动、齿轮啮合振动、地基振动等)的综合。对于一个线性系统,由于回转部件动不平衡引起的强迫振动的频率总是和其转速相对应,此频率和其他振动源引起的强迫振动频率不一样。因此,可以认为和该部件转速不一致的振动与其动不平衡无关。研究振动信号中和该部件转速有关的成分,就可以获得其动不平衡状况的信息。雷达测距和声发射探伤都应用了相关分析的原理。

1. 互相关函数

若有两个随机信号 $x(t)$ 和 $y(t)$,它们之间的互相关函数定义为

$$R_{xy}(\tau) = \lim_{T \to \infty} \frac{1}{T} \int_0^T x(t) y(t+\tau) \mathrm{d}t \tag{4.9}$$

其估计值为

$$\hat{R}_{xy}(\tau) = \frac{1}{T}\int_0^T x(t)\,y(t+\tau)\,\mathrm{d}t \tag{4.10}$$

互相关函数描述了两信号之间一般的依赖关系。互相关函数既非偶函数,也非奇函数,是可正可负的实函数。书写时应注意注脚符号的顺序,$R_{xy}(\tau) \neq R_{yx}(\tau)$。它在 $\tau = 0$ 处不一定具有最大值,但可能在 $\tau = \tau_0$ 时达到最大值。如图 4.5 所示表示两信号在 τ_0 处相关程度最高。

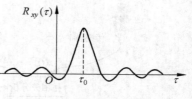

图 4.5　互相关函数图

如果 $x(t)$ 和 $y(t)$ 是两个完全独立无关的信号(即所谓统计独立),且其均值 μ_x、μ_y 中至少有一个为零,则对所有时移量 τ,互相关函数 $R_{xy}(\tau) = 0$ 都成立。

如果两随机信号中具有频率相同的周期成分,则即使 $\tau \to \infty$ 其互相关函数也会出现该频率的周期成分。互相关函数中还包含有相位信息。

如果两个周期信号的频率不相同,则其互相关函数为

$$R_{xy}(\tau) = 0$$

即两个频率不同的周期信号是不相关的。

在 MATLAB 中,利用 xcorr 工具箱函数可以估计出随机过程的自相关函数序列和两个随机过程的互相关函数序列。例如在 MATLAB 中输入

```
x = 1:3;
y = 4:6;
c1 = xcorr(x)
```

可得 x 的自相关函数序列:

```
c1 = 3.000    8.000    14.000    8.000    3.000
```

输入

```
c2 = xcorr(x,y)
```

可得 x、y 的互相关函数序列:

```
c2 = 12.000    23.000    32.000    17.000    6.000
```

【案例 4.3】　测量运动速度。互相关函数可用来测定汽车、炮弹、轧制钢带的速度,以及导管内和风洞内气流的速度等。例如要测定炮弹的速度、可在相距 l 的两处设置两个光电式传感器,如图 4.6(a)所示,炮弹通过时拾取反射光的信号做出互相关函数图,根据峰值出现的时间 τ_0(见图 4.6(b)),即可求得速度为

$$v = \frac{l}{\tau_0}$$

【案例 4.4】　确定深埋在地下的输油管裂损的位置。如图 4.7 所示,漏损处 K 视为传播声源,两侧管道分别放置传感器,因为放传感器的两点距漏损处的距离不相等,放漏油的音响传至两传感器就有时差。在互相关图上 $\tau = \tau_0$ 处 $R_{xy}(\tau)$ 有最大值,这个 τ_0 就是时差。根据 τ_0 便可确定漏损处的位置:

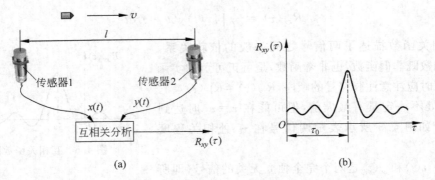

图 4.6 炮弹飞行速度的测量

(a)炮弹飞行速度检测系统示意图；(b)互相关函数

$$S = \frac{1}{2}v\tau_0$$

式中：S——两传感器的中点至漏油处的距离；

v——音响通过管道的传播速度。

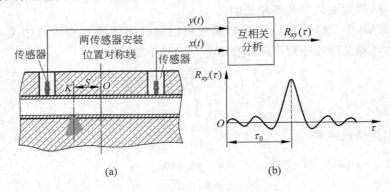

图 4.7 输油管裂损位置的检测

(a)输油管破损位置检测系统示意图；(b)互相关函数

【案例 4.5】 传递通道的确定。利用互相关函数分析法可以检查引起汽车司机座振动的振源。测试时在发动机、司机座和后轮轴上布置加速度计，并分别计算发动机和后轮轴上测得的信号与司机座测得信号的互相关函数，根据处理结果，发现发动机与司机座之间的相关性较差，而司机座与后轮之间的互相关函数出现明显的相关。因此可以认为，司机座的振动主要是由于后轮的振动引起的。

【案例 4.6】 检测混淆在噪声中的信号。由转子动不平衡引起的振动，是和转子同频率的周期信号，设为 $x(t) = x_0\sin(\omega_0 t + \varphi_x)$。但用传感器测量该信号时，拾取的信号不可能是单纯的 $x(t)$，而是混有各种随机干扰噪声，例如噪声 $n(t) = \sum_{n=1}^{N} A_n\sin(n\omega t + \varphi_n)$。为了提取出感兴趣的信号 $x(t)$，可以利用自相关处理的办法，但自相关函数中只能反映信号 $x(t)$ 的幅值(对应于动不平衡量的大小)，而失去了相位信息(对应于动不平衡的方位)。如果我们设法建立一个无噪声参考信号 $y(t) = y_0\sin(\omega_0 t + \varphi_y)$，并用它去和拾取到的信号

$[x(t)+n(t)]$作互相关处理,则由于$n(t)$与$y(t)$的频率无关,因而两者的互相关函数恒为零,只有$x(t)$与$y(t)$的互相关函数$R_{xy}(\tau)$存在。$R_{xy}(\tau)$的幅值反应了动不平衡量的大小,峰值的偏移量τ_0反映了相位差$(\varphi_y-\varphi_x)$。若参考信号$y(t)$的φ_y已知,就测出了不平衡的方位。

2. 自相关函数

信号$x(t)$与其自身进行互相关运算,就得到其自相关函数,即

$$R_x(\tau)=\lim_{T\to\infty}\frac{1}{T}\int_0^T x(t)x(t+\tau)\mathrm{d}t \tag{4.11}$$

式中：$x(t)$——样本函数；

　　　$x(t+\tau)$——平移τ后的样本；

　　　τ——时移量,$-\infty<\tau<\infty$。

自相关函数描述了信号的某时刻与延时一定时间后之间的相互关系,它定量地描述了一个信号在时间轴上平移τ后所得波形与原波形相似的程度。

若$x(t)$是各态历经过程的样本记录,则自相关函数$R_x(\tau)$的估计值为

$$\hat{R}_x(\tau)=\frac{1}{T}\int_0^T x(t)x(t+\tau)\mathrm{d}t \tag{4.12}$$

图 4.8 所示是 4 种典型信号的自相关函数,从图中可看出自相关函数具有以下主要性质。

(1) 自相关函数为实偶函数；

(2) 在$\tau=0$时,$R_x(0)=\psi_x^2$,取极大值,即

$$|R_x(\tau)|\leqslant R_x(0)$$

(3) 均值为零的随机信号,随着时移量τ的增加,自相关函数趋近于零,即

$$\lim_{|\tau|\to\infty}R_x(\tau)=0$$

(4) 周期信号的自相关函数仍是与信号的时域周期相同的周期函数。

自相关函数同概率密度函数一样,也可以作为判断信号性质的工具。在工程测试中,自相关函数最主要的应用是检查混淆在随机信号中的确定性周期信号。如果信号中有周期成分,则自相关函数在时移很大时都不衰减,并具有明显的周期性,反之,自相关函数就趋近于零。

【案例 4.7】　在汽车进行平稳性试验时,测得汽车在某处的加速度的时域波形如图 4.9(a)所示。将此信号送入信号处理机处理,获得图 4.9(b)所示的相关函数。由相关图看出车身振动含有某一周期振动信号,从两个峰值的时间间隔为 0.11s,可算出周期振动信号的频率为

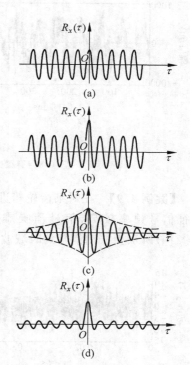

图 4.8　4 种典型信号的自相关函数
(a) 正弦函数的自相关函数；(b) 正弦函数加随机信号的自相关函数；(c) 窄带随机信号的自相关函数；(d) 宽带随机信号的自相关函数

$$f = \frac{1}{T} = \frac{1}{0.11} = 9\,\mathrm{Hz}$$

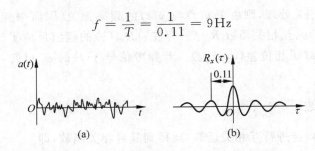

图 4.9　加速度时域波形及其自相关函数

(a) 汽车加速度的时域波形；(b) 汽车加速度的自相关函数

【案例 4.8】　　在一般正常情况下,悬臂梁的振动波形为正弦波,然而由于背景噪声或瞬间干扰等因素的影响,在一些时域区间,信号的周期性难以呈现,为此利用自相关分析来识别采集信号的周期性,以判断测得信号是否含有较大的干扰信号。如图 4.10(引自参考文献[20])所示,其中图(a)为采集到的波形。对原采集的振动波形进行自相关处理,得到的波形如图 4.10(b)所示,自相关函数在时移 1ms 时趋于零,毫无疑问悬臂梁振动波形无周期性,证明测得信号具有较大干扰信号。

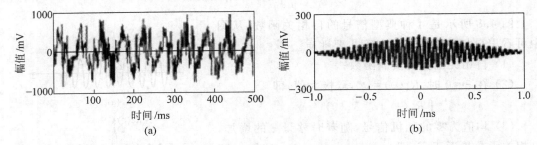

图 4.10　悬臂梁振动信号分析

(a) 悬臂梁振动信号；(b) 振动信号的自相关函数波形

【案例 4.9】　　在对某齿轮箱进行故障检测与诊断时,由于测取的振动信号信噪比很低,特征信号频率较高,信号消噪难度大,故障特征信号难以提取。图 4.11(引自参考文献[21])所示为振动信号的时域波形及其功率谱。

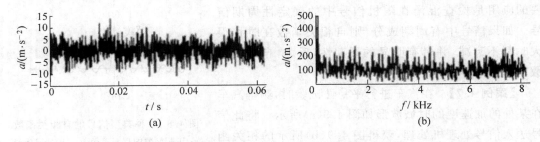

图 4.11　齿轮箱振动信号的时域波形及其功率谱

(a) 齿轮箱振动信号的时域波形；(b) 齿轮箱振动信号的功率谱

对原振动信号进行自相关计算,能有效消噪,提高信噪比。图 4.12(引自参考文献[21])所示为振动信号的自相关时域波形图及其功率谱。可见信号经自相关计算后,时域图呈明显周期性,功率谱图中 80Hz 频率十分明显。经分析,该频率信号是由不平衡、未校准、机械松动引起的低频干扰。

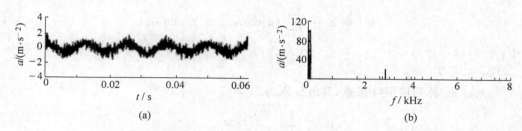

图 4.12　齿轮箱振动信号的自相关函数的时域波形及其功率谱
(a) 齿轮箱振动信号的自相关时域波形图；(b) 齿轮箱振动信号的自相关功率谱

4.3　信号的频域分析

4.3.1　周期信号及其频谱

如果信号 $x(t)$ 在所有时间 t 内均能满足

$$x(t) = x(t + nT) \tag{4.13}$$

式中：n——任意整数；

　　　T——常数。

则 $x(t)$ 是周期信号,T 称为周期。显然,周期信号是幅值按一定周期不断重复的信号。

周期信号又分为正弦信号(或余弦信号)和复杂的周期信号。正弦信号是最简单的周期信号,如图 4.13 所示,其数学表达式为

$$y(t) = A\sin(\omega t + \varphi) \tag{4.14}$$

可见,正弦信号的周期 $T = 2\pi/\omega$,ω 称为角频率或圆频率,周期的倒数称为频率,即

$$f = 1/T, \quad \omega = 2\pi f \tag{4.15}$$

复杂的非正弦周期信号又可称为非正弦周期函数,如图 4.14 所示。

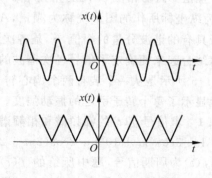

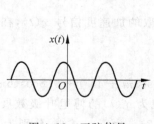

图 4.13　正弦信号　　　　　　　　图 4.14　非正弦周期信号

周期信号的一个重要特征是：它们可以表示成无穷个正弦及余弦函数之和。这个正弦和余弦函数的系列称为周期函数的傅里叶级数。

若周期信号 $x(t)$ 周期为 T 满足一定条件(工程中常见周期信号一般都满足)，则此周期信号可以表示为傅里叶级数的三角函数形式，即

$$x(t) = a_0 + \sum_{n=1}^{\infty} (a_n \cos n\omega_0 t + b_n \sin n\omega_0 t) \qquad (4.16)$$

式中：$n = 1, 2, 3, \cdots$；

　　　$\omega_0 = 2\pi/T$；

　　　a_0、a_n、b_n 称为傅里叶系数，其值分别为

$$\begin{cases} a_0 = \dfrac{1}{T} \displaystyle\int_{-\frac{T}{2}}^{\frac{T}{2}} x(t)\,\mathrm{d}t \\[2mm] a_n = \dfrac{2}{T} \displaystyle\int_{-\frac{T}{2}}^{\frac{T}{2}} x(t) \cos n\omega_0 t\,\mathrm{d}t \\[2mm] b_n = \dfrac{2}{T} \displaystyle\int_{-\frac{T}{2}}^{\frac{T}{2}} x(t) \sin n\omega_0 t\,\mathrm{d}t \end{cases} \qquad (4.17)$$

a_0 值是此周期函数在一个周期内的均值，又称直流分量，a_n 是余弦分量的幅值，b_n 是正弦分量的幅值。

为了显示出傅里叶级数在工程应用中所具有的物理意义，可将公式(4.16)写成只包含正弦项或只包含余弦项的形式。如果令

$$\begin{cases} A_n = \sqrt{a_n^2 + b_n^2} \\[2mm] \varphi_n = -\arctan \dfrac{b_n}{a_n} \end{cases} \qquad (4.18)$$

则公式(4.16)可简化为

$$x(t) = a_0 + \sum_{n=1}^{\infty} A_n \cos(n\omega_0 t + \varphi_n) \qquad (4.19)$$

由公式(4.19)可以看出，周期信号是由无限个不同频率的谐波分量叠加而成。各次谐波的幅值和初相位分别由 A_n 和 φ_n 决定。当 $n=1$ 时，$A_1 \cos(\omega_0 t + \varphi_1)$ 称为信号的一次谐波(基波)分量，ω_0 称为基波角频率。其余各次谐波统称为高次谐波。$n=2$，称为二次谐波；$n=3$，称为三次谐波；以此类推。

由于幅值 A_n、初相位 φ_n 均为角频率 $\omega = n\omega_0$ 的函数，以角频率为横坐标，幅值 A_n 或初相位 φ_n 为纵坐标所作的图形统称为频谱，A_n-ω 图称为幅频谱，φ_n-ω 图称为相频谱。A_n 表示信号所具有的谐波分量的幅值，φ_n 是各次谐波分量在时间原点处所具有的相位。幅频谱和相频谱结合起来便确定了信号各次谐波的频域特征。

图 4.15 所示是从一个装有两个偏心转子的轴上测取的加速度信号 $x(t)$，在其频谱图上清楚地显示了每个转子引起的振动强度。

例 4.1 求信号 $f(t)$ 的幅频谱和相频谱，其中

$$f(t) = 1 + 3\cos(\pi t + 10°) + 2\cos(2\pi t + 20°) + 0.4\cos(3\pi t + 45°) + 0.8\cos(6\pi t + 30°)$$

解：$f(t)$ 为周期信号，题中所给的 $f(t)$ 表达式可视为 $f(t)$ 的傅里叶级数展开式。据式(4.19)可知，其基波频率 $\Omega = \pi(\mathrm{rad/s})$，基本周期 $T = 2\mathrm{s}$，$\omega = 2\pi$、3π、6π 分别为二、三、六

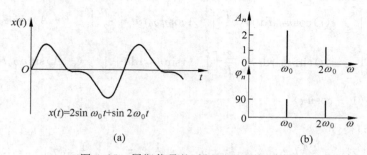

图 4.15 周期信号的时间历程及其频谱

(a) 周期信号的时间历程；(b) 周期信号的频谱

次谐波频率。且有 $a_0=1$，$\varphi_1=0°$；$A_1=3$，$\varphi_1=10°$；$A_2=2$，$\varphi_2=20°$；$A_3=0.4$，$\varphi_3=45°$；$A_6=0.8$，$\varphi_6=30°$；其余的 $A_n=0$。

则所求信号 $f(t)$ 的幅频谱和相频谱如图 4.16 所示。

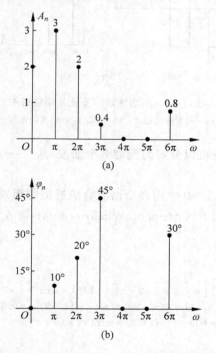

图 4.16 所求信号 $f(t)$ 的幅频谱和相频谱

例 4.2 求图 4.17(a)所示的周期性矩形波的傅里叶级数表示，并画出其幅频谱。

解： 该波形在一个周期内的数学表达式为

$$x(t)=\begin{cases}A, & 0\leqslant t\leqslant T/2 \\ -A, & -T/2<t<0\end{cases}$$

根据公式(4.17)得

$$a_0=\frac{1}{T}\int_{-\frac{T}{2}}^{\frac{T}{2}}x(t)\mathrm{d}t=\frac{1}{T}\left[\int_0^{\frac{T}{2}}A\mathrm{d}t+\int_{-\frac{T}{2}}^0(-A)\mathrm{d}t\right]=0$$

$$a_n = \frac{2}{T}\int_{-\frac{T}{2}}^{\frac{T}{2}} x(t)\cos n\omega_0 t\,\mathrm{d}t = \frac{T}{2}\int_0^{\frac{T}{2}} A\cos n\omega_0 t\,\mathrm{d}t + \frac{T}{2}\int_{-\frac{T}{2}}^0 (-A)\cos n\omega_0 t\,\mathrm{d}t = 0$$

$$b_n = \frac{T}{2}\int_{-\frac{T}{2}}^{\frac{T}{2}} x(t)\sin n\omega_0 t\,\mathrm{d}t = \frac{2}{T}\left[\int_0^{\frac{T}{2}} A\sin n\omega_0 t\,\mathrm{d}t + \int_{-\frac{T}{2}}^0 (-A)\sin n\omega_0 t\,\mathrm{d}t\right]$$

$$= \frac{2A}{n\pi}(1-\cos n\pi)$$

代入公式(4.16)得

$$x(t) = \frac{4A}{\pi}\left(\sin\omega_0 t + \frac{1}{3}\sin 3\omega_0 t + \frac{1}{5}\sin 5\omega_0 t + \frac{1}{7}\sin 7\omega_0 t + \cdots\right)$$

图 4.17(b)所示是波形的幅频谱图。

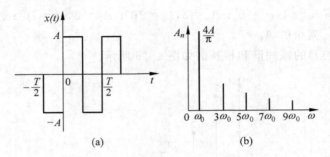

图 4.17   周期性矩形波及其幅频谱图
(a)周期性矩形波;(b)周期性矩形波的幅频谱

例 4.2 揭示出周期方波可以分解为无穷多个谐波,从另一个角度说,无穷多个谐波可以合成周期方波。

【案例 4.10】 在 MATLAB 中用多个谐波合成近似的周期方波。

在 MATLAB 命令界面下(Command Windows Font)输入如下程序:

```
A = 4;
w0 = pi/0.1;
t = - 0.5:.001:0.5;
cosine = sin(w0 * t) + (1/3) * sin(3 * w0 * t) + (1/5) * sin(5 * w0 * t) + (1/7) * sin(7 * w0 * t) +
(1/9) * sin(9 * w0 * t) + (1/11) * sin(11 * w0 * t) + (1/13) * sin(13 * w0 * t) + (1/15) * sin(15 *
w0 * t) + (1/17) * sin(17 * w0 * t) + (1/19) * sin(19 * w0 * t);
plot(t,cosine)
```

则可显示出图 4.18 所示的周期方波。

傅里叶级数也可以表示成复指数形式展开式:

$$x(t) = \sum_{n=-\infty}^{\infty} C_n \mathrm{e}^{\mathrm{j}n\omega_0 t} \tag{4.20}$$

式中,C_n 表示周期信号 $x(t)$ 的复振幅,称为傅里叶系数,

$$C_n = \frac{1}{T}\int_{-\frac{T}{2}}^{\frac{T}{2}} x(t)\mathrm{e}^{-\mathrm{j}n\omega_0 t}\,\mathrm{d}t, \quad n = 0, \pm 1, \pm 2, \cdots \tag{4.21}$$

一般情况下 C_n 是复数,可以写成

$$C_n = |C_n|\,\mathrm{e}^{\mathrm{j}\varphi_n} \tag{4.22}$$

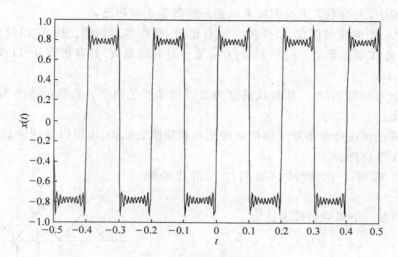

图 4.18　用谐波合成周期方波

式中：$|C_n|$——复数 C_n 的模；

　　　φ_n——复数 C_n 的辐角。

同时可得

$$\begin{cases} |C_n| = \dfrac{1}{2}\sqrt{a_n^2 + b_n^2} = \dfrac{1}{2}A_n \\ \varphi_n = -\arctan\dfrac{b_n}{a_n} \end{cases} \tag{4.23}$$

根据 $|C_n|$-$n\omega_0$，φ_n-$n\varphi_0$（$n=0,\pm 1,\pm 2,\cdots$）的函数关系可画出复数形式的傅里叶频谱图。它同三角函数形式的傅里叶频谱图在形式上有所不同，这是由于描述谐波分量的数学方法不同而造成的，没有什么本质差别。例如一个余弦信号

$$x(t) = A\cos\omega_0 t$$

它在三角函数形式的傅里叶级数中仅有一项，即 $n=1$，故其谱线只有一条，如图 4.19（a）所示，而用复数形式表示同一信号时，有

$$x(t) = A\cos\omega_0 t = \frac{A}{2}(e^{j\omega_0 t} + e^{-j\omega_0 t}) \tag{4.24}$$

故它有两条谱线：$n=\pm 1$，如图 4.19（b）所示。

特别需要指出的是：将一个周期信号展开成复数形式的傅里叶级数后，其频谱图上出现了负频率。然而频率表示每秒钟的变化次数，它不可能是负值。但是，由于用复数表示可以得到简练的复数形式的傅里叶级数，此时，允许 n 取负整数，于是出现了所谓的负频率。在这种形式下，n 单独取正数或单独取负数都不能构成一个谐波分量，只有 $n=k$ 和 $n=-k$ 两项之和才能表示第 k 项。由此可见，负频率的引入仅仅是在将正余弦函数变成一对指

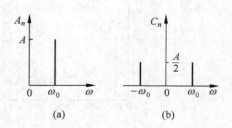

图 4.19　单边频谱和双边频谱
（a）单边频谱；（b）双边频谱

数函数的过程中,为缩短式子长度而采取的一种数学手段而已。

图 4.19(a)中的频谱仅在 $\omega > 0$ 的一边有谱线,称作单边频谱。图 4.19(b)中的频谱两边都有谱线,称作双边频谱。由于 C_n 与 C_{-n} 是一对共轭复数,其模相等,所以双边频谱对称于 C_n 轴。

由公式(4.23)可知,单边频谱线高度为双边频谱线的两倍。数据处理中常按此关系将它们相互转化。

复数形式的傅里叶级数除了可用幅频图和相频图表示外,也可以分别以 C_n 的实部和虚部与频率的关系作图表示。

例 4.3　求图 4.20 所示的周期性三角波的幅频谱。

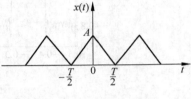

图 4.20　周期三角波

解：$x(t)$ 在一个周期中可表达为

$$x(t) = \begin{cases} A - \dfrac{2A}{T}t, & 0 \leqslant t \leqslant \dfrac{T}{2} \\ A + \dfrac{2A}{T}t, & -\dfrac{T}{2} \leqslant t < 0 \end{cases}$$

因 $x(-t) = x(t)$,故 $x(t)$ 是偶函数,$b_n = 0$。

$$a_0 = \frac{2}{T}\int_0^{\frac{T}{2}}\left(A - \frac{2A}{T}t\right)\mathrm{d}t = \frac{A}{2}$$

$$a_n = \frac{4}{T}\int_0^{\frac{T}{2}}\left(A - \frac{2A}{T}t\right)\cos n\omega_0 t\,\mathrm{d}t$$

$$= \frac{4A}{n^2\pi^2}\sin^2\frac{n\pi}{2}$$

$$= \begin{cases} \dfrac{4A}{n^2\pi^2}, & n = 1,3,5,\cdots \\ 0, & n = 2,4,6,\cdots \end{cases}$$

其幅频谱(单边频谱)如图 4.21(a)所示。若用复数形式表示,则根据

$$\begin{cases} |C_n| = |C_{-n}| = \dfrac{1}{2}a_n \\ C_0 = a_0 \end{cases}$$

可求得如图 4.21(b)所示的幅频谱(双边频谱)。

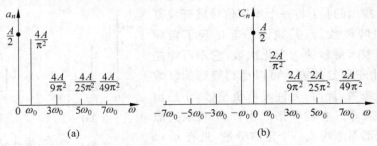

(a)　　　　　　　　　　　　(b)

图 4.21　周期三角波幅频谱的两种形式

(a) 单边频谱;(b) 双边频谱

通过以上例题可以看出,周期信号有以下几个特点:

(1) 周期信号的频谱是由无限多条离散谱线组成的,每一条谱线(单边谱)代表一个谐波分量;

(2) 各次谐波的频率只能是基波频率的整数倍;

(3) 谱线的高度表示了相应谐波分量的幅值大小。对于工程中常见的周期信号,其谐波幅值的总的趋势,是随着谐波次数的增高而减小的。当谐波次数无限增高时,其幅值就趋于零。

上述三个特点,对其他周期信号也适用。它们分别称为周期信号频谱的离散性、谐波性和收敛性。

进一步分析还可发现:信号波形越接近于正弦波,其谱线越稀。信号波形与正弦波相差越大,特别是当信号含有脉冲性突变时,其谐波成分就越丰富。另外,信号波形越接近于正弦波,幅值下降越快,例如,谐波幅值大于基波幅值的 2% 的谐波分量,矩形波有 25 个,全波整流信号有 6 个,三角波仅有 4 个。由此可知,对于工程中遇到的大多数周期信号,可以忽略那些次数过高的谐波分量,用有限个谐波之和来代替傅里叶级数中的无限多项,而不会引起太大的误差。从基波开始,到还需要考虑的最高谐波分量的频率间的频段,称为信号的频带宽度,这在选用仪器时要充分注意。

4.3.2　非周期信号及其频谱

1. 非周期信号的定义

非周期信号是指在时域上不按周期重复出现,但仍可用准确的解析数学关系表达的信号。常见的非周期信号如图 4.22 所示。

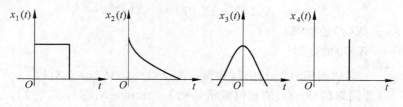

图 4.22　非周期信号

2. 非周期信号的频谱函数

对非周期信号 $x(t)$(满足一定条件)进行傅里叶变换可以得到此信号的频域表示,称为非周期信号的频谱函数 $X(f)$。

对非周期连续时间信号进行傅里叶变换后可得到其频谱函数 $X(f)$ 为

$$X(f) = \int_{-\infty}^{\infty} x(t) e^{-j2\pi ft} dt \tag{4.25}$$

此式称为非周期信号 $x(t)$ 的傅里叶变换(FT)。

周期信号可以通过傅里叶级数分解成为无限多项谐波的代数和。与此类似,非周期信号则可通过傅里叶变换"分解"成"无限多项谐波"的积分。从所起的作用看,傅里叶变换与傅里叶级数类似。

3. 非周期信号的频谱

非周期信号的频谱图根据信号的频谱函数绘制。

如设 $x(t)$ 为周期信号,其频谱应为离散的。当认为 $x(t)$ 的周期趋于无穷大时,则该信号即成为非周期信号。从频谱图可以看出,周期信号频谱谱线的频率间隔 $\Delta\omega=\omega_0=2\pi/T$,当周期 T 趋于无穷大时,其频率间隔趋于无穷小,所以非周期信号的频谱应该是连续的。

值得指出的是,傅里叶级数和傅里叶变换虽然都可理解为把一个信号分解为其他简单波形的"叠加",但两者的叠加有着本质的差异。傅里叶级数是离散的叠加,其谐波中存在着一个基本频率 ω_0,其余频率是 ω_0 的整数倍,所以叠加的结果是一个周期为 $T(T=2\pi/\omega_0)$ 的信号。而傅里叶变换则是"连续的叠加",虽然叠加的每一项 $X(f)\mathrm{e}^{\mathrm{j}2\pi ft}\mathrm{d}f$ 都可看作周期函数(周期为 $1/f$),但不存在什么基本频率,因而叠加的结果必然是非周期信号。更为重要的是:$X(f)\mathrm{e}^{\mathrm{j}2\pi ft}\mathrm{d}f$ 是一个无穷小量,它表示非周期信号 $x(t)$ 在频率等于 f 处的谐波分量的幅值趋近于零。只有在一定的频带内,该谐波分量才具有一定的大小。由此可知,非周期信号 $x(t)$ 的傅里叶变换 $X(f)$ 本身并不能代表谐波分量的幅值,只有在一定频带内对频率 f 积分后才含有幅值意义。从量纲上看,$X(f)\mathrm{d}f$ 具有幅值的量纲,而

$$X(f)=\frac{X(f)\mathrm{d}f}{\mathrm{d}f}$$

则具有幅值/频率的量纲,或称单位频率上的幅值,即有分布密度的含义,故称 $X(f)$ 为信号 $x(t)$ 的频谱密度。由此看来,非周期信号的频谱具有两大特点:连续性和密度性。因此,非周期信号的频谱应叫频谱密度,不过习惯上仍称频谱。

前面已经提到,周期信号的傅里叶系数 C_n 是一个复数。与此类似,非周期信号 $x(t)$ 的傅里叶变换 $X(f)$ 是一个以实变量 f 为自变量的复变函数,它可表示为

$$X(f)=X_\mathrm{R}(f)+\mathrm{j}X_\mathrm{I}(f)=\mid X(f)\mid\mathrm{e}^{\mathrm{j}\varphi(f)} \tag{4.26}$$

式中:$X_\mathrm{R}(f)$——$X(f)$ 的实部;

　　　$X_\mathrm{I}(f)$——$X(f)$ 的虚部;

　　　$\mid X(f)\mid$——非周期信号 $x(t)$ 的幅频谱,$\mid X(f)\mid=\sqrt{X_\mathrm{R}^2(f)+X_\mathrm{I}^2(f)}$;

　　　$\varphi(f)$——非周期信号 $x(t)$ 的相位频谱,$\varphi(f)=\arctan[X_\mathrm{I}(f)/X_\mathrm{R}(f)]$。

由于

$$X(f)=\int_{-\infty}^{\infty}x(t)\mathrm{e}^{-\mathrm{j}2\pi ft}\mathrm{d}t=\int_{-\infty}^{\infty}x(t)\cos2\pi ft\,\mathrm{d}t-\mathrm{j}\int_{-\infty}^{\infty}x(t)\sin2\pi ft\,\mathrm{d}t$$

$$X(-f)=\int_{-\infty}^{\infty}x(t)\cos2\pi ft\,\mathrm{d}t+\mathrm{j}\int_{-\infty}^{\infty}x(t)\sin2\pi ft\,\mathrm{d}t$$

所以 $X(f)$ 与 $X(-f)$ 是一对共轭复数,其模相等。因此 $X(f)$-f 曲线对称于纵轴,如图 4.23(a)所示,并称为双边谱。为了在工程上应用方便,把负频率半边的谱图折算到正频率半边而得到单边谱图 4.23(b),此时的谱图高度为双边谱的两倍。

图 4.23(b)中的阴影面积(即幅值谱密度在 Δf 区间上的积分)表示非周期信号的 Δf 频带上的谐波分量的幅值,而频率恰好等于 f_n 的谐波分量幅值为零。可见非周期信号的谐波分量是依一定密度分散在 $0\sim\infty$ 的连续频带内的,而周期信号的谐波分量则是依一定规律集中在一些离散的频率上,这就是两者的本质差别。

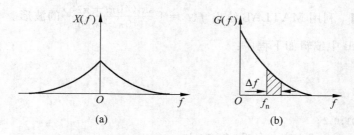

图 4.23　非周期信号的幅值谱密度

(a) 双边谱；(b) 单边谱

例 4.4　求图 4.24(a)所示的单个矩形脉冲的频谱,其中

$$u(t) = \begin{cases} 1, & |t| \leqslant \tau/2 \\ 0, & |t| > \tau/2 \end{cases}$$

解：设 $u(t)$ 的傅里叶变换为 $U(f)$,由傅里叶变换定义得

$$
\begin{aligned}
U(f) &= \int_{-\infty}^{\infty} u(t) e^{-j2\pi ft} \, dt \\
&= \int_{-\frac{\tau}{2}}^{\frac{\tau}{2}} e^{-j2\pi ft} \, dt \\
&= \frac{-1}{j2\pi f} (e^{-j2\pi f\tau} - e^{j2\pi f\tau}) \\
&= \tau \frac{\sin\pi f\tau}{\pi f\tau} \\
&= \tau \mathrm{sinc}(\pi f\tau)
\end{aligned}
$$

相应的频谱如图 4.24(b)所示。

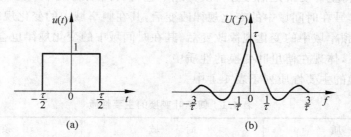

图 4.24　单个矩形脉冲及其频谱

(a) 单个矩形脉冲；(b) 频谱

定义 $\mathrm{sinc}x = \dfrac{\sin x}{x}$,叫做 sinc(赛音克)函数。该函数值由数学表可查得,它以 2π 为周期并随 x 的增加而做衰减振荡。$\mathrm{sinc}x$ 函数是偶函数,在 n/τ ($n = \pm 1, \pm 2, \pm 3, \cdots$)处其值为零。

$\mathrm{sinc}x$ 函数在傅里叶分析及线性时不变系统的研究中起着非常重要的作用。

【**案例 4.11**】　利用 MATLAB 绘出 $f(t)=4\dfrac{\sin(40\pi t+\pi/6)}{40\pi t+\pi/6}$ 的波形。

在 MATLAB 中编辑如下程序:

```
A = 4;
w0 = 40 * pi;
phi = pi/6;
t = - 0.5:.001:0.5;
cosine = A * sin(w0 * t + phi)./(w0 * t + phi);
plot(t,cosine)
```

则可显示出图 4.25 所示波形。

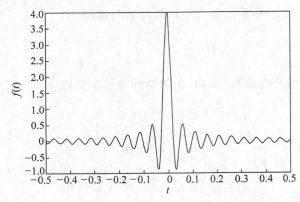

图 4.25　在 MATLAB 中生成的 sinc 函数

4. 傅里叶变换的性质

如前所述,傅里叶变换是信号分析及处理中进行时间域和频率域之间变换的一种基本数学工具。当信号在时间域中的变化规律改变后,其在频率域中的变化规律也会对应改变。同样,当信号在频率域中的变化规律改变后,其在时间域中的变化规律也会对应改变。这种改变的对应关系,体现在傅里叶变换的性质中。

傅里叶变换的主要性质列于表 4.1 中。

表 4.1　傅里叶变换的主要性质

性　质	时　域	频　域
奇偶虚实性	实偶函数	实偶函数
	实奇函数	虚奇函数
	虚偶函数	虚偶函数
	虚奇函数	实奇函数
线性叠加	$ax(t)+by(t)$	$aX(f)+bY(f)$
对称	$X(t)$	$x(-f)$
尺度改变	$x(kt)$	$X(f/k)/k$
时移	$x(t-t_0)$	$X(f)\mathrm{e}^{-\mathrm{j}2\pi ft_0}$
频移	$x(t)\mathrm{e}^{\mp\mathrm{j}2\pi f_0 t}$	$X(f\pm f_0)$
翻转	$x(-t)$	$X(-f)$

续表

性　质	时　域	频　域
共轭	$x^*(t)$	$X^*(-f)$
时域卷积	$x(t)*y(t)$	$X(t)Y(f)$
频域卷积	$x(t)y(t)$	$X(f)*Y(f)$
时域微分	$\mathrm{d}^n x(t)/\mathrm{d}t^n$	$(\mathrm{j}2\pi f)^n X(f)$
频域微分	$(-\mathrm{j}2\pi t)^n x(t)$	$\mathrm{d}^n X(f)/\mathrm{d}f^n$
积分	$\displaystyle\int_{-\infty}^{t} x(\tau)\mathrm{d}\tau$	$X(f)/\mathrm{j}2\pi f$

5. 几种特殊信号的频谱

1) 矩形窗函数及频谱

矩形窗函数即为单个矩形脉冲函数,其频谱在例 4.3 中已讨论。一个在时域有限区间有值的信号,其频谱却延伸至无限频率。在时域中,若截取信号的一段记录长度,则相当于原信号和矩形窗函数乘积,根据傅里叶变换的频域卷积特性,所得信号的频谱将是原信号频谱函数和 sinc 函数的卷积,它将是连续的、频率无限延伸的频谱。

2) 单位脉冲函数(δ 函数)及频谱

(1) δ 函数的定义

在数学上,如果函数 $s_\varepsilon(t)$ 仅在区间 $[0,\varepsilon]$ 上具有脉冲样图形(矩形脉冲、三角形脉冲等),并且此图形与 t 轴围成的面积为 1,如图 4.26(a)所示,那么当脉冲宽度 $\varepsilon\to 0$ 时,函数 $s_\varepsilon(t)$ 的极限称为 δ 函数。根据此定义不难看出 δ 函数有如下特点:

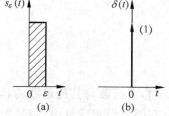

$$\delta(t) = \begin{cases} \infty, & t=0 \\ 0, & t\neq 0 \end{cases} \tag{4.27}$$

$$\int_{-\infty}^{\infty} \delta(t)\mathrm{d}t = \int_{0}^{\varepsilon} s_\varepsilon(t)\mathrm{d}t = 1 \tag{4.28}$$

图 4.26　δ 函数
(a) 脉冲;(b) 用有向线段表示的 δ 函数

在工程上,常将 δ 函数用一个高度等于 1 的有向线段来表示,如图 4.26(b)所示,这个线段的高度表示 δ 函数的积分,亦称 δ 函数的强度(并非幅度值)。用这种方法表示的 δ 函数称为单位脉冲函数。

(2) δ 函数的采样性质

若 $x(t)$ 为一时域连续信号,则乘积 $\delta(t)x(t)$ 仅在 $t=0$ 处得到 $\delta(t)x(0)$,其余均为零,于是有

$$\int_{-\infty}^{\infty} \delta(t)x(t)\mathrm{d}t = \int_{-\infty}^{\infty} \delta(t)x(0)\mathrm{d}t = x(0)\int_{-\infty}^{\infty} \delta(t)\mathrm{d}t = x(0)$$

可见 $\delta(t)$ 与 $x(t)$ 相乘后积分,其作用就是取出了信号 $x(t)$ 在 $t=0$ 时刻的一个值,$x(0)$ 为一个采样点。

同样,对有延时的 δ 函数 $\delta(t-t_0)$,其值仅在 $t=t_0$ 时刻才不为零,于是

$$\int_{-\infty}^{\infty} \delta(t - t_0) x(t) dt = \int_{-\infty}^{\infty} \delta(t - t_0) x(t_0) dt$$

$$= x(t_0) \int_{-\infty}^{\infty} \delta(t - t_0) dt$$

$$= x(t_0)$$

此时,得到了 $x(t)$ 在 $t = t_0$ 时刻的一个采样点 $x(t_0)$。

在工程上,利用单位脉冲函数的概念,可将采样过程看成是信号与单位脉冲函数的简单乘积。

(3) δ 函数的频谱

将 δ 函数进行傅里叶变换,即可得到其频谱函数:

$$\Delta(f) = \int_{-\infty}^{\infty} \delta(t) e^{-j2\pi ft} dt = e^0 \int_{-\infty}^{\infty} \delta(t) dt = 1 \qquad (4.29)$$

可见时域的脉冲信号具有无限宽广的频谱,而且各频率上的信号强度都相等。

在信号的检测中,一般爆发电火花的地方(如雷电、火花塞等)都会对测试系统引起严重干扰,这是因为尖脉冲(类似 δ 函数,能量均匀地分布在 $0 \sim \infty$ 的频带内)的高频部分以射频形式发射出来,对测试系统形成干扰的缘故。凡是频谱为常数的信号俗称白噪声。"白"是由白色光引申而来,意即白色的光谱频率丰富。δ 脉冲就是一种理想的白噪声。

【案例 4.12】 很多旋转机械故障(如点蚀、裂纹等)都表现为其振动信号中有冲激信号,因此采用固有频率很高的传感器检测。若机械有相关故障则传感器产生共振,无故障机械则不会产生共振,由此很容易检测机械相关故障。详见第 8 章。

根据傅里叶变换的对称性、时移性和频移性等,可得到下列傅里叶变换对:

$$\begin{array}{ccc}
\text{时域} & & \text{频域} \\
\delta(t) & \Leftrightarrow & 1 \\
1 & \Leftrightarrow & \Delta(f) \\
\delta(t - t_0) & \Leftrightarrow & e^{-j2\pi ft_0} \\
e^{j2\pi f_0 t} & \Leftrightarrow & \Delta(f - f_0)
\end{array} \right\} \qquad (4.30)$$

(4) δ 函数与其他函数的卷积

在函数卷积运算中,若其中有一个函数是 δ 函数,则运算极为简便:

$$f(t) * \delta(t - t_0) = f(t - t_0) \qquad (4.31)$$

由此得出一个重要结论:任意函数和 δ 函数的卷积,就是简单地将该函数在自己的横轴上平移到 δ 函数所对应的位置。此结论对频域函数同样适用。

【案例 4.13】 在幅度调制技术中,常应用乘法器将调制信号与高频正弦波(载波)相乘产生已调波。高频正弦波的频谱函数为冲激函数。设图 4.27 中 $U(f)$ 为某调制信号的频谱,$\Delta(f) = \delta(f - f_s) + \delta(f + f_s)$ 为高频载波的频谱,根据傅里叶变换的频域卷积特性,已调波的频谱函数为调制信号频谱函数与高频载波频谱函数的卷积:

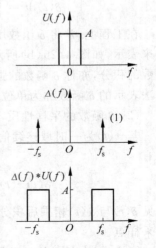

图 4.27　函数与 δ 函数的卷积

$$\Delta(f) * U(f) = U(f) * \delta(f + f_0) + U(f) * \delta(f - f_0)$$

由式(4.31)可得

$$\Delta(f) * U(f) = U(f - f_s) + U(f + f_s)$$

3) 周期性单位脉冲序列及频谱

等间隔的周期性单位脉冲序列,周期为 T_s,如图 4.28(a)所示。它的数学表达式为

$$\delta_n(t) = \sum_{n=-\infty}^{\infty} \delta(t - nT_s), \quad n = 0, \pm 1, \pm 2, \cdots$$

若用傅里叶级数表示,则

$$\delta_n(t) = \frac{1}{T_s} \sum_{n=-\infty}^{\infty} e^{j2\pi n f_s t} \tag{4.32}$$

其频谱函数为

$$\Delta_n(f) = \frac{1}{T_s} \sum_{n=-\infty}^{\infty} \Delta(f - nf_s) = \frac{1}{T_s} \sum_{n=-\infty}^{\infty} \Delta\left(f - \frac{n}{T_s}\right) \tag{4.33}$$

图 4.28(b)所示为其频谱图,从图中可以看出,时域中周期为 T_s 的脉冲序列,在频域中乃是周期为 $1/T_s$ 的脉冲序列。

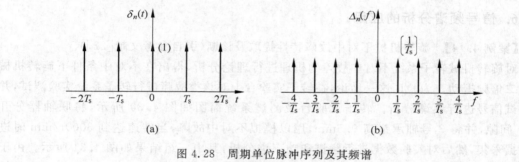

图 4.28　周期单位脉冲序列及其频谱

(a) 周期单位脉冲序列；(b) 频谱

用计算机进行信号分析时,首先要将连续的模拟信号 $x(t)$ 变为一连串离散的时间序列。以数字量的形式存入一个个内存单元,然后进行各种计算。为了实现这一过程,可先用 $\delta_n(t)$ 与连续信号 $x(t)$ 相乘。根据 δ 函数的采样性质可知,相乘的结果便得到一个离散的时间序列。由此看来,周期性单位脉冲序列 $\delta_n(t)$ 在数学上具有采样功能,因此又称采样函数。相应地,T_s 称采样间隔,也称采样周期,其倒数 $1/T_s = f_s$ 称为采样频率。

4) 正(余)弦函数及频谱

由于正(余)弦函数不满足绝对可积条件,因此不能直接应用傅里叶积分变换式,而需在傅里叶变换时引入 δ 函数。

根据欧拉公式,正(余)弦函数可写成

$$\sin 2\pi f_0 t = j\frac{1}{2}(e^{-j2\pi f_0 t} - e^{j2\pi f_0 t})$$

$$\cos 2\pi f_0 t = \frac{1}{2}(e^{-j2\pi f_0 t} + e^{j2\pi f_0 t})$$

正、余弦函数的傅里叶变换如下:

$$\sin 2\pi f_0 t \Leftrightarrow j\frac{1}{2}[\delta(f + f_0) - \delta(f - f_0)] \tag{4.34}$$

$$\cos 2\pi f_0 t \Leftrightarrow \frac{1}{2}[\delta(f+f_0)+\delta(f-f_0)] \tag{4.35}$$

正、余弦函数及其频谱如图 4.29 所示。

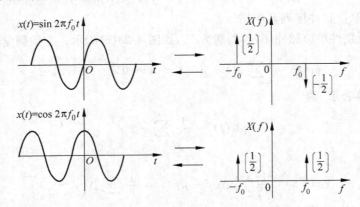

图 4.29　正、余弦函数及其频谱

6. 信号频谱分析的应用

【案例 4.14】 旋转机械不对中故障特性提取及诊断(引自参考文献[22])。

对旋转机械转子系统不对中故障的机理进行理论分析,得出在不对中条件下旋转机械产生二倍频振动。为验证这一结论,在转子实验台上对该类故障进行转子系统实验测试,并对测试信号进行频谱分析。转子试验台及测试系统简图如图 4.30 所示,将联轴器分开 1mm 间隙,并将 3 号轴承垫高 0.5mm,用以模拟不对中故障,当转速达到 3000r/min 时进行数据采集,然后对实验数据进行频谱和功率谱分析,其中一组结果如图 4.31 所示。由于不对中位移及偏角的存在,使转子在高速运转时就会有一个两倍频的附加径向力作用于轴承上,从而激励转子产生振动频率为工频二倍的径向振动。

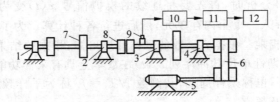

图 4.30　转子试验台及测试系统
1~4—轴承 4;5—电动机;6—皮带传动装置;7—轮盘;8—联轴器;
9—传感器;10—A/D 转换器;11—放大器;12—计算机

4.3.3　功率谱分析

1. 功率谱密度函数

若自相关函数 $R_x(\tau)$ 的傅里叶变换存在,则将 $R_x(\tau)$ 的傅里叶变换

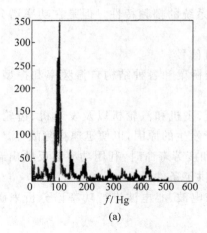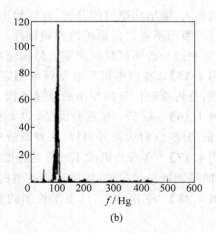

图 4.31 频率特性图

（a）频谱；（b）功率谱

$$S_x(f) = \int_{-\infty}^{\infty} R_x(\tau) e^{-j2\pi f\tau} d\tau \tag{4.36}$$

定义为 $x(t)$ 的自功率谱密度函数，简称功率谱密度函数、功率谱或自谱。$S_x(f)$ 曲线和频率轴所包围的面积就是信号的平均功率。而 $S_x(f)$ 就表示了信号的功率按频率分布的规律。

通常把在 $(-\infty, \infty)$ 频率范围内定义的功率谱 $S_x(f)$ 称为双边功率谱，而把只在 $(0, \infty)$ 频率范围内定义的功率谱 $G_x(f)$（见图 4.32）称为单边功率谱（见图 4.31），二者之间的关系为

$$G_x(f) = \begin{cases} 2S_x(f), & 0 \leqslant f \leqslant \infty \\ 0, & \text{其余} \end{cases} \tag{4.37}$$

另外一种常用的表示方法是取功率谱的对数，即

$$G_x(\lg) = 10\lg G_x(f) \tag{4.38}$$

单位是分贝（dB），称为对数功率谱。

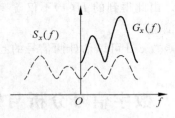

图 4.32 单边和双边功率谱

因为 $R_x(\tau)$ 是实偶函数，根据傅里叶变换的性质可知，$S_x(f)$ 亦为实偶函数。

在 MATLAB 中用工具箱函数 psd 可以估计信号的功率谱密度。

对于线性系统，当其输入为 $x(t)$，输出为 $y(t)$，系统的频率特性为 $H(f)$ 时，其输入、输出的功率谱与系统的频率特性有如下关系：

$$S_y(f) = | H(f) | S_x(f) \tag{4.39}$$

可见,通过输入、输出功率谱的分析,就能得出系统的幅频特性。但是在功率谱分析中会丢失相位信息,因而不能得出系统的相频特性。

通过功率谱分析还可判别周期信号和随机信号。

【案例 4.15】 在内燃机车谐振频率测定、桥梁和各种结构自振频率和振型的测定中,通过功率谱分析振动信号的频率成分和结构。

【案例 4.16】 对于一些重要设备,如火箭、飞机和汽轮机以及发动机、齿轮箱等,均可根据功率谱的变化(有否额外谱峰)来判断故障发生的原因,以便迅速排除故障。

【案例 4.17】 在研究机械零部件的强度和疲劳寿命时,利用功率谱反映出载荷在各频率成分上的振动能量与振幅,为确定载荷谱提供了条件。

【案例 4.18】 在医学上,可根据检测的脑电波、心电波进行功率谱分析来研究病症及病理。

2. 互谱密度函数

如果互相关函数 $R_{xy}(\tau)$ 满足傅里叶变换的条件,则定义 $R_{xy}(\tau)$ 的傅里叶变换

$$S_{xy}(f) = \int_{-\infty}^{\infty} R_{xy}(\tau) \mathrm{e}^{-\mathrm{j}2\pi f\tau} \mathrm{d}\tau \tag{4.40}$$

为信号 $x(t)$ 和 $y(t)$ 的互谱密度函数,简称互谱。

互谱和互相关函数构成一对傅里叶变换对,所以二者包含相同的信息,都可用来描述信号之间的相关性,不同点是互相关函数在时差域上,互谱密度函数在频率域上。

像功率密度函数一样,把在 $(-\infty, \infty)$ 频率范围内定义的互谱密度函数 $S_{xy}(f)$ 称为双边互谱,在 $(0, \infty)$ 频率范围内定义的互谱称为单边互谱,并记为 $G_{xy}(f)$。两者关系为

$$G_{xy}(f) = \begin{cases} 2S_{xy}(f), & 0 \leqslant f \leqslant \infty \\ 0, & \text{其余} \end{cases} \tag{4.41}$$

互谱密度函数在信号处理中很重要。利用互谱密度函数可以测定滞后时间;通过互谱和自谱之间的关系

$$S_{xy}(f) = H(f)S_x(f) \tag{4.42}$$

可以测得线性系统的频率特性。由此得到的 $H(f)$ 不仅含有幅频特性,而且含有相频特性,这是因为互谱中包含有相位差信息。

在 MATLAB 中用工具箱函数 csd 可以估计两信号的互谱密度。

4.4　数字信号分析与处理

随着计算机技术的发展,特别是 1965 年快速傅里叶变换(FFT)算法问世以来,数字信号处理得到越来越广泛的应用。现在除了在通用计算机上发展各种数字信号处理软件以外,还发展了有专用硬件的数字信号处理芯片(DSP),其处理速度已近乎"实时"。数字信号处理技术已形成了一门新的学科。

数字处理的特点是处理离散数据,因此首先要把连续信号采样成离散的时间序列。尽管现在已发展了不少数字式传感器,但传感器所测试的大多数物理过程本质上仍是连续的,

所以总是有一个采样过程。这一过程把连续信号改变成等间隔的离散时间序列,其幅值也经过量化。此外,数字计算机不管怎样快速,其容量和计算速度毕竟有限,因而处理的数据长度是有限的,信号必须要经过截断。这样数字信号处理就必然引入一些误差。很自然会提出这样的问题:如何恰当地运用这一技术,使之能够比较准确地提取原信号中的有用信息? 本节将对用数字方法处理测试信号时的一些基本方法和概念作一些介绍。

4.4.1　采样与采样定理

大部分传感器的输出信号都是随时间连续变化的模拟量。若要采用数字式处理,则需要将连续模拟量转换成离散数字量,这可利用模/数转换装置(A/D 转换器)来实现。转换的实现要经过采样、量化和编码三个过程。如图 4.33 所示为数字信号处理系统的简单框图。

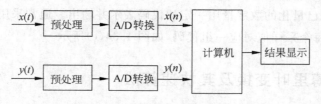

图 4.33　数字信号处理系统的简单框图

1. 采样

采样就是将连续变化的模拟信号离散化的过程。若将一个模拟信号 $x(t)$(见图 4.34(a)),和一个等间隔的脉冲序列 $\delta_n(t)=\sum\limits_{n=-\infty}^{\infty}\delta(t-nT_s)$(见图 4.34(b),$T_s$ 是采样间隔)相乘,由于 δ 函数的采样性质,相乘以后只有在 $t=nT_s$ 处有值。因此,采样后得到如图 4.34(c)所示的一系列在时间上离散的信号序列 $x(nT_s)$,$n=0,1,2,\cdots$。

由图 4.34 还可以看出,采样间隔 T_s 越小,$x(nT_s)$越能如实反映原模拟信号 $x(t)$。而正确的采样必须保证采样得到的离散序列 $x(nT_s)$ 应该包含原信号 $x(t)$ 所隐含的主要信息。假如 T_s 过大,$x(nT_s)$ 相对于 $x(t)$ 会失真,也就是经过采样之后的信号 $x(nT_s)$ 不能完全恢复成原信号 $x(t)$ 所隐含的主要信息,因而影响数据分析的精度。T_s 过小,则数据的数量过多,使计算工作量急剧增加。因此,必须有一个选择采样间隔 T_s 的准则,以确定 $x(nT_s)$ 不失真的最大允许间隔 T_s,这个准则称为采样定理。

采样定理指出:一个连续的模拟波形,若它的最高频率分量为 f_m,则当采样频率 $f_s \geqslant 2f_m$ 时,采样后的信号可以无失真地恢复成原来的连续信号。工程上,称采样频

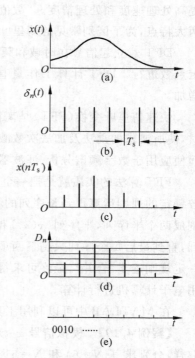

图 4.34　模拟-数字转换过程
(a) 模拟信号;(b) 采样脉冲;(c) 离散信号;(d) 信号的量化;(e) 信号的编码

率的一半 $f_n = f_s/2$ 为奈奎斯特频率。

2. 量化

数字信号只能以有限的字长表示其幅值,对于小于末位数字所代表的幅值部分只能采取"舍"或"入"的方法。

量化过程就是把采样取得的各点上的幅值与一组离散电平值比较,以最接近于采样幅值的电平值代替该幅值,并使每一个离散电平值对应一个数字量,如图 4.34(d)所示。若两相邻量化电平之间的增量为 Δx,则量化误差最大为 $\pm \Delta x/2$,由此可见,在量化过程中相邻量化电平之间的增量越小(可供比较的离散电平值的数量越多),误差越小。

3. 编码

编码过程是把已量化的数字量用一定的代码表示并输出。通常采用二进制代码。经过编码之后,信号的每个采样值对应一组代码,如图 4.34(e)所示。

4.4.2 离散傅里叶变换及其快速算法

随着数字计算机的普及和应用,人们越来越多地利用数字计算机来进行傅里叶变换,以提高处理速度和处理精度。"数值离散"和"点数有限"是使用数字计算机进行傅里叶变换的两大特点,为了区别常见的傅里叶变换,我们称它为离散傅里叶变换(DFT)。

DFT 建立起信号在时域和频域中均为离散且有限值之间的对应关系。DFT 可以按一定点数进行。DFT 计算工作量直接与 N 的大小有关,当 N 较大时,计算工作量将急剧增加。

快速傅里叶变换(FFT)是离散傅里叶变换(DFT)的快速算法,它在确定 DFT 的系数时,使所要求的乘法及加法次数减少。FFT 的算法有很多种,其中大多数已编制了程序,从而使应用于数字频谱分析、滤波器模拟及相关领域的计算技术产生了较大的发展。

FFT 算法的实质就是把一个长数据序列 DFT 计算,转化为短序列的 DFT 计算,然后按一定的规则运算得到长序列的频谱。如果原序列 $\{x(n)\}$ 的总项数 $N=2^p$,则可以把它分割成两个半序列,半序列 $\{y(n)\}$ 和 $\{z(n)\}$ 又可以分成 4 个 1/4 序列,然后再分成 8 个 1/8 序列,直到最后每个序列只剩下两项为止。这样,只须对只有两项的"序列"求 DFT,然后应用一定规则逐步"合并",最终可求得原序列 $\{x(n)\}$ 的 DFT。按 FFT 算法逻辑步骤,排好程序用电子计算机进行计算。

在 MATLAB 中可以利用工具函数 fft 进行计算。

【案例 4.19】 模拟信号 $x(t)=2\sin(4\pi t)+5\cos(8\pi t)$,以 $t=0.01n(n=0\sim N-1)$ 进行取样,分别求其 $N=64$ 和 $N=512$ 点 DFT 的幅值谱。

解:在 MATLAB 输入如下程序:

```
subplot(2,1,1)
N=64;n=0:N-1;t=0.01*n;
```

```
q = n * 2 * pi/N;
x = 2 * sin(4 * pi * t) + 5 * cos(8 * pi * t);
y = fft(x,N);
plot(q,abs(y))
title('FFT N = 64')
 %
subplot(2,1,2)
N = 512;n = 0:N - 1;t = 0.01 * n;
q = n * 2 * pi/N;
x = 2 * sin(4 * pi * t) + 5 * cos(8 * pi * t);
y = fft(x,N);
plot(q,abs(y))
title('FFT N = 512')
```

则得到结果如图 4.35 所示。

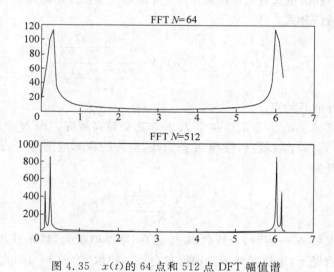

图 4.35　$x(t)$ 的 64 点和 512 点 DFT 幅值谱

从图 4.35 中显示的双边谱可以看出：512 点 FFT 比 64 点 FFT 分辨率更高。

4.4.3　FFT 应用中的若干问题

欲将一个连续时间信号送入计算机并采用数字信号处理技术进行处理，需要经过时域采样和截断、频域采样并取单周期的值。这些处理过程会引入误差。

1. 频率混淆

时域的采样引起了频域的周期化。这时如果采样频率 f_s 选得足够高，则频域各周期的图形不会发生重叠。与此同时，在应用中仅取 $[-f_s/2, f_s/2]$（双边谱）或仅取 $[0, f_s/2]$（单边谱）进行分析，其余各周期不予理会，则频域周期化所带来的误差就可能完全避免。

如果由于原信号频带很宽或采样频率 f_s 选得太低，则频域中相邻周期的波形就会发生重叠,如图 4.36 所示,从而引起误差。这种现象称频率混淆,简称频混。

如果一个信号的频谱具有无限的带宽,则不论如何选择采样频率 f_s,频混误差都不可避免。然而这种信号并不多见,比较常见的是一个有用的低频信号混进了一个高频的噪声信号。因此在采样之前先用低通滤波器滤去高频噪声,这种低通滤波器称为抗混淆滤波器。在现代数字式分析系统中,它已被列为基本组成环节。抗混淆滤波器的截止频率选为 $f_s/2$。

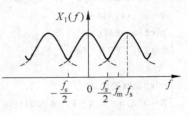

图 4.36　混叠现象

2. 采样频率及频率分辨力

由采样定理可知:对一个频率为 $0 \sim f_m$ 的有限带宽连续信号进行采样,只有当采样频率 $f_s \geqslant 2f_m$ 时,其离散傅里叶变换才不发生频率混淆,因而只有用这样采样的点才能得到离散信号的频谱。同时也只有用这样采样的点才能够完全恢复原时域信号的连续波形 $x(t)$,不过此时要借助插值公式

$$x(t) = \sum_{n=-\infty}^{\infty} x(nT_s) \frac{\sin \dfrac{\pi(t-nT_s)}{T_s}}{\dfrac{\pi(t-nT_s)}{T_s}} \tag{4.43}$$

来求出采样点以外的其他点。

采样定理要求 $f_s \geqslant 2f_m$,但采样频率 f_s 并非选得越高越好。由 N 个时域采样点进行离散傅里叶变换,得到 N 个频域点,俗称 N 条谱线,对应的频率范围为 $[-f_s/2, f_s/2]$,因此相邻谱线的频率增量为

$$\Delta f = \frac{\dfrac{f_s}{2} - \left(-\dfrac{f_s}{2}\right)}{N} = \frac{f_s}{N} \tag{4.44}$$

可见当采样点数 N 一定时,采样频率 f_s 越高,频率增量大,频率分辨力越低。因此,在满足采样定理的前提下,采样频率不应选得过高。一般取 $f_s = (3 \sim 10)f_m$ 就够了。

由公式(4.44)可以看出,采样频率 f_s 选定后,要想提高频率分辨力,就要增加采样点数 N,这就意味着要增加采样时间,多占计算机内存容量和延长计算时间。为解决此矛盾,可采用小波变换等现代信号分析处理方法。小波变换具有多分辨率的特点,可以按粗细不同的尺度观察信号,对频率信号的分析采用不同的分辨率,弥补了常规分析方法的不足。

3. 采样点数 N 的选择

离散傅里叶变换为使用计算机进行频谱分析提供了理论依据,但还存在一个实际问题,就是计算工作量太大,即使利用计算机这个强有力的快速计算工具也要花费很长的时间。于是人们力图寻找一种快而简便的算法,使离散傅里叶变换真正具有实用价值。FFT 算法将 DFT 算法的计算速度提高到原来的 $N/\log_2 N$ 倍,使傅里叶变换可以在一瞬间完成。目前已有很多关于离散傅里叶变换的硬件、软件及专用机,可供使用。

FFT 算法要求采样点数 N 必须是 2 的正整数次幂,因此采样点数 N 必须选用为 $N = 2^P$(P 为正整数),还常取 $P = 9 \sim 11$,采样点数取得过多则计算时间太长。

4. 窗函数、截断和泄漏

信号的历程一般较长,在进行数字信号处理时要进行截断。截断就是将无限长的信号乘以有限宽的窗函数。"窗"的意思是指透过窗口能够"看到'外景(信号)'"的一部分。最简单的窗是矩形窗(见图 4.37),其函数为

$$\omega(t) = \begin{cases} 1, & |t| < T \\ \dfrac{1}{2}, & |t| = T \\ 0, & |t| > T \end{cases} \tag{4.45}$$

其频谱函数为

$$W(f) = 2T \frac{\sin(2\pi fT)}{2\pi fT} = 2T\mathrm{sinc}(2\pi fT) \tag{4.46}$$

对信号截取一段$(-T, T)$,就相当于在时域中 $x(t)$ 乘以矩形窗函数 $\omega(t)$,于是有

$$x(t)\omega(t) \Longleftrightarrow X(f) * W(f)$$

由于 $\omega(t)$ 是一个频带无限的函数,所以即使 $x(t)$ 是带限信号,而在截断以后也必须成为无限带宽的函数,这说明信号的能量分布扩展了。又从上面的讨论可知,无论采样频率多高,只要信号一经截断就不可避免地导致一些误差,这一现象称为泄漏。

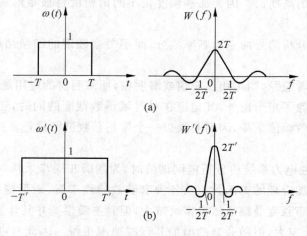

图 4.37 矩形窗

如果增大截断长度,则 $W(f)$ 图形将压缩变窄,如图 4.37 所示,虽在理论上其频谱范围仍为无穷宽,但实际上中心频率以外的频率分量衰减较快,因而泄漏误差将减小。当 T 趋于无限大时,则 $W(f)$ 将变为 $\Delta(f)$ 函数,而 $\Delta(f)$ 函数与 $X(f)$ 的卷积仍为 $X(f)$。这就说明了:如果不截断就没有泄漏误差。

一个时域信号愈是变化剧烈(即愈含有脉冲性突变或阶跃性突变),其频率成分越丰富。泄漏与窗函数频谱的旁瓣有关。矩形窗函数频域中的旁瓣就是由于窗两端的阶跃性突变所致。因此,只要选择两端比较平滑的窗函数,便能减少泄漏误差。根据这一原理,人们提出了许多实用的窗函数,如汉宁(Hanning)窗、海明(Hamming)窗、高斯窗、三角窗等,如图 4.38 所示。

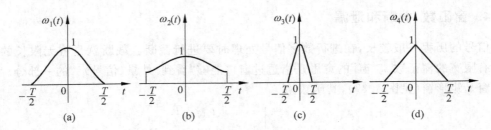

图 4.38　常用窗函数
(a) 汉宁窗；(b) 海明窗；(c) 高斯窗；(d) 三角窗

在这些窗函数中,汉宁窗主瓣宽为矩形窗的一倍,旁瓣比矩形窗小得多,因而泄漏也少得多。海明窗主瓣为矩形窗主瓣宽的一倍。海明窗比汉宁窗消除旁瓣的效果要好一些,而且主瓣稍窄,但是旁瓣衰减较慢是不利的方面。布莱克曼窗的旁瓣衰减较快,但是主瓣很宽。比较 5 种窗,矩形窗旁瓣最高但主瓣最窄,高斯窗旁瓣最低但主瓣却最宽,最理想的窗函数应该是主瓣窗窄而旁瓣低。因此在处理数据时,要根据具体要求来选择窗函数。一般来说应注意下述几点。

第一,如果要分析信号中那些幅值很小的频率成分(即次要的频率成分),则不能用矩形窗,应该用泄漏最小的高斯窗。因为那些幅度较小的谱密度将被矩形窗本身引起的皱波所淹没。

第二,如果仅仅分析信号的主要频率成分,而不考察频谱的细微结构,则可用计算最为简单的矩形窗。

第三,如果要两者兼顾,则可用汉宁窗或海明窗,而海明窗的应用最为广泛。

需要指出的是,除了矩形窗外,其他窗在对时域函数截断的同时,还对时域函数的幅值有影响,导致频域函数幅值下降,因而要乘以一个修正系数进行修正。这点在计算时要特别注意。

【案例 4.20】　在电力系统中分析电网谐波时,为削弱非同步采样对谐波分析造成的误差,需要对采集信号加合理的窗函数。从各种窗函数特性来看,矩形窗的主瓣最窄,但是旁瓣较高,泄漏较大。布莱克曼窗虽然旁瓣衰减大,但其主瓣很宽并且计算相对复杂。海明窗的旁瓣衰减略比汉宁窗大,但随旁瓣的增加其衰减速度很慢。因此对电网信号分析时采用汉宁窗是比较好的选择,它不但计算量较小,同时可以通过调节采样长度达到减少谐波间泄漏的目的。

5. 平均化处理

离散傅里叶变换是连续傅里叶变换的一种近似。对信号进行截断分析,用数学的语言来说就是抽出总体信号的一个样本进行分析。如果多抽出一些样本进行离散傅里叶变换,最后取其平均值,必然会抵消一些随机误差而获得较高精度,这种方法称为平均化。它在数据处理中得到了广泛的应用。具体做法是先把足够多的点数采入计算机存储器,然后一段接一段进行分析,最后取平均。若总点数不够,取用时各段之间可以交叉,使同一数据能够多段重复使用。

4.5　现代信号分析方法简介

如前所述,时域分析看不出信号的频率成分。频域分析能够看出在信号总的持续时间内存在哪些频率分量。然而以傅里叶变换为基础的频域分析也具有局限性。例如频谱并不能告诉这些频率分量在什么时间存在? 不能告诉信号在某个特定时刻(或一个短的时间范围)该信号对应的频率是多少? 为克服传统时频域分析的局限性,许多现代信号分析方法被提出并成功应用,例如时频分析、现代谱估计、现代滤波器等。

时频分析是时频联合域分析(joint time-frequency analysis)的简称,作为分析时变非平稳信号的有力工具,它已成为现代信号处理研究的一个热点,近年来受到越来越多的重视。时频分析方法提供了时间域与频率域的联合分布信息,清楚地描述了信号频率随时间变化的关系。时频域分析包括短时傅里叶变换、Wigner-Ville 时频分布、Gabor 变换和小波变换等。

现代谱估计是一种参数化估计方法。所谓参数估计就是从含有噪声的数据中去估计信号的某些参数,用数学的观点来看就是给定一组观测数据去求未知参量。

正如第 3 章所述,当噪声与有用信号的频带重叠时,使用经典滤波器不可能达到有效抑制噪声的目的,这时需要采用现代滤波器,如维纳滤波、卡尔曼(Kalman)滤波、自适应滤波等。这些滤波器从传统的概念出发,对要提取的有用信号从时域内进行统计,在统计指标最优的意义下,估计出最优逼近的有用信号、衰减噪声。详见 3.4.5 节的数字滤波器。

随着科学技术的不断发展,相信会有更多的实用的信号分析方法不断涌现出来。

4.6　项目设计实例

对有故障的 XA6132 铣床进行振动的测定,提取信号并分析处理,找出故障位置和产生的原因。由压电式加速度传感器采集振动信号,通过对振动信号进行 FFT,得到其频谱,根据频谱分析,进行故障诊断和故障定位。本实例的数据主要引自参考文献[23]。

通过触摸或用测试仪器确定振动较大的位置和与加工有直接联系的点(见图 4.39),并确定敏感转速。绘制主轴转速图和各个轴与齿轮的啮合频率表,实验并记录每种工作状况下的数据,使用软件进行频谱分析。图 4.40 所示为 30r/min 时第 4 号点的频谱图。

从频谱图中可以看出,642.24377Hz 是造成振动幅值偏大的主要频率(见表 4.2 中 14号数据),在理论计算中只有第一对齿轮(26/54)啮合的频率为 624Hz(实际转速与理论值有偏差)。经过检查,发现第一对齿轮啮合(26/54)中有一齿轮基节误差过大,并且齿轮有一定的点蚀,每一圈均在此齿处产生猛烈冲击一次,造成振动幅值偏大。根据检测分析结果,检修机床后恢复功能,各项指标满足要求。

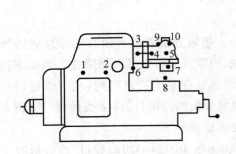

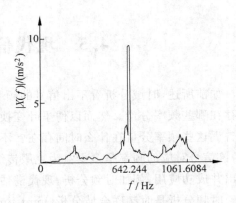

图 4.39 铣床振动测点布置(1~10 为测点)　　图 4.40 30r/min 时第 4 号点的频谱图

表 4.2　30r/min 时第 4 号点的频谱分析数据

序号	频率 f/Hz	$\|X(f)\|$/(m/s^2)
1	49.92192	0.081314
2	105.57433	0.11615
3	126.10266	0.15642
4	152.49625	0.30049
5	199.41097	0.58302
6	240.47484	1.3067
7	263.93579	0.81395
8	322.58820	0.34981
9	351.91440	0.42951
10	390.03845	0.38086
11	480.94968	0.59389
12	598.25452	1.6779
13	624.64807	2.8820
14	642.24377	8.9797
15	689.16571	0.92959
16	715.55927	0.97083
17	791.80743	0.85182
18	900.31433	1.2409
19	967.76459	1.2441
20	1014.68652	2.0751
21	1035.21484	1.8090
22	1061.60840	1.7311

习题与思考题

4.1　从示波器光屏中测得正弦波图形的"起点"坐标为$(0,-1)$,振幅为 2,周期为 4π,求该正弦波的表达式。

4.2　已知信号 $f(t)$ 如图 4.41 所示,试画出 $f(t-2)$ 和 $f(2-t)$ 的波形。

4.3　画出下列信号的幅频谱和相频谱:
$$f_1(t)=50+70\cos(50\pi t)+6\cos(150\pi t)$$
$$f_2(t)=12+8\cos(5t+15°)+6\cos(15t+20°)+$$
$$2\cos(25t+45°)+\cos(35t+60°)$$

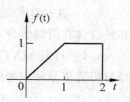

图 4.41　信号 $f(t)$

4.4　已知 $f(t)=\mathrm{e}^{-\alpha|t|}$ $(-\infty<t<\infty,\alpha>0)$ 的傅里叶变换是 $F(\omega)=\dfrac{2\alpha}{\alpha^2+\omega^2}$,画出信号 $x(t)=\mathrm{e}^{-3|t|}$ $(-\infty<t<\infty,\alpha>0)$ 的幅频谱。

4.5　画出信号 $x(t)=\cos100\pi t$ $(-\infty<t<\infty)$ 的单、双频谱和频谱密度。

4.6　已知矩形单位脉冲信号 $x_0(t)$ 的频谱为 $X_0(\omega)=A\tau\mathrm{sinc}\left(\dfrac{\omega\tau}{2}\right)$,试求如图 4.42 所示的脉冲信号的频谱。

4.7　求被截断的余弦函数(见图 4.43)的傅里叶变换:
$$x(t)=\begin{cases}\cos\omega_0 t, & |t|\leqslant t_0\\ 0, & |t|>t_0\end{cases}$$

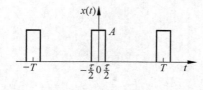

图 4.42　题 4.6 图

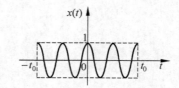

图 4.43　题 4.7 图

4.8　求如图 4.44 所示三角脉冲的傅里叶变换。

4.9　已知一信号的自相关函数 $R_x(\tau)=\dfrac{64\sqrt2}{\tau}\sin(50\sqrt2\tau)$,求该信号的均方值 ψ_x 及均方根值。

4.10　求余弦信号 $x(t)=X\cos\omega t$ 的均方根值。

4.11　求正弦信号 $x(t)=X\sin\omega t$ 的均值、均方值。

4.12　在应用快速傅里叶变换时如何恰当选取点数和时域采样频率? 如何克服截断效应和栅栏效应?

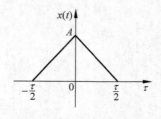

图 4.44　题 4.8 图

项 目 设 计

4.1　对 3 个正弦信号 $x_1(t)=\cos2\pi t$,$x_2(t)=\cos\pi t$,$x_3(t)=\cos10\pi t$ 进行采样,已知采样频率 $f_s=4\mathrm{Hz}$,画出 3 个采样输出序列并比较这 3 个结果。若对由这 3 个信号叠加后的信号进行不失真采样,采用周期如何设计?

4.2　某复合信号由频率分别为 724Hz、600Hz、500Hz、44Hz 的同相正弦波叠加而成。

若要对该复杂信号进行不失真采样,采样频率应如何选取?

4.3 在机床振动测试分析中,由于随机干扰影响,测得的振动信号比较杂乱,若欲研究其是否含有周期成分,对该振动信号应如何处理?

4.4 利用 MATLAB 作出正弦信号、指数信号、阶跃信号的波形和频谱图,作出正弦信号与指数信号乘积的波形和频谱图。

第 5 章

测试系统特性分析

◣ 能力培养目标

1. 根据测试任务要求和被测对象特点，选择合适的测试系统；

2. 根据测试系统设计实验方案，测取其静态和动态特性参数，并结合测试任务能做出合理的评价。

测试系统是完成对被测量测试的专门设备。针对一个具体的测试任务，只有满足一定特性的测试系统才能够胜任。因此，根据具体的测试任务，合理确定测试系统的特性，恰当选择并正确应用测试系统的各个模块十分重要。同时，对具体的测试系统设计实验方案，测得其特性参数，并结合测试任务做出合理评价，也是圆满完成测试任务的必备技能。本章主要讲述测试系统的静态特性和动态特性、测试系统特性参数的求取方法和测试系统抗干扰设计等内容。

5.1　测试系统概述

典型测试系统由传感器、转换与调理电路、数据处理设备、显示或记录仪器等组成。当测试目的、要求不同时，测试系统的差别很大。简单的温度测试系统仅是一个液柱式温度计；但较完整的动刚度测试系统，不仅具有测试系统的各组成环节，而且各环节设备也相当复杂，如货车轴承故障诊断系统由压电传感器、电荷放大器、滤波器、数据采集卡和计算机等组成。本章中所称的测试系统，既可能是上述含义下所构成的复杂测试系统，也可能是该测试系统中的各组成环节或某一简单的测试系统，如传感器、放大器、RC 滤波器等。

测试系统特性分析通常应用于下述三个方面。

（1）系统辨识：由测量得到的输入量和输出量，推断系统的特性；

（2）反求：由已知的系统特性和测得的输出量，推断导致该输出量对应的输入量；

（3）预测：由已知的系统特性和输入量，推断估计输出量。

5.1.1　线性系统及其主要性质

理想的测试系统应该具有单值的、确定的输入-输出关系。对于每一输入量都应该只有单一的输出量与之对应，知道其中一个量就可以确定另一个量，并且以输出与输入呈线性关系为最佳。在静态测量中,测试系统的这种线性关系虽然总是所希望的,但不是必须的,因为用曲线校正或用输出补偿技术作非线性校正并不困难。在动态测量中,测试系统应该力求是线性系统,因为在动态测试中作非线性校正相当困难或不经济。相当多的实际测试系统,由于不可能在较大的工作范围内完全保持线性,而只能限制在一定的工作范围内和一定的误差允许范围内,近似地作为线性系统处理。

线性系统的输入 $x(t)$ 和输出 $y(t)$ 之间常用微分方程来描述,即

$$a_n \frac{\mathrm{d}^n y(t)}{\mathrm{d}t^n} + a_{n-1} \frac{\mathrm{d}^{n-1} y(t)}{\mathrm{d}t^{n-1}} + \cdots + a_1 \frac{\mathrm{d}y(t)}{\mathrm{d}t} + a_0 y(t)$$

$$= b_m \frac{\mathrm{d}^m x(t)}{\mathrm{d}t^m} + b_{m-1} \frac{\mathrm{d}^{m-1} x(t)}{\mathrm{d}t^{m-1}} + \cdots + b_1 \frac{\mathrm{d}x(t)}{\mathrm{d}t} + b_0 x(t) \tag{5.1}$$

若微分方程中的系数 $a_n, a_{n-1}, \cdots, a_1, a_0$ 和 $b_m, b_{m-1}, \cdots, b_1, b_0$ 均为常数,所描述的系统称为时不变线性系统。若系数随时间变化,则称为时变系统。在一定条件下,工程上常见物理系统都可作为时不变线性系统处理。

若以 $x(t) \rightarrow y(t)$ 表示系统的输入与输出关系,则时不变线性系统具有以下主要性质。

1. 叠加性

若 $x_1(t) \rightarrow y_1(t), x_2(t) \rightarrow y_2(t)$,则有
$$x_1(t) \pm x_2(t) \rightarrow y_1(t) \pm y_2(t)$$
系统对各输入量之和(或之差)的输出,等于各输入量单独作用时输出量的之和(或之差)。

2. 比例性

系统对输入量放大 c 常数倍的输出,等于原输入量所得输出量的 c 常数倍,即
$$cx(t) \rightarrow cy(t)$$

3. 微分性

系统对输入量微分的输出,等于原输入量所得输出量的微分,即
$$\frac{\mathrm{d}x(t)}{\mathrm{d}t} \rightarrow \frac{\mathrm{d}y(t)}{\mathrm{d}t}$$

4. 积分性

当初始状态为零时,系统对输入量积分的输出,等于原输入量所得输出量的积分,即
$$\int_0^t x(t)\mathrm{d}t \rightarrow \int_0^t y(t)\mathrm{d}t$$

5. 频率保持性

若系统的输入为某一频率的正弦(或余弦)信号,则系统的稳态输出将为同一频率的正弦(或余弦)信号,只不过幅值和相位发生了变化,即
$$x_0 \sin(\omega t + \varphi_x) \rightarrow y_0 \sin(\omega t + \varphi_y)$$
线性系统的这些主要性质,特别是叠加性和频率保持性,在动态测量中具有重要作用。

例如已知系统是线性的,其输入信号的频率也已知(如稳态正弦激振),那么测得的输出信号中就只有与输入信号频率相同的成分才可能是由该输入引起的振动,而其他频率成分都是噪声干扰。利用这一性质,就可以采用相应的滤波技术,即使在很强的噪声干扰下也能把有用的频率成分提取出来。

5.1.2 测量误差

测得值与被测量的真值之差称为测量误差。所谓真值是一个理想的概念,一般是不知道的,通常用高一级准确度等级的标准装置所测得的值或多次测量的算术平均值来代替。

误差的种类较多,根据其表示方法可分为绝对误差、相对误差和引用误差,根据其特点、性质和产生原因不同又可分为系统误差、随机误差和粗大误差。

系统误差是指在相同的条件下,多次重复测量同一个量时,其绝对值和符号固定不变,或改变条件(如环境条件、测量条件)时按一定规律变化的误差。系统误差产生的原因是多方面的,例如测量理论的近似假设、仪器结构的不完善、测量环境的变化及零位调整不好等都会引起系统误差。这类误差的出现是有规律的,容易被人们所掌握,并可采取适当的措施加以修正或消除。

随机误差是指在相同的条件下,多次重复测量同一个量时,其绝对值和符号变化无常,但随着测量次数的增加又符合统计规律的误差。随机误差是由于测量过程中各种相关因素的微小变化相互叠加而引起的。例如仪器仪表中传动部件的间隙和摩擦、连接件的弹性变形等引起的示值不稳定均属随机误差。这类误差的特点是随机分布的,并且是不可避免的,只有用统计的方法找出其规律,使之控制在最小。

粗大误差是一种明显歪曲实验结果的误差,主要是由于操作不当、疏忽大意、环境条件突然变化所造成的。这类误差的出现没有任何规律,其数值往往超过随机误差的极限值,因此不难发现。含有粗大误差的数据称为异常数据,在误差分析时应将其剔除。

精度反映测量结果与真值的接近程度,它与误差的大小相对应,因此可用误差的大小来表示精度的高低,误差小则精度高,误差大则精度低。精度可分为:精密度、正确度和准确度(或精确度)。

精密度表示多次重复测量中,测得值彼此之间的重复性或分散性大小的程度。它反映随机误差的大小,随机误差越小,测得值就越密集,重复性越好,精密度越高。

正确度表示多次重复测量中,算术平均值与真值接近的程度。它反映系统误差的大小,系统误差越小,算术平均值就越接近真值,正确度越高。

准确度表示多次重复测量中,测得值与真值一致的程度。它反映随机误差和系统误差综合的大小,只有当随机误差和系统误差都小时,准确度才高。准确度也简称为精度。

在工程应用中,精度常用相对误差和引用误差来表示。

相对误差为

$$\gamma = \frac{x - \mu}{\mu} \times 100\% \approx \frac{x - \bar{x}}{\bar{x}} \times 100\% \tag{5.2}$$

引用误差为

$$\gamma_{n} = \frac{x-\mu}{\mu_{n}} \times 100\% \approx \frac{x-\bar{x}}{x_{n}} \times 100\% \tag{5.3}$$

式中：x——测得值；

　　μ、μ_{n}——给定的真值和额定真值；

　　$\bar{x}$、x_{n}——测得值的算术平均值和测量范围的上限值(量程)。

仪器仪表的准确度等级常用引用误差的百分数值来表示，即

$$a = \frac{x-\bar{x}}{x_{n}} \times 100 = 100\gamma_{n} \tag{5.4}$$

在选用仪器仪表时，应在合理选用量程的条件下选择合适的准确度等级，一般应尽量避免在全量程的 1/3 以下范围内使用，以免产生较大的相对误差。

【案例 5.1】　现有两块电压表，其中一块为 150V 量程的 1.5 级，另一块为 15V 量程的 2.5 级，欲测量 10V 左右的电压，应该选用哪块电压表？

由引用误差 $\gamma_{n} \approx \frac{x-\bar{x}}{x_{n}} \times 100\% = \frac{\Delta}{x_{n}} \times 100\%$ 可得，两块电压表的绝对误差分别为

$$\Delta_{1} = \gamma_{n1} x_{n1} = 1.5\% \times 150 = 2.25V$$

$$\Delta_{2} = \gamma_{n2} x_{n2} = 2.5\% \times 15 = 0.375V$$

两块电压表的相对误差分别为

$$\gamma_{1} = \frac{\Delta_{1}}{\mu} \times 100\% = \frac{2.25}{10} \times 100\% = 22.5\%$$

$$\gamma_{2} = \frac{\Delta_{2}}{\mu} \times 100\% = \frac{0.375}{10} \times 100\% = 3.75\%$$

由于第二块电压表比第一块电压表的相对误差小，因此应选用第二块电压表。

5.2　测试系统的标定

1. 概述

传感器或测试系统测量的结果首先应该是可信的。被测量经测试系统的传感器获取信号，然后经过传输、转换、处理和显示等过程。由于环境的影响和干扰的存在，测量时将产生相应的系统误差，因此不可能完全靠计算或简单的修正获得被测量的真实变化，必须对传感器或测试系统的测量结果进行验证，此验证过程称为标定。

根据传感器或测试系统的类型和用途，标定可以是静态标定，也可以是动态标定。若被测量是静态的或缓慢变化的物理量，一般仅做静态标定。静态标定的目的是确定传感器或测试系统的静态特性参数，如线性度、灵敏度、滞后量和重复性等。对于测量频率很高的被测量，如冲击、振动等，除进行静态标定外，尚需做动态标定。动态标定的目的是确定传感器或测试系统的动态特性参数，如频率响应、时间常数、固有频率和阻尼度等。

标定的常用方法有直接标定法和比较标定法。直接标定法是对被标定测试系统施加一个精确的已知变量样本,然后观察测试系统的响应,验证其符合程度。比较标定法是用比被标定测试系统准确度等级高的测试系统,与被标定测试系统同时针对同一被测量样本进行测量,然后比较两者的测量结果。

2. 测试系统的静态标定

在规定条件下,利用一定准确度等级的标准设备产生已知标准的静态量(如标准压力、应变、位移等)作为测试系统的输入量,用实验方法对测试系统进行多次重复测量,从而得到输出量的过程称为测试系统的静态标定。静态标定实质是一个实验过程,根据静态标定实验数据绘制的曲线称为静态标定曲线,通过对静态标定曲线的分析处理来确定测试系统的静态特性参数。

1) 静态标定的条件

(1) 标定环境:无加速度、无振动、无冲击(除非这些量本身就是被测量),环境温度一般为(20±5)℃,相对湿度不大于 85%,大气压力为 0.1MPa。

(2) 标定设备:比被标定测试系统的准确度等级至少高一个等级。

例如对压电式压力传感器进行静态标定时,选用静重式标准活塞压力计作为传感器的输入设备,传感器输出配接静态标准电荷放大器。

2) 静态标定的过程

(1) 根据静态标定的条件,将标定设备、被标定的测试系统和显示记录仪器连接好;

(2) 在测试系统超载 20% 的全量程范围内分成若干等分;

(3) 根据量程分点情况,保持一定时间均匀地由小到大、再由大到小逐点输入标准静态量,并记录下各标准静态量对应的输出量,即记录静态标定实验数据;

(4) 重复第 3 步的过程,对测试系统进行正、反行程往复循环多次测量;

(5) 将多次重复测量的静态标定实验数据用表格列出或绘出标定曲线,通过分析处理求得测试系统的静态特性参数。

3. 测试系统的动态标定

测试系统的动态标定主要是研究测试系统的动态响应,测试系统不同,其动态特性参数也不同,一阶系统为时间常数 τ,二阶系统为固有角频率 ω_n 和阻尼度 ξ。

测试系统的动态标定常用阶跃信号作为输入,通过测量测试系统的阶跃响应来确定测试系统的动态特性参数。也可以利用正弦信号作为输入,通过测量输出和输入的幅值比和相位差来确定测试系统的幅频特性和相频特性,然后根据幅频特性曲线或相频特性曲线求得测试系统的动态特性参数。

5.3 测试系统的静态特性

测试系统的静态特性是在静态测量情况下,描述实际测试系统与理想时不变线性系统的接近程度,可以用数学表达式、曲线或数据表格等形式来表示。

5.3.1　测试系统的静态数学模型

当输入量 x 和输出量 y 都不随时间变化或变化极其缓慢时,测试系统的静态数学模型一般可用多项式来表示,即

$$y = a_0 + a_1 x + a_2 x^2 + a_3 x^3 + \cdots + a_n x^n \tag{5.5}$$

式中：a_0——输入量为零时的输出量,即零位输出量;

a_1——线性项的待定系数,即线性灵敏度;

$a_2, a_3, \cdots, a_n$——非线性项的待定系数。

多项式(5.5)中的各项系数决定了测试系统静态特性曲线的具体形式。在研究测试系统的线性特性时,可以不考虑零位输出量,即取 $a_0 = 0$,则式(5.5)由线性项和非线性项叠加而成,静态特性曲线过原点,一般可分为 4 种情况,如图 5.1 所示。

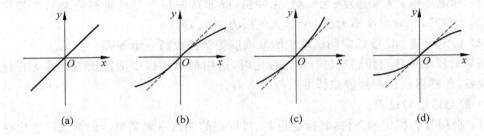

图 5.1　静态特性曲线

(a) 理想线性特性；(b) 非线性项仅有奇次项；(c) 非线性项仅有偶次项；(d) 一般情况

1. 理想线性特性

当 $a_2 = a_3 = \cdots = a_n = 0$ 时,多项式(5.5)中的非线性项为零,静态特性曲线为理想的线性特性,如图 5.1(a)所示。描述的测试系统为理想的时不变线性系统,此时

$$y = a_1 x$$

静态特性曲线是一条过原点的直线,直线上所有点的斜率相等,线性系统的灵敏度为

$$S = \frac{y}{x} = a_1 = 常数 \tag{5.6}$$

2. 非线性项仅有奇次项

当 $a_2 = a_4 = \cdots = 0$ 时,多项式(5.5)中的非线性项仅有奇次项,即

$$y = a_1 x + a_3 x^3 + a_5 x^5 + \cdots$$

静态特性曲线关于原点对称,在原点附近有较宽的线性范围,如图 5.1(b)所示。这种情况比较接近于理想的时不变线性系统,差动结构的传感器就具有这种特性。

3. 非线性项仅有偶次项

当 $a_3 = a_5 = \cdots = 0$ 时,多项式(5.5)中的非线性项仅有偶次项,即

$$y = a_1 x + a_2 x^2 + a_4 x^4 + \cdots$$

静态特性曲线过原点,但不具有对称性,线性范围较窄,如图 5.1(c)所示。

4. 一般情况

多项式(5.5)中的非线性项既有奇次项,又有偶次项,即

$$y = a_1 x + a_2 x^2 + a_3 x^3 + \cdots + a_n x^n$$

静态特性曲线过原点,也不具有对称性,线性范围更窄,如图 5.1(d)所示。

测试系统的静态数学模型究竟取几阶多项式,这是一个数学处理问题。通过理论分析建立静态数学模型是非常复杂的,有时甚至难以实现。在实际应用中,可利用静态标定的方法来建立静态数学模型或绘制静态特性曲线。

5.3.2   测试系统的静态特性参数

1. 线性度(非线性误差)

线性度是指测试系统的输入量 x 与输出量 y 之间能否保持理想线性特性的一种度量,在全量程范围内静态标定曲线与拟合直线的接近程度称为线性度,如图 5.2 所示。线性度用静态标定曲线与拟合直线的最大偏差 ΔL_{max} 与满量程输出值 Y_{FS} 的百分比来表示,即

$$\gamma_L = \frac{\Delta L_{max}}{Y_{FS}} \times 100\% \tag{5.7}$$

设拟合直线为

$$\hat{y} = a_0 + a_1 x \tag{5.8}$$

确定拟合直线的原则是获得尽量小的非线性误差,同时考虑使用方便和计算简单。需要指出,即使是同一种测试系统,用不同方法得到的拟合直线是不同的,计算的线性度也不同。常用的拟合方法有端点直线法、端点平移直线法、平均法和最小二乘法等。

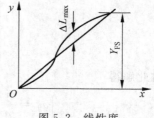

图 5.2   线性度

1) 端点直线法

端点是指量程上下极限值对应的点,通常取零位输出值作为直线的起点,满量程输出值作为直线的终点,两个端点的连线就是拟合直线。这种拟合方法与静态标定曲线的分布无关,其优点是简单方便;缺点是 ΔL_{max} 较大,拟合精度较低,只能作粗略估计。

2) 端点平移直线法

在端点直线法的基础上,将端点直线平行移动,移动间距为 ΔL_{max} 的一半,使静态标定曲线分布在拟合直线的两侧。这种拟合方法不仅简单方便,而且非线性误差减小了一半,提高了拟合精度。

3) 平均法

平均法确定拟合直线的实质是选择合适的待定系数 a_0 和 a_1,使静态标定曲线与拟合直线偏差的代数和为零,即

$$D = \sum_{i=1}^{n} (y_i - \hat{y}_i) = \sum_{i=1}^{n} (y_i - a_0 - a_1 x_i) = 0$$

拟合直线方程中有两个待定系数 a_0 与 a_1,为了求它们,首先把静态标定实验数据按输

入量 x 由小到大依次排列,然后分成个数近似相等的两组。第一组为 $x_1,x_2,\cdots,x_k$,第二组为 $x_{k+1},x_{k+2},\cdots,x_n$,建立相应的两组方程,并将两组方程分别相加得

$$\begin{cases} \sum_{i=1}^{k} y_i = ka_0 + a_1 \sum_{i=1}^{k} x_i \\ \sum_{i=k+1}^{n} y_i = (n-k)a_0 + a_1 \sum_{i=k+1}^{n} x_i \end{cases} \tag{5.9}$$

解此联立方程便可求出待定系数 a_0 与 a_1,从而确定拟合直线方程。

平均法的优点是计算简单,拟合精度较高,其缺点是对静态标定数据的统计规律考虑不够深入,常用于要求不是很高的测试系统。

4)最小二乘法

最小二乘法确定拟合直线的实质是选择合适的待定系数 a_0 和 a_1,使静态标定曲线与拟合直线偏差的平方和为最小,即

$$Q = \sum_{i=1}^{n} (y_i - \hat{y}_i)^2 = \sum_{i=1}^{n} (y_i - a_0 - a_1 x_i)^2$$

为最小。由于偏差的平方均为正值,偏差的平方和为最小,这就意味着拟合直线与静态标定曲线的偏离程度最小。

按最小二乘法确定待定系数,就是要求出能使 Q 取最小的 a_0 与 a_1 值。为此,将 Q 分别对 a_0 和 a_1 求偏导数,并令其等于零,即

$$\begin{cases} \dfrac{\partial Q}{\partial a_0} = -2 \sum_{i=1}^{n} (y_i - a_0 - a_1 x_i) = 0 \\ \dfrac{\partial Q}{\partial a_1} = -2 \sum_{i=1}^{n} (y_i - a_0 - a_1 x_i) x_i = 0 \end{cases}$$

由此解得

$$\begin{cases} a_0 = \dfrac{1}{n} \sum_{i=1}^{n} y_i - \dfrac{a_1}{n} \sum_{i=1}^{n} x_i = \bar{y} - a_1 \bar{x} \\ a_1 = \dfrac{\sum_{i=1}^{n} x_i y_i - \dfrac{1}{n} \sum_{i=1}^{n} x_i \sum_{i=1}^{n} y_i}{\sum_{i=1}^{n} x_i^2 - \dfrac{1}{n} \left(\sum_{i=1}^{n} x_i \right)^2} = \dfrac{\sum_{i=1}^{n} (x_i - \bar{x})(y_i - \bar{y})}{\sum_{i=1}^{n} (x_i - \bar{x})^2} \end{cases} \tag{5.10}$$

式中, $\bar{x} = \dfrac{1}{n} \sum_{i=1}^{n} x_i$, $\bar{y} = \dfrac{1}{n} \sum_{i=1}^{n} y_i$ 。求出待定系数 a_0 与 a_1 后,就可确定拟合直线方程。

值得注意的是,将 $a_0 = \bar{y} - a_1 \bar{x}$ 代入拟合直线方程 $\hat{y} = a_0 + a_1 x$ 得

$$\hat{y} - \bar{y} = a_1 (x - \bar{x})$$

该式表明拟合直线通过 $(\bar{x}, \bar{y})$ 点,这对作拟合直线是很有帮助的。

最小二乘法拟合精度最高,但计算相对繁琐,一般用于较为重要的场合。

2. 灵敏度

灵敏度是测试系统对被测量变化的反应能力,是反映系统特性的一个基本参数。当测试系统输入量 x 有一个变化量 Δx,引起输出量 y 也发生相应的变化量 Δy,则输出变化量与

输入变化量之比称为灵敏度,即

$$S = \frac{\Delta y}{\Delta x} \qquad (5.11)$$

灵敏度就是测试系统静态标定曲线的斜率。对于线性测试系统,静态标定曲线与拟合直线接近重合,故灵敏度为拟合直线的斜率,它是一个常数,即 $S = a_1 =$ 常数。

3. 滞后量(迟滞或回程误差)

当输入量 x 由小增大(正行程)、再由大减小(反行程)时,同一个输入量测试系统会产生不同的输出量。在全量程范围内,同一个输入量对应的正反行程两个输出量的最大差值称为滞后量,如图 5.3 所示。滞后量用正反行程输出最大差值 $\Delta H_{\max}$ 与满量程输出值 Y_{FS} 的百分比来表示,即

$$\gamma_{\mathrm{H}} = \frac{\Delta H_{\max}}{Y_{\mathrm{FS}}} \times 100\% \qquad (5.12)$$

滞后量主要是由于敏感元件材料的物理性质和机械零部件的缺陷所造成的,包括迟滞现象和仪器的非工作区(或称死区)。例如,磁性材料磁畴变化时而形成的磁滞回线、压电材料的迟滞现象、弹性材料的弹性滞后、运动部件的摩擦、传动部件的间隙、紧固件的松动、放大器的零漂等都将产生滞后量。

4. 重复性

重复性表示输入量 x 按同一方向变化,在全量程范围内重复进行测量时所得到各特性曲线的重复程度,如图 5.4 所示。重复性反映测试系统的随机误差的大小,一般采用输出最大不重复误差 $\Delta R_{\max}$ 与满量程输出值 Y_{FS} 的百分比来表示,即

$$\gamma_{\mathrm{R}} = \frac{\Delta R_{\max}}{Y_{\mathrm{FS}}} \times 100\% \qquad (5.13)$$

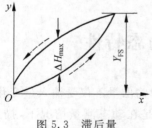

图 5.3　滞后量

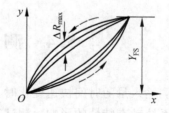

图 5.4　重复性

为了确保测量结果的准确可靠,要求测试系统的线性度好(非线性误差小)、灵敏度高、滞后量和重复性误差小。线性度是一项综合性参数,滞后量和重复性也能反映在线性度上。

5. 分辨力

分辨力表示测试系统能够检测到最小输入量变化的能力。当输入量缓慢变化,且超过某一增量时,测试系统才能够检测到输入量的变化,这个输入量的增量称为分辨力。例如电感式位移传感器的分辨力为 $1\mu\mathrm{m}$,能够检测到的最小位移量是 $1\mu\mathrm{m}$,当被测位移变化 $0.1\sim 0.9\mu\mathrm{m}$ 时,传感器几乎没有反应。

6. 稳定性

稳定性表示在较长的时间内,当输入量不变时输出量随时间变化的程度。一般在室温条件下,经过规定的时间间隔后,测试系统输出量的差值称为稳定性误差。

【**案例 5.2**】　对自行研制的骨外固定力测量系统(见图 2.82)进行静态标定,用三等标准砝码的重力作为输入量,等间隔 20N 进行加载和卸载,在超载 20% 全量程范围内的静态标定实验数据如表 5.1 所示。试确定该系统的灵敏度、线性度和滞后量。

表 5.1　骨外固定力测量系统的静态标定实验数据

F/N	20	40	60	80	100	120	100	80	60	40	20	0
u_o/mV	19.5	39.5	59.0	79.0	98.5	120.0	100.5	81.0	61.5	41.0	20.5	0.5
$\hat{u}_\mathrm{o}/\mathrm{mV}$	20.24	40.14	60.04	79.94	99.84	119.74	99.84	79.94	60.04	40.14	20.24	0.34
$\Delta L/\mathrm{mV}$	−0.74	−0.64	−1.04	−0.94	−1.84	0.26	0.66	1.06	1.46	0.86	0.26	0.16

把表 5.1 中数据代入式(5.10)的最小二乘法公式,经计算求得拟合直线方程为

$$\hat{u}_\mathrm{o} = a_0 + a_1 F = 0.34 + 0.995F$$

骨外固定力测量系统的灵敏度、线性度和滞后量分别为

$$S = \frac{\Delta y}{\Delta x} = a_1 \approx 0.995\mathrm{mV/N}$$

$$\gamma_\mathrm{L} = \frac{\Delta L_{\max}}{Y_\mathrm{FS}} \times 100\% = \frac{1.84}{120} \times 100\% \approx 1.53\%$$

$$\gamma_\mathrm{H} = \frac{\Delta H_{\max}}{Y_\mathrm{FS}} \times 100\% = \frac{61.5 - 59.0}{120} \times 100\% \approx 2.08\%$$

计算表明,该系统的非线性误差 γ_L 和回程误差 γ_H 都较小,满足设计要求。在临床实际应用中,可根据静态灵敏度 S 和显示的电压值 u_o 来确定骨折断端施加力 F 的大小。

5.4　测试系统的动态特性

当被测输入量随时间快速变化时,人们所观察到的输出量不仅受输入量变化的影响,也受到测试系统动态特性的影响。测试系统的动态特性是在动态测量情况下,描述输出量跟随输入量变化的能力和测量结果能否真实准确地再现输入信号波形的能力。

5.4.1　测试系统的动态数学模型

测试系统的动态数学模型比静态数学模型复杂得多,要精确地建立动态数学模型是非常困难的,在工程上总是采取一些近似的措施,略去一些影响不大的因素,把测试系统看作时不变线性系统,动态数学模型就可用常系数线性微分方程式(5.1)来描述。通过拉普拉斯变换建立相应的传递函数,通过傅里叶变换建立相应的频率特性函数,把时域中的微分方程变换成频域中的代数方程,不仅易于求解,而且更简便地描述测试系统的动态特性。

1. 传递函数

若测试系统的初始条件为零,则对式(5.1)取拉普拉斯变换可得传递函数为

$$H(s) = \frac{Y(s)}{X(s)} = \frac{b_m s^m + b_{m-1} s^{m-1} + \cdots + b_1 s + b_0}{a_n s^n + a_{n-1} s^{n-1} + \cdots + a_1 s + a_0} \tag{5.14}$$

传递函数为复变量 $s = \sigma + \mathrm{j}\omega$ 的函数,一般为有理真分式,即 $n \geq m$。分母中 s 的最高阶次等于输出量微分的最高阶次,如果 s 的最高阶次为 n,则该测试系统称为 n 阶系统。

1) 传递函数的特点

传递函数仅与测试系统的结构参数有关,而与输入量无关,只反映系统输出量和输入量的关系,对任意输入量 $x(t)$ 都能确定地给出相应的输出量 $y(t)$。

传递函数是把实际的物理结构抽象成数学模型,经过拉普拉斯变换得到的,它只反映系统的传输、转换和响应特性,而与具体的物理结构无关。同一形式的传递函数可能表征着完全不同的物理结构,它们具有相似的传递特性。例如液柱式温度计和 RC 低通滤波器都是一阶系统,动圈式仪表和测力弹簧都是二阶系统。

传递函数的分母取决于测试系统的结构参数,分子则与输入方式、被测量及测点布置情况有关。由于在实际的物理结构中,输入量 $x(t)$ 和输出量 $y(t)$ 具有不同的量纲,所以用传递函数描述测试系统传输、转换特性时,也应该真实地反映这种量纲变换。不同的物理结构可能有相似的传递函数,但是系数 a_0 和 b_0 的量纲将由输入量和输出量的量纲决定。

2) 复杂系统的传递函数

实际的测试系统往往由若干个环节通过串联或闭环反馈方式所构成,如图 5.5 所示。

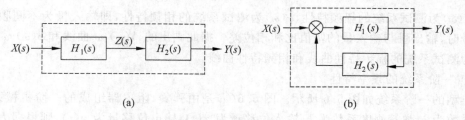

图 5.5 复杂系统
(a) 两个环节串联;(b) 闭环反馈系统

图 5.5(a)为两个环节串联构成的测试系统,其传递函数为

$$H(s) = \frac{Y(s)}{X(s)} = \frac{Z(s)}{X(s)} \frac{Y(s)}{Z(s)} = H_1(s) H_2(s)$$

类似地,对 n 个环节串联构成的测试系统,有

$$H(s) = \prod_{i=1}^{n} H_i(s) \tag{5.15}$$

图 5.5(b)为闭环反馈系统,其传递函数为

$$H(s) = \frac{H_1(s)}{1 \pm H_1(s) H_2(s)} \tag{5.16}$$

式中,负反馈取"+"号,正反馈取"-"号。

2. 频率特性

测试系统的频率响应是指输入量为正弦信号时的稳态响应（输出量），当由低到高改变正弦输入信号的频率时，输出量与输入量的幅值比及相位差随频率而变化的特性称为测试系统的频率特性。将 $s = j\omega$ 代入式（5.14）得

$$H(j\omega) = \frac{Y(j\omega)}{X(j\omega)} = \frac{b_m(j\omega)^m + b_{m-1}(j\omega)^{m-1} + \cdots + b_1(j\omega) + b_0}{a_n(j\omega)^n + a_{n-1}(j\omega)^{n-1} + \cdots + a_1(j\omega) + a_0} \tag{5.17}$$

$H(j\omega)$ 就是测试系统的频率特性，频率特性是传递函数的一个特例。传递函数是通过对式（5.1）取拉普拉斯变换而得到，频率特性也可以通过对式（5.1）取傅里叶变换而得到。

对于时不变线性系统，若输入量为正弦信号，则稳态响应是与输入量同一频率的正弦信号。输出量的幅值和相位通常不等于输入量的幅值和相位，输出量与输入量的幅值比和相位差是输入信号频率的函数，这将反映在频率特性的模和相角上。

若将频率特性的虚部和实部分开，记作

$$H(j\omega) = P(\omega) + jQ(\omega)$$

则实部 $P(\omega)$ 和虚部 $Q(\omega)$ 都是角频率 ω 的实函数。

若将频率特性写成模和相角的形式，即

$$H(j\omega) = A(\omega)e^{j\varphi(\omega)}$$

则有

$$A(\omega) = |H(j\omega)| = \sqrt{P^2(\omega) + Q^2(\omega)} \tag{5.18}$$

$$\varphi(\omega) = \angle H(j\omega) = \arctan\frac{Q(\omega)}{P(\omega)} \tag{5.19}$$

$A(\omega)$ 为测试系统的幅频特性，$\varphi(\omega)$ 为测试系统的相频特性，即输入量为不同频率的正弦信号时，输出量与输入量的幅值比和相位差。据此画出的 $A(\omega)$-ω 曲线和 $\varphi(\omega)$-ω 曲线分别称为测试系统的幅频特性曲线和相频特性曲线。

1）一阶系统的频率特性

典型的一阶系统如图 5.6 所示。图 5.6（a）是由弹簧、阻尼器组成的一阶机械系统，设阻尼系数为 c，弹簧刚度系数为 k，输入位移量为 $x(t)$，输出位移量为 $y(t)$，则根据力平衡方程可得它们之间的关系为

$$c\frac{dy(t)}{dt} + ky(t) = kx(t)$$

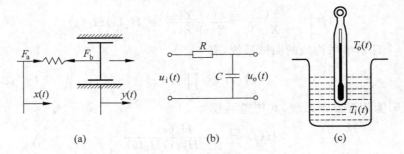

图 5.6　典型的一阶系统

（a）弹簧阻尼系统；（b）RC 低通滤波电路；（c）液柱式温度计

图 5.6(b)所示为 RC 低通滤波电路,输入电压 $u_i(t)$ 与输出电压 $u_o(t)$ 之间的关系为

$$RC\frac{\mathrm{d}u_o(t)}{\mathrm{d}t} + u_o(t) = u_i(t)$$

图 5.6(c)所示为液柱式温度计,设温度计的热容量为 c,传热系数为 α,被测温度为 $T_i(t)$,温度计的示值温度为 $T_o(t)$,则根据热力学定律可得它们之间的关系为

$$c\frac{\mathrm{d}T_o(t)}{\mathrm{d}t} + \alpha T_o(t) = \alpha T_i(t)$$

上述所列举的三个实例,虽然分别属于力学、电学、热学范畴,但其输出量 $y(t)$ 与输入量 $x(t)$ 之间的关系都可以用一阶微分方程描述,写成一般形式为

$$a_1\frac{\mathrm{d}y(t)}{\mathrm{d}t} + a_0 y(t) = b_0 x(t) \tag{5.20}$$

也可归一化为标准形式,即

$$\tau\frac{\mathrm{d}y(t)}{\mathrm{d}t} + y(t) = Sx(t) \tag{5.21}$$

式中:$\tau = a_1/a_0$——一阶系统的时间常数;

　　$S = b_0/a_0$——一阶系统的静态灵敏度。

对于时不变线性系统,静态灵敏度 S 为常数,在动态特性分析中,灵敏度只起着使输出量增加倍数的作用。为了分析方便,令 $S=1$,对式(5.21)取拉普拉斯变换可得一阶系统的传递函数为

$$H(s) = \frac{Y(s)}{X(s)} = \frac{1}{1 + \tau s} \tag{5.22}$$

一阶系统的频率特性为

$$H(\mathrm{j}\omega) = \frac{Y(\mathrm{j}\omega)}{X(\mathrm{j}\omega)} = \frac{1}{1 + \mathrm{j}\omega\tau} \tag{5.23}$$

一阶系统的幅频特性和相频特性分别为

$$A(\omega) = \frac{1}{\sqrt{1 + (\omega\tau)^2}} \tag{5.24}$$

$$\varphi(\omega) = -\arctan(\omega\tau) \tag{5.25}$$

以无量纲系数 $\omega\tau$ 为横坐标,$A(\omega)$ 和 $\varphi(\omega)$ 为纵坐标,绘出一阶系统的幅频特性曲线和相频特性曲线,如图 5.7 所示。

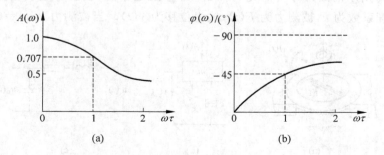

图 5.7　一阶系统的频率特性

(a) 幅频特性曲线;(b) 相频特性曲线

一个理想的测试系统，其输出波形应该是无滞后地按比例地再现被测信号的波形，即

$$A(\omega) = |H(j\omega)| = 1（常数）$$

$$\varphi(\omega) = \angle H(j\omega) = 0°$$

由此可得一阶系统的幅值误差和相位误差分别为

$$\Delta A(\omega) = \frac{A(\omega) - A(0)}{A(0)} = \frac{1}{\sqrt{1 + (\omega\tau)^2}} - 1 \tag{5.26}$$

$$\Delta\varphi(\omega) = \varphi(\omega) - \varphi(0) = -\arctan(\omega\tau) \tag{5.27}$$

由图 5.7 可以看出，只有当 $\omega\tau = 0$ 时，$A(\omega) = 1$，$\varphi(\omega) = 0°$。如果 $\omega\tau$ 很小，测试系统就接近于理想状态，所以准确的动态测量需要很小的时间常数。在 $\omega\tau = 1$ 处，输出与输入的幅值比降为 0.707，相位滞后 45°。一阶系统的动态特性参数是时间常数 τ，实际上 τ 的大小决定了一阶系统的频率范围。

【案例 5.3】 用时间常数 $\tau = 0.2\mathrm{s}$ 的温度传感器测量 $x(t) = \sin2t + 0.3\sin20t$ 的复合周期变化温度信号，求测量结果。

根据时不变线性系统的叠加性和频率保持性，温度传感器的测量结果为

$$\begin{aligned}
y(t) &= A(2)\sin[2t + \varphi(2)] + 0.3A(20)\sin[20t + \varphi(20)] \\
&= \frac{1}{\sqrt{1 + (2 \times 0.2)^2}}\sin[2t - \arctan(2 \times 0.2)] + \\
&\quad \frac{0.3}{\sqrt{1 + (20 \times 0.2)^2}}\sin[20t - \arctan(20 \times 0.2)] \\
&= 0.93\sin(2t - 0.38) + 0.072\sin(20t - 1.32)
\end{aligned}$$

理想情况下 $y(t)$ 与 $x(t)$ 很接近，但本例中两者相差较大，该传感器的测量误差较大。为了减小测量误差，应选用更小时间常数的温度传感器。

2）二阶系统的频率特性

典型的二阶系统如图 5.8 所示。图 5.8(a)为动圈式仪表，设活动部分的转动惯量为 J，阻尼系数为 c，游丝弹簧的刚度为 G，电流灵敏度为 S_i，线圈中流过的电流为 $i(t)$，指针偏转的角度为 $\theta(t)$，则根据力矩平衡方程可得它们之间的关系为

$$J\frac{\mathrm{d}^2\theta(t)}{\mathrm{d}t^2} + c\frac{\mathrm{d}\theta(t)}{\mathrm{d}t} + G\theta(t) = S_i i(t)$$

图 5.8(b)所示的测力计可简化为弹簧-质量-阻尼系统，设总等效质量为 m，阻尼系数为 c，弹簧刚度系数为 k，被测力为 $F(t)$，输出位移为 $y(t)$。当被测力 $x(t) = 0$ 时，可调整初

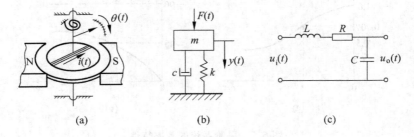

图 5.8　典型的二阶系统

(a) 动圈式仪表；(b) 测力计；(c) LRC 振荡回路

始值使输出位移 $y(t) = 0$。根据力平衡方程可得它们之间关系为

$$m \frac{\mathrm{d}^2 y(t)}{\mathrm{d}t^2} + c \frac{\mathrm{d}y(t)}{\mathrm{d}t} + ky(t) = F(t)$$

图 5.8(c)为 LRC 振荡回路,输入电压 $u_\mathrm{i}(t)$ 和输出电压 $u_\mathrm{o}(t)$ 之间的关系为

$$LC \frac{\mathrm{d}^2 u_\mathrm{o}(t)}{\mathrm{d}t^2} + RC \frac{\mathrm{d}u_\mathrm{o}(t)}{\mathrm{d}t} + u_\mathrm{o}(t) = u_\mathrm{i}(t)$$

上述所列举的三个实例,输出量 $y(t)$ 与输入量 $x(t)$ 之间的关系都可以用二阶微分方程描述,写成一般形式为

$$a_2 \frac{\mathrm{d}^2 y(t)}{\mathrm{d}t^2} + a_1 \frac{\mathrm{d}y(t)}{\mathrm{d}t} + a_0 y(t) = b_0 x(t) \tag{5.28}$$

也可归一化为标准形式,即

$$\frac{\mathrm{d}^2 y(t)}{\mathrm{d}t^2} + 2\xi\omega_\mathrm{n} \frac{\mathrm{d}y(t)}{\mathrm{d}t} + \omega_\mathrm{n}^2 y(t) = S\omega_\mathrm{n}^2 x(t) \tag{5.29}$$

式中:$\omega_\mathrm{n} = \sqrt{a_0/a_2}$——二阶系统的固有角频率;

$\quad \xi = \dfrac{a_1}{2\sqrt{a_0 a_2}}$——二阶系统的阻尼度;

$\quad S = b_0/a_0$——二阶系统的静态灵敏度。

令静态灵敏度 $S = 1$,对式(5.29)取拉普拉斯变换可得二阶系统的传递函数为

$$H(s) = \frac{Y(s)}{X(s)} = \frac{\omega_\mathrm{n}^2}{s^2 + 2\xi\omega_\mathrm{n}s + \omega_\mathrm{n}^2} \tag{5.30}$$

二阶系统的频率特性为

$$H(\mathrm{j}\omega) = \frac{\omega_\mathrm{n}^2}{(\mathrm{j}\omega)^2 + 2\xi\omega_\mathrm{n}(\mathrm{j}\omega) + \omega_\mathrm{n}^2} = \frac{1}{1 - \left(\dfrac{\omega}{\omega_\mathrm{n}}\right)^2 + \mathrm{j}2\xi\left(\dfrac{\omega}{\omega_\mathrm{n}}\right)} \tag{5.31}$$

二阶系统的幅频特性和相频特性分别为

$$A(\omega) = \frac{1}{\sqrt{\left[1 - \left(\dfrac{\omega}{\omega_\mathrm{n}}\right)^2\right]^2 + 4\xi^2\left(\dfrac{\omega}{\omega_\mathrm{n}}\right)^2}} \tag{5.32}$$

$$\varphi(\omega) = -\arctan \frac{2\xi(\omega/\omega_\mathrm{n})}{1 - (\omega/\omega_\mathrm{n})^2} \tag{5.33}$$

以相对角频率 ω/ω_n 为横坐标,$A(\omega)$ 和 $\varphi(\omega)$ 为纵坐标,绘出二阶系统的幅频特性曲线和相频特性曲线如图 5.9 所示。

二阶系统的幅值误差和相位误差分别为

$$\Delta A(\omega) = \frac{A(\omega) - A(0)}{A(0)} = \frac{1}{\sqrt{\left[1 - \left(\dfrac{\omega}{\omega_\mathrm{n}}\right)^2\right]^2 + 4\xi^2\left(\dfrac{\omega}{\omega_\mathrm{n}}\right)^2}} - 1 \tag{5.34}$$

$$\Delta\varphi(\omega) = \varphi(\omega) - \varphi(0) = -\arctan \frac{2\xi(\omega/\omega_\mathrm{n})}{1 - (\omega/\omega_\mathrm{n})^2} \tag{5.35}$$

由图 5.9 可以看出,只有当 $\omega/\omega_\mathrm{n} = 0$ 时,$A(\omega) = 1$,$\varphi(\omega) = 0°$。当 $\omega/\omega_\mathrm{n} = f/f_\mathrm{n} = 1$ 时,系统引起共振,此时 $A(\omega) = 1/(2\xi)$,若阻尼度 ξ 甚小,则输出幅值将急剧增大,幅值增大情况与阻尼度成反比。此外,在 $\omega/\omega_\mathrm{n} = 1$ 处,不管阻尼度多大,输出相位总是滞后 90°,而

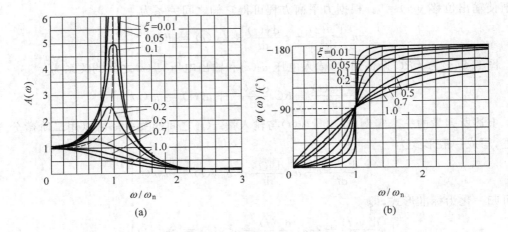

图 5.9　二阶系统的频率特性

(a) 幅频特性曲线；(b) 相频特性曲线

在 $\omega/\omega_n \gg 1$ 时相位滞后接近 $180°$，即输出信号几乎与输入信号反相。

当阻尼度 $\xi = 0.7$ 左右时，幅频特性曲线平坦的频率范围较宽，而增大固有频率 f_n 将相应增大工作频率范围，通常称 $\xi = 0.7$ 为最佳阻尼度。为了准确测量高频信号，必须选用更高固有频率和最佳阻尼度。二阶系统实现相位滞后为零是很困难的，而 $\xi = 0.7$ 的相频特性曲线在较宽范围内近似于直线，这样的二阶系统不会因相位差导致输出信号失真。

综上所述，二阶系统的动态特性参数为固有频率 f_n 和阻尼度 ξ。为了减小测量误差和提高测量频率范围，首先要选择二阶系统有合适的固有频率，应使 $\omega/\omega_n < 0.5$。其次当 ω/ω_n 已定的情况下，能使失真小、工作频带宽的最佳阻尼度为 0.6～0.7。

【案例 5.4】　用测力计来测量 $f = 400\text{Hz}$ 正弦变化的力时，已知测力计的阻尼度 $\xi = 0.4$，固有频率 $f_n = 800\text{Hz}$，求幅值误差和相位误差。

因为 $\dfrac{\omega}{\omega_n} = \dfrac{f}{f_n} = \dfrac{400}{800} = 0.5$，由式(5.34)和式(5.35)可得幅值误差和相位误差分别为

$$\Delta A(\omega) = \frac{1}{\sqrt{(1-0.5^2)^2 + 4\times 0.4^2 \times (0.5)^2}} - 1 \approx -18\%$$

$$\Delta\varphi(\omega) = -\arctan\frac{2\times 0.4 \times 0.5}{1-0.5^2} \approx -28°$$

幅值误差和相位误差都较大。为了减小测量误差，应选用更高的固有频率和最佳阻尼度的测力计。

5.4.2　测试系统动态特性参数的测量

要使测量结果准确可靠，测试系统的定度应准确，而且要定期校准。定度和校准就其实验内容来说，都是为了测量测试系统的特性参数。

在测量测试系统的静态特性参数时，以静态标准量作为输入，用实验方法测得输出与输入的特性曲线，从中整理确定拟合直线，然后求出线性度、灵敏度、滞后量和重复性等。

在测量测试系统的动态特性参数时,以经过校准的动态标准量(如正弦信号、阶跃信号等)作为输入,用实验方法测得输出与输入的特性曲线,然后求出一阶系统的时间常数 τ 和二阶系统的阻尼度 ξ、固有角频率 ω_n。

1. 用频率响应法测量动态特性参数

根据时不变线性系统的频率保持性,用正弦信号去激励测试系统,即 $x(t)=x_0\sin2\pi ft$,保持正弦信号的幅值 x_0 不变,依次改变其频率 f,在输出达到稳态后测量输出与输入的幅值比 $A(\omega)$ 和相位差 $\varphi(\omega)$,从而求得测试系统在一定频率范围内的幅频特性曲线和相频特性曲线,根据这些曲线就可求出测试系统的动态特性参数。

1)一阶系统时间常数的测量

由图 5.7 所示的频率特性曲线可以看出,当静态灵敏度 $S=1$、幅频特性 $A(\omega)=0.707$、相频特性 $\varphi(\omega)=-45°$ 时,所对应的横坐标 $\omega\tau=1$,查出该点对应正弦输入信号的频率 f,就可得到一阶系统的时间常数 τ,即

$$\tau = \frac{1}{2\pi f} \tag{5.36}$$

2)二阶系统阻尼度和固有角频率的测量

由图 5.9 所示的频率特性曲线可知,在 $\omega=\omega_n$ 处相频特性 $\varphi(\omega)=-90°$,该点的斜率就是阻尼度 ξ 的值。工程中相频特性曲线测量比较困难,所以常用幅频特性曲线估计二阶系统的动态特性参数。由幅频特性曲线可知,在阻尼度 $\xi<0.7$ 的情况下,幅频特性曲线的峰值(共振点)在稍偏离固有角频率 ω_n 的 ω_r 处,且

$$\omega_n = \frac{\omega_r}{\sqrt{1-2\xi^2}} \tag{5.37}$$

此时,幅频特性 $A(\omega_r)$ 的峰值为

$$A(\omega_r) = \frac{1}{2\xi\sqrt{1-\xi^2}} \tag{5.38}$$

当阻尼度 ξ 很小时,峰值角频率 $\omega_r\approx\omega_n$,峰值 $A(\omega_r)\approx1/(2\xi)$。设峰值的 $1/\sqrt{2}$ 处对应的角频率分别为 ω_1 和 ω_2,且 $\omega_1=(1-\xi)\omega_n$,$\omega_2=(1+\xi)\omega_n$,则阻尼度的估计值为

$$\xi = \frac{\omega_2-\omega_1}{2\omega_n} \tag{5.39}$$

利用峰值来估计固有角频率 ω_n 和阻尼度 ξ 的方法也称为共振法。

【案例 5.5】 用信号发生器、功率放大器和激振器对悬臂梁进行激振,通过压电式加速度传感器、电荷放大器、数据采集卡和计算机及信号处理软件等组成的测试系统测取悬臂梁的频率特性,当激励频率 $f_r=8$Hz 时悬臂梁发生共振,共振峰值 $A(\omega_r)=1.5$V,求悬臂梁的阻尼度和固有频率。

将共振峰值 $A(\omega_r)=1.5$V 代入式(5.38)解得悬臂梁的阻尼度为

$$\xi_1 \approx 0.36, \quad \xi_2 \approx 0.93(舍去)$$

再将 $\xi\approx0.36$ 代入式(5.37)可得悬臂梁的固有频率为

$$f_n = \frac{f_r}{\sqrt{1-2\xi^2}} = \frac{8}{\sqrt{1-2\times0.36^2}} \approx 9.3\text{Hz}$$

2. 用阶跃响应法测量动态特性参数

用单位阶跃信号去激励测试系统，即 $t<0$ 时 $x(t)=0$，$t\geqslant0$ 时 $x(t)=1$，由实验方法测量阶跃响应曲线，然后求出测试系统的动态特性参数。在工程应用中，对测试系统突然加载或突然卸载都属于阶跃输入，这种输入方式既简单易行，又能充分揭示系统的动态特性。

1）一阶系统时间常数的测量

由于单位阶跃输入信号 $x(t)=1$ 的拉普拉斯变换 $X(s)=1/s$，则一阶系统的阶跃响应为

$$y_u(t)=1-\mathrm{e}^{-t/\tau} \tag{5.40}$$

一阶系统的单位阶跃响应曲线如图 5.10 所示。当时间 $t=\tau$ 时，$y_u(t)=0.632$，由此可取输出值达到最终稳态值的 63.2% 所对应的时间作为时间常数 τ。不过这样求取的时间常

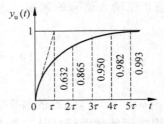

图 5.10 一阶系统的单位
阶跃响应

数因为未涉及响应的全过程，所得到的时间常数仅仅取决于某个瞬时值，所以测量结果的可靠性很差，并且也无法判断该测试系统是否真正是一阶系统。

将一阶系统的单位阶跃响应式（5.40）改写为

$$1-y_u(t)=\mathrm{e}^{-t/\tau}$$

两边取对数，并令 $Z=\ln[1-y_u(t)]$，则

$$Z=\ln[1-y_u(t)]=-\frac{t}{\tau}$$

上式表明，Z 与 t 呈线性关系。根据测得的单位阶跃响应 $y_u(t)$ 值，做出 Z 与 t 的关系曲线，并根据曲线的斜率确定时间常数 τ，这种方法充分考虑了阶跃响应的全过程。若测试系统是典型的一阶系统，则 Z 与 t 的关系曲线是一条严格的直线，否则就不是一阶系统。

2）二阶系统阻尼度和固有角频率的测量

在欠阻尼（$0<\xi<1$）情况下，二阶系统的单位阶跃响应为

$$y_u(t)=1-\frac{\mathrm{e}^{-\xi\omega_n t}}{\sqrt{1-\xi^2}}\sin\left(\sqrt{1-\xi^2}\,\omega_n t+\arcsin\sqrt{1-\xi^2}\right) \tag{5.41}$$

欠阻尼二阶系统的单位阶跃响应曲线如图 5.11 所示。瞬态响应是以 $\omega_d=\omega_n\sqrt{1-\xi^2}$ 的角频率作自由衰减振荡，ω_d 称为阻尼振荡角频率，其阻尼振荡周期 $T_d=2\pi/\omega_d$。按照求极值的通用方法，可以求出各振荡峰值所对应的时间 $t=0$、π/ω_d、$2\pi/\omega_d$、$\cdots$。将 $t=\pi/\omega_d$ 代入式（5.41），经计算可求得最大过冲量和阻尼度的关系为

$$M_1=\mathrm{e}^{-\xi\pi/\sqrt{1-\xi^2}}$$

即

$$\xi=\frac{1}{\sqrt{\left(\dfrac{\pi}{\ln M_1}\right)^2+1}} \tag{5.42}$$

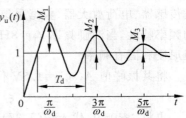

图 5.11 欠阻尼二阶系统的
单位阶跃响应

从二阶系统的单位阶跃响应曲线上测取最大过冲量 M_1，代入式（5.42）就可求出阻尼度 ξ。

如果不仅能测取最大过冲量，而且还能测得单位阶

跃响应的整个瞬变过程,那么就可利用任意两个过冲量 M_i 和 M_{i+n} 求出阻尼度,其中 n 是两个过冲量间隔的整周期数。设 M_i 和 M_{i+n} 对应的时间分别为 t_i 和 t_{i+n},则 t_{i+n} 和 t_i 可表示为

$$t_{i+n} = t_i + \frac{2n\pi}{\omega_d}$$

将 t_i 和 t_{i+n} 分别代入式(5.41)可求得过冲量 M_i 和 M_{i+n},并令 $\delta_n = \ln(M_i/M_{i+n})$,则有

$$\delta_n = \ln \frac{M_i}{M_{i+n}} = \ln \left[\frac{e^{-\xi\omega_n t_i}}{e^{-\xi\omega_n(t_i+2n\pi/\omega_d)}} \right] = \frac{2n\pi\xi}{\sqrt{1-\xi^2}}$$

整理后可得

$$\xi = \frac{\delta_n}{\sqrt{\delta_n^2 + 4\pi^2 n^2}} \tag{5.43}$$

从二阶系统的单位阶跃响应曲线上直接测取相隔 n 个周期的任意两个过冲量 M_i 和 M_{i+n},然后将其比值取对数求出 δ_n,代入式(5.43)也可求出阻尼度 ξ。

当阻尼度 $\xi < 0.1$ 时,$\sqrt{1-\xi^2} \approx 1$(其误差小于 0.6%),则

$$\delta_n \approx 2n\pi\xi$$

式(5.43)可简化为

$$\xi \approx \frac{\delta_n}{2n\pi} \tag{5.44}$$

若测试系统确实是典型的二阶系统,则式(5.43)严格成立,此时用 $n = 1、2、3、\cdots$ 和对应的过冲量 M_i、M_{i+n} 分别求出的阻尼度 ξ 值均应相等。若分别求出的阻尼度 ξ 值都不相等,则说明该测试系统不是二阶系统。阻尼度 ξ 值之间的差别越大,说明该测试系统与二阶系统的差别也越大。由 $\omega_d = \omega_n\sqrt{1-\xi^2}$ 和 $T_d = 2\pi/\omega_d$ 可求得固有角频率为

$$\omega_n = \frac{2\pi}{T_d\sqrt{1-\xi^2}} \tag{5.45}$$

测量计算固有角频率 ω_n 时,必须先在二阶系统的单位阶跃响应曲线上测取阻尼振荡周期 T_d,然后将 T_d 及计算出的阻尼度 ξ 值代入式(5.45)即可求出固有角频率 ω_n。

【案例 5.6】　在桥梁中悬挂重物,然后突然剪断绳索产生阶跃激励,通过应变式传感器、动态电阻应变仪、数据采集卡和计算机及信号处理软件等组成的测试系统,测得阶跃响应曲线如图 5.12 所示,求桥梁的阻尼度和固有频率。

由阶跃响应曲线测得 $M_1 = 15\text{mm}$、$M_3 = 4\text{mm}$,在 0.01s 的标线内有 4.1 个衰减的波形,则阻尼振荡周期为

$$T_d = \frac{0.01}{4.1} = 0.00244\text{s}$$

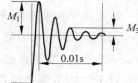

图 5.12　桥梁的阶跃响应曲线

为了计算阻尼度 ξ 的数值,首先求出

$$\delta_n = \ln \frac{M_1}{M_3} = \ln \frac{15}{4} \approx 1.322$$

计算中选取了 $n = 2$,代入式(5.43)可得桥梁的阻尼度为

$$\xi = \frac{1.322}{\sqrt{1.322^2 + 4\pi^2 \times 2^2}} \approx 0.105$$

再将阻尼度 ξ 和阻尼振荡周期 T_d 代入式(5.45)可得桥梁的固有角频率为

$$\omega_n = \frac{2\pi}{0.00244\sqrt{1-0.105^2}} \approx 2588\text{rad/s}$$

桥梁的固有频率为

$$f_n = \frac{\omega_n}{2\pi} = \frac{2588}{2\pi} \approx 412\text{Hz}$$

5.4.3　实现不失真测量的条件

设有一个测试系统，输入信号为 $x(t)$，输出信号为 $y(t)$，A_0 和 t_0 为常数。若要求信号在传输、转换过程中不失真，则 $y(t)$ 与 $x(t)$ 之间应满足下列关系

$$y(t) = A_0 x(t - t_0) \tag{5.46}$$

此式表明，该测试系统的输出波形和输入波形精确地相似，只是幅值放大了 A_0 倍，时间滞后了 t_0，这种情况可认为测试系统具有不失真测量的特性，如图 5.13 所示。

对式(5.46)取傅里叶变换得 $Y(j\omega) = A_0 e^{-j\omega t_0} X(j\omega)$，于是有

$$H(j\omega) = \frac{Y(j\omega)}{X(j\omega)} = A(\omega)e^{j\varphi(\omega)} = A_0 e^{-j\omega t_0}$$

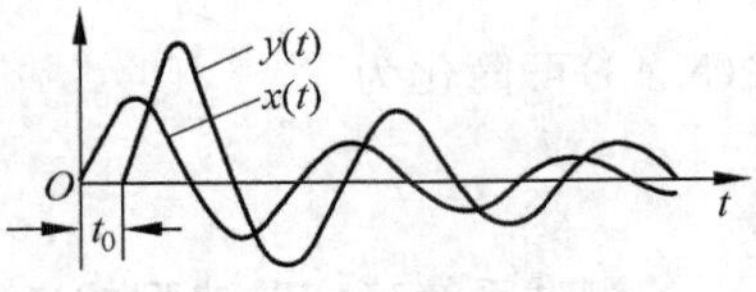

由此可见，要求测试系统的输出波形不失真，其幅频特性和相频特性应分别满足

$$A(\omega) = A_0 = 常数 \tag{5.47}$$

$$\varphi(\omega) = -t_0\omega \propto \omega \tag{5.48}$$

图 5.13　不失真传输波形

幅频特性不失真条件 $A(\omega)=A_0=$ 常数，反映在幅频特性曲线上应是一条平坦的直线，即在整个频率范围内是一常数。相频特性不失真条件 $\varphi(\omega)=-t_0\omega\propto\omega$，反映在相频特性曲线上应是一条过原点的斜线，即滞后时间 $t=\varphi(\omega)/\omega=t_0=$ 常数。如果测量结果用来作为反馈控制信号，那么滞后时间可能会破坏系统的稳定性，这时应满足 $\varphi(\omega)=0$。

各频率分量的幅值比不等于常数时所引起的失真称为幅值失真，各频率分量的滞后时间不等于常数时所引起的失真称为相位失真。实际测试系统不可能在非常宽的频率范围内都能满足不失真测量条件，输入信号频率不同，输出信号的幅值和相位都不同，因此测试系统会产生幅值失真和相位失真，且频率越高失真越大。

从实现不失真测量条件来看，对一阶系统而言，如果时间常数 τ 越小，则系统的响应越快，近似满足不失真测量条件的频带就越宽。所以一阶系统的时间常数 τ 原则上越小越好。当 $\omega\tau<0.2$ 时，幅值误差不超过 2%，相位滞后不超过 27°。

对于二阶系统来说，其频率特性曲线(见图 5.9)上有两段值得注意。在 $\omega<0.3\omega_n$ 的频率范围内，相频特性 $\varphi(\omega)$ 的数值较小，且 $\varphi(\omega)$ 与 ω 接近直线。幅频特性 $A(\omega)$ 在该频率范围内的变化不超过 10%，输出波形失真较小。在 $\omega>(2.5\sim3)\omega_n$ 的频率范围内，$\varphi(\omega)$ 接近 180°，且随 ω 变化很小，此时可用实际测量结果减去固定相位差或把输出信号反相 180°，就可使相频特性基本满足不失真测量条件。但从幅频特性来看，$A(\omega)$ 在该频率范围内幅值太小，输出波形失真太大。

若二阶系统输入信号的频率范围在上述两个频段之间($0.3\omega_n<\omega<2.5\omega_n$)，则系统的

频率特性受阻尼度 ξ 的影响较大,需要作具体分析。分析表明,阻尼度 ξ 越小,系统对输入扰动容易发生超调和共振,对使用不利,当 $\xi = 0.6 \sim 0.7$ 时可以获得较为合适的综合特性。当 $\xi = 0.7$,$\omega < 0.5\omega_n$ 时,幅值误差不超过 2.5%,相频特性 $\varphi(\omega)$ 也接近于线性关系。

5.4.4 负载效应

在实际测量工作中,测试系统与被测对象之间、测试系统内部各环节之间互相连接时,测试系统作为被测对象的负载,后接环节作为前面环节的负载,必然对测量结果产生影响,传递函数也不再是简单的乘积关系,即产生负载效应。

现以电压表测量电压为例来说明负载效应对测量结果的影响,如图 5.14 所示。被测对象用电压 u_i、阻抗 Z_i 的信号源来等效,电压表(测试系统)的内阻为 Z_L,在未接电压表时,a、b 两端的电压就是被测对象等效的开路电压 u_i。接上电压表后,电压表的指示电压为

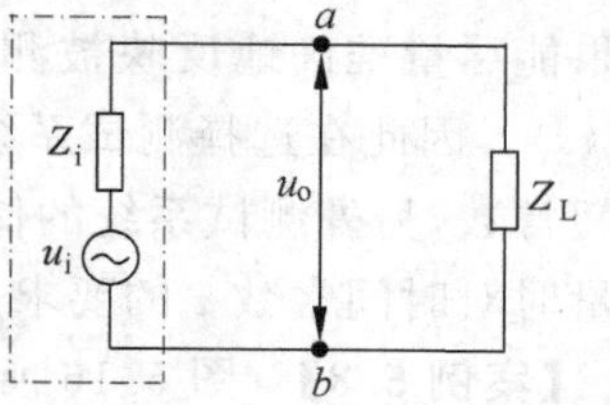

图 5.14 电压表产生的负载效应

$$u_o = u_i \frac{Z_L}{Z_i + Z_L} \neq u_i$$

显然接上电压表后产生了负载效应,电压表的指示电压 u_o 与被测电压 u_i 的差值就是负载效应引起的测量误差,该误差随电压表内阻 Z_L 的增大而减小,在理论上属于系统误差范畴。若要使 $u_o \approx u_i$,则必须使 $Z_L \gg Z_i$,一般取 $Z_L > (10 \sim 20)Z_i$。

事实上,当测试系统连接到被测对象上时,将会出现两种现象:一是连接点的状态发生改变,即连接点的物理参数发生变化;二是两个环节之间将发生能量交换,都不再简单地保持原来的传递函数,而是共同形成一个整体系统的新传递函数,故整个测试系统的传输特性将会变化。因此在选用测试系统时必须考虑这类负载效应,必须分析接上测试系统后对被测对象的影响。

【案例 5.7】 图 5.15 所示为两个 RC 低通滤波器串联前后的电路。图(a)和图(b)的传递函数分别为

$$H_1(s) = \frac{Y_1(s)}{X_1(s)} = \frac{1}{1 + R_1 C_1 s} = \frac{1}{1 + \tau_1 s}$$

$$H_2(s) = \frac{Y_2(s)}{X_2(s)} = \frac{1}{1 + R_2 C_2 s} = \frac{1}{1 + \tau_2 s}$$

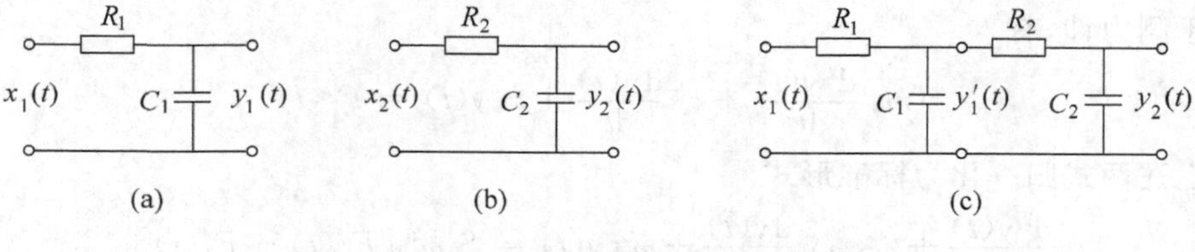

图 5.15 RC 低通滤波器产生的负载效应

(a) 低通滤波器;(b) 低通滤波器;(c) 两个低通滤波器串联

若未加任何隔离措施将两个低通滤波器串联,如图 5.15(c)所示,则传递函数为

$$H(s) = \frac{Y_2(s)}{X_1(s)} = \frac{Y_2(s)}{Y_1'(s)} \frac{Y_1'(s)}{X_1(s)} = \frac{1}{1 + (\tau_1 + \tau_2 + R_1 C_2)s + \tau_1 \tau_2 s^2} \tag{5.49}$$

理想情况下两个低通滤波器串联后的传递函数为

$$H_1(s) H_2(s) = \frac{1}{(1 + \tau_1 s)(1 + \tau_2 s)} = \frac{1}{1 + (\tau_1 + \tau_2)s + \tau_1 \tau_2 s^2} \tag{5.50}$$

比较上述两式可以看出 $H(s) \neq H_1(s) H_2(s)$,这就是由于两个环节串联后它们之间有能量交换。若要避免相互影响,最简单的方法就是采取隔离措施,即在两个环节之间插入高输入阻抗、低输出阻抗的运算放大器。运算放大器既不从前面环节吸取能量,又不因后接环节的负载效应而减小输出电压。

在图 5.15 所示的案例中,图(a)相当于被测对象,图(b)相当于测试系统。为了使测量结果能尽量准确地反映被测对象的动态特性,而排除测试系统的负载影响,应使 $H(s) \approx H_1(s)$。因此在选择测试系统时,应选用 $\tau_2 \ll \tau_1$,即一阶系统的时间常数远小于被测对象的时间常数,另外测试系统的储能元件 C_2 也尽量小。$\tau_2 \ll \tau_1$ 是必要条件,这就是用一阶系统测量时对时间常数 τ 的要求。

【案例 5.8】 图 5.16 所示是由质量、弹簧和阻尼器组成的机械系统,用测力计来测量被测力 F_1,测力计也可简化为质量、弹簧、阻尼系统,力的测量值由标尺读出。

在静态情况下系统的速度与加速度均为零,可得下列两个力平衡方程式。

对于机械系统,有

$$F_1 = k_1 y + F_2$$

对于测力计,有

$$F_2 = k_2 y$$

解此两个方程式就可得到测力计所测得的力 F_2 与被测力 F_1 之间的关系为

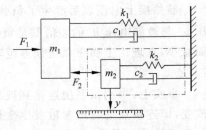

图 5.16　测力计产生的负载效应

$$F_2 = \frac{k_2}{k_1 + k_2} F_1 \tag{5.51}$$

这就是在静态情况下测力计对被测机械系统的影响。为了减小负载效应所造成的测量误差,应使 $F_2 \approx F_1$,选择 $k_2 \gg k_1$,即测力计的弹簧刚度远大于被测机械系统的弹簧刚度。

在动态情况下系统的速度和加速度都不等于零,可得下列两个微分方程式。

对于机械系统,有

$$m_1 \frac{d^2 y(t)}{dt^2} + c_1 \frac{dy(t)}{dt} + k_1 y(t) = F_1(t) - F_2(t)$$

对于测力计,有

$$m_2 \frac{d^2 y(t)}{dt^2} + c_2 \frac{dy(t)}{dt} + k_2 y(t) = F_2(t)$$

将上述两式归一化为标准形式

$$\frac{d^2 y(t)}{dt^2} + 2\xi_1 \omega_{n1} \frac{dy(t)}{dt} + \omega_{n1}^2 y(t) = S_1 \omega_{n1}^2 [F_1(t) - F_2(t)] \tag{5.52}$$

$$\frac{d^2 y(t)}{dt^2} + 2\xi_2 \omega_{n2} \frac{dy(t)}{dt} + \omega_{n2}^2 y(t) = S_2 \omega_{n2}^2 F_2(t) \tag{5.53}$$

式中：$\omega_{n1} = \sqrt{k_1/m_1}$，$\omega_{n2} = \sqrt{k_2/m_2}$——机械系统和测力计的固有角频率；

$\xi_1 = \dfrac{c_1}{2\sqrt{k_1 m_1}}$，$\xi_2 = \dfrac{c_2}{2\sqrt{k_2 m_2}}$——机械系统和测力计的阻尼度；

$S_1 = 1/k_1$，$S_2 = 1/k_2$——机械系统和测力计的静态灵敏度。

若取静态灵敏度 S_1 和 S_2 均为 1，则对式(5.52)和式(5.53)取拉普拉斯变换后联立求解，可得测力计接到被测机械系统上的传递函数为

$$H(s) = \frac{Y(s)}{F_1(s)} = \frac{1}{\left[1+\left(\dfrac{s}{\omega_{n1}}\right)^2+2\xi_1\left(\dfrac{s}{\omega_{n1}}\right)\right]+\left[1+\left(\dfrac{s}{\omega_{n2}}\right)^2+2\xi_2\left(\dfrac{s}{\omega_{n2}}\right)\right]} \tag{5.54}$$

当测力计尚未接到被测机械系统上时，也取静态灵敏度 S_1 和 S_2 为 1，传递函数分别为

$$H_1(s) = \frac{\omega_{n1}^2}{s^2+2\xi_1\omega_{n1}s+\omega_{n1}^2} = \frac{1}{1+\left(\dfrac{s}{\omega_{n1}}\right)^2+2\xi_1\left(\dfrac{s}{\omega_{n1}}\right)}$$

$$H_2(s) = \frac{\omega_{n2}^2}{s^2+2\xi_2\omega_{n2}s+\omega_{n2}^2} = \frac{1}{1+\left(\dfrac{s}{\omega_{n2}}\right)^2+2\xi_2\left(\dfrac{s}{\omega_{n2}}\right)}$$

由此可见，要使测量结果尽量准确地反映被测对象(机械系统)的动态特性，减小测试系统(测力计)的负载影响，应使 $H(s) \approx H_1(s)$。因此在选择二阶系统时，不仅选取 $\omega_{n2} \gg \omega_{n1}$，即二阶系统的固有角频率远高于被测对象的固有角频率，而且二阶系统的阻尼度应选取 $\xi = 0.6 \sim 0.7$ 为最佳，测试系统的静态灵敏度 S_2 远低于被测对象的静态灵敏度 S_1。

5.5 测试系统的抗干扰设计

在实际测量过程中，测量结果除了被测有用信号外，还含有各种干扰和噪声，甚至有用信号被淹没在干扰和噪声中，严重歪曲测量结果。通常把来自测试系统内部的无用信号称为噪声，而把来自外部的无用信号称为干扰。工程实践中，把干扰和噪声总称为"干扰"。

5.5.1 电磁干扰

测试系统的干扰来自多方面，如大型动力设备、动力输电线路、变压器等造成的电磁场干扰；环境温度大幅度变化、机械振动或冲击引起的干扰；光线对半导体器件产生的干扰等。大多数测试系统的电子元器件及其电子线路具有信号电平低、速度高、元器件安装密度高等特点，因此对电磁干扰较为敏感。为了确保测试系统正常工作，必须在设计、安装和调试过程中采取必要的抗电磁干扰措施。

形成电磁干扰有三个要素：向外发送干扰的源(干扰源)；传播电磁干扰的途径(耦合通道)；承受电磁干扰的受体(受扰设备)。

为了确保测试系统不受内外电磁干扰，必须采取三方面的措施：消除或抑制干扰源；切断或破坏干扰源与受扰设备之间的耦合通道；加强受扰设备抗电磁干扰的能力，降低其对电磁干扰的敏感度。

5.5.2 屏蔽、接地与隔离设计

1. 电磁屏蔽与双绞线传输

电磁屏蔽与双绞线传输都可以起到抑制外部电磁干扰的作用,但其工作原理不同。

1) 电磁屏蔽

电磁屏蔽就是采用高电导率和高磁导率的材料制成封闭容器,将受扰电路置于该容器中,从而抑制该容器外的干扰对容器内电路的影响。或者将产生干扰的电路置于该容器内,减弱或消除对外部电路的影响,如图 5.17 所示。图(a)为一空间孤立存在的导体 A,其电力线射向无穷远处对附近电路产生感应。图(b)用低阻抗金属容器 B 将 A 罩起来,仅能中断电力线,尚不能起到电磁屏蔽作用。图(c)将容器 B 接地,容器外电荷流入地而消失,外部电力线才消失,这时就可将导体 A 所产生的电力线封闭在容器 B 的内部,容器 B 具有电磁屏蔽作用。图(d)是在两个导体 A、B 之间放一个接地导体 S,S 起到减弱 A、B 间电磁耦合的作用。因此可以说良好的屏蔽和正确的接地是抑制电磁干扰的有效措施。

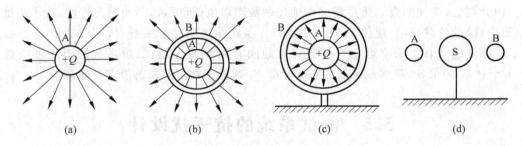

(a)　　　　　　　　(b)　　　　　　　　(c)　　　　　　　　(d)

图 5.17 电磁屏蔽

(a) 孤立导体 A;(b) 将 A 罩起来;(c) B 接地;(d) 接地导体屏蔽

2) 双绞线传输

从现场输出的开关信号,或从传感器输出的微弱模拟信号进行传输时,通常采用两种屏蔽信号线传输。抑制静电干扰采用金属网状编织的屏蔽线,金属网做屏蔽层,芯线用于信号传输。抑制电磁感应干扰采用双绞线,一根做屏蔽线,另一根用于信号传输线。

双绞线对外来磁场干扰引起的感应电流如图 5.18 所示。图中双绞线回路的箭头表示感应磁场的方向,i_c 为干扰信号线 Ⅰ 的干扰电流,i_{s1}、i_{s2} 为双绞线 Ⅱ、双绞线 Ⅲ 中的感应电

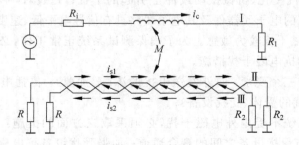

图 5.18 双绞线传输

流，M 为干扰信号线 I 与双绞线 II、双绞线 III 之间的互感。由于双绞线中的感应电流 i_{s1}、i_{s2} 方向相反，感应磁场引起的干扰电流互相抵消。只要两股导线长度相等，特性阻抗完全相同时，可以达到最佳的抑制干扰效果。把信号输出线和返回线两根导线拧合，其扭绞节距的长度与导线的线径有关。线径越细，节距越短，抑制电磁感应干扰的效果越明显。

　　3）屏蔽线与屏蔽电缆

屏蔽线是在单股导线的绝缘层外罩以金属编织网或金属薄膜（屏蔽层）构成。屏蔽电缆是将几根绝缘导线合成一束再罩以屏蔽层构成。屏蔽层一般接地，使其信号线不受外部电器干扰的影响。需要注意的是，屏蔽层接地应严格遵守一点接地的原则，以免产生地线环路而使信号线中的干扰增加。

2. 接地设计

　　正确的接地可以在很大程度上抑制系统内部噪声耦合，防止外部干扰的侵入，提高测试系统的可靠性和抗干扰能力，而且还能起到安全保护作用。

　　接地通常有两种含义，一是连接到系统基准地，二是连接到大地。连接到系统基准地是指系统中各单元电路通过低阻抗导体与电气设备的金属地板或金属外壳连接。而连接到大地是指将电气设备的金属地板或金属外壳通过低阻抗导体与大地连接。

　　测试系统中的地线是指所有电路的参考电位，参考电位通常选为电路中直流电源的零电位端。参考电位与大地的连接方式主要有直接接地、悬浮接地、一点接地、多点接地等方式，可根据不同情况采用不同的接地方式，以达到所需目的。

　　直接接地适用于高速、高频和大规模的电路系统。大规模电路系统对地分布电容较大，只要合理选择接地位置，可直接消除分布电容构成的公共阻抗耦合，有效地抑制干扰，并同时起到安全保护作用。

　　悬浮接地简称浮地，即系统中各单元电路通过低阻抗导体与电气设备的金属地板或金属外壳连接（系统基准地）。悬浮接地的优点是不受大地电流的影响，内部器件也不会因高电压感应而击穿，但在高压情况下注意操作安全问题。

　　一点接地分为串联接地和并联接地两种方式，如图 5.19 所示，图中 Z_1、Z_2、Z_3 为各单元电路接地线的等效阻抗。串联接地方式布线简单，费用最省，但由于各段接地线的等效阻抗不同，Z_1、Z_2、Z_3 上有明显的压降，会影响弱信号电路的正常工作。并联接地方式各单元电路接地线的等效阻抗相互独立，不会产生公共阻抗干扰，但接地线长而多，经济上不合算。此外，并联接地方式用于高频场合时，接地线间分布电容的静电耦合比较突出，而且当地线

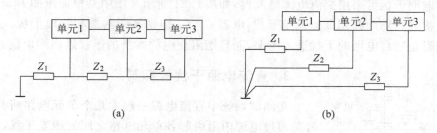

图 5.19　一点接地
（a）串联接地；（b）并联接地

的长度为信号 1/4 波长的奇数倍时,还会向外辐射电磁干扰。

多点接地如图 5.20 所示,各单元电路就近接地,可降低地线长度,减小高频时接地线的等效阻抗。因此在设计印刷电路板时,地线和电源线应尽量加粗,或者说把地线连成一片,并与电源地线连接,形成工作接地。

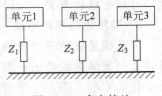

图 5.20 多点接地

3. 隔离设计

隔离设计的实质是把引入干扰的通道切断,使测试系统与现场之间仅保持信号联系,不产生直接的电联系。测试系统与现场干扰之间、强电与弱电之间、模拟信号与数字信号之间常采用光电隔离、继电器隔离、变压器隔离等隔离方法。

光电隔离采用光电耦合器件完成。由于光电耦合器件输入回路与输出回路之间的电信号不直接耦合,而是以光为媒介进行间接耦合,所以具有较高的电气隔离和抗干扰能力。

继电器线圈和触点之间没有电气上的联系,因此利用继电器线圈接受电信号,利用触点发送和输出电信号,从而避免弱电与强电信号之间的直接接触,实现了抗干扰隔离。

脉冲变压器的匝数较少,且初级与次级绕组分别绕制在铁氧体铁芯的两侧,分布电容小,可作为数字脉冲信号的隔离器件。对于一般的交流信号,可用普通变压器实现隔离。

5.5.3 电源干扰的抑制

绝大多数的测试设备都是由 380V、220V 交流电网供电。在交流电网中,大容量设备(如大功率电动机等)的接通和断开、大功率器件(如晶闸管等)的导通与截止、供电线路的闭合与断开、瞬间过电压与欠电压的冲击等因素,都将产生很大的电磁干扰。因此必须对电源干扰采取有效的抑制措施,才能保证电子设备的正常工作。

1. 电网干扰的抑制

工业用电的电网干扰频率范围为 1~10kHz,电网干扰波形为无规则的正、负脉冲及瞬间衰减振荡等,瞬间电压峰值为 100V~10kV,瞬间电流可达 100A。其中,以断开电感性负载(继电器线圈、电磁阀线圈、电动机绕组、空载变压器等)所产生的干扰脉冲前沿最陡、尖峰电压最高,危害也最大。因此,交流电源中的电压变化率、电流变化率很大,产生的浪涌电压、浪涌电流和其他干扰共同形成了一个较强的电磁干扰源。

抑制电网干扰可采用交流电源滤波器,如图 5.21 所示。图中共模扼流圈 L_1、L_2 抑制低频共模干扰,电容 C_1 抑制低频差模干扰,电容 C_2、C_3 抑制高频共模和差模干扰。这种滤波器不仅能阻止来自电网的干扰进入电源,而且能阻止电源本身的干扰返回到电网。

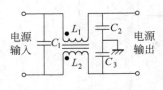

图 5.21 交流电源滤波器

2. 直流电源干扰的抑制

在测试系统中直流电源一般为几个单元电路所共用,为了避免通过电源内阻引起各单元电路之间的相互干扰,应在每个电路的直流电源上接 RC 低通滤波器,如图 5.22 所示。图中 C_1、C_3、C_5、C_7 为大容量电解电容,C_2、C_4、C_6、C_8 为小容量陶瓷电容。电解电容用来滤除低频干扰,但由于电解电容采用卷制工艺而含有一定电感,在高频时阻抗反而增大,所以在电解电容旁边并联一个 $0.01\mu F$ 左右的陶瓷电容,用来滤除高频干扰。

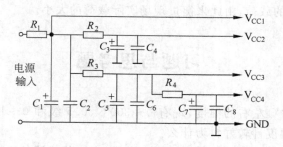

图 5.22　直流电源滤波器

上述抗干扰设计都是采用硬件方法来阻断干扰进入测试系统的耦合通道,但由于干扰的随机性,一些工作在恶劣环境下的测试系统即使采用了硬件抗干扰措施,仍不能把各种干扰完全消除。在内嵌微处理器的智能化测试系统中,采用软件与硬件相结合的抗干扰设计,可大大提高测试系统的可靠性。软件抗干扰设计主要针对已经进入测试系统的干扰,常采用数字滤波进行抑制。

5.6　项目设计实例

在工程应用中,如何根据具体的测试任务和被测对象,合理选择测试系统是非常重要的。为了评价测试系统选择的合理性,必须设计实验方案对测试系统进行标定。动态应变测试系统应用极其广泛,常用的静态标定方案如图 5.23 所示。

图 5.23　动态应变测试系统的静态标定方案

标准砝码的重力作为应变式传感器的标准输入量,在超载 20% 全量程范围内等间隔进行加载和卸载;应变式传感器将标准砝码的重力转换成电阻变化;动态电阻应变仪完成电阻/电压转换和放大任务;数字示波器完成测量结果的记录、显示及存储功能。动态应变测试系统的静态标定步骤如下。

(1) 载荷为零时接通电源,将动态电阻应变仪的"衰减"开关依次转到"100"、"30"、"10"、"3"、"1"挡,同时转换"预"和"静"开关位置,分别调节"R"和"C"使电阻应变仪上的表头在"预"、"静"挡位时都指零,即电阻应变仪中的电桥调平衡。

(2) 按最大载荷确定电阻应变仪的电标定挡位和衰减挡位,然后根据电标定输出调整数字示波器的灵敏度和零点位置。

(3) 合上电阻应变仪的电标定开关(简称打电标定,即利用某一桥臂并联电阻的方法来模拟应变的变化),并记录电阻应变仪的电标定输出。

(4) 去掉电标定并记录零位,然后用标准砝码对应变式传感器逐级加载、卸载并记录。

(5) 载荷为零时,再打一次电标定并记录。取两次电标定的平均值作为电标定输出。

根据静态标定实验数据,不仅可以求出动态应变测试系统的静态特性参数,也可求出某一电标定挡位所代表的载荷,由此来衡量现场实际载荷的大小。

习题与思考题

5.1 欲测量 100℃ 左右的温度,现有 0~300℃、0.5 级和 0~120℃、1 级的两支温度计,试问选用哪一支温度计较好? 为什么?

5.2 某力传感器静态标定数据如表 5.2 所示,求该传感器的灵敏度、线性度和滞后量。

表 5.2 题 5.2 表

拉力 F/N	0	10	20	30	40	50	40	30	20	10	0
应变 $\varepsilon/10^{-6}$	0	76	152	228	310	400	330	252	168	84	2

5.3 用时间常数 $\tau=0.35s$ 的一阶测试系统,分别测量周期为 5s、1s、2s 的正弦信号时,幅值误差各是多少?

5.4 用一阶测试系统去测量 100Hz 的正弦信号时,若要求幅值误差不大于 5%,该一阶系统的时间常数应取多大?

5.5 一阶测试系统受到阶跃输入信号的作用,在 2s 时输出量达到稳态值的 20%,求:

(1) 该一阶系统的时间常数;

(2) 当输出量达到稳态值的 95% 时,需多长时间。

5.6 用温度计测量炉子的温度,已知炉温在 500~540℃ 之间作正弦波动,其周期为 80s,该温度计的时间常数 $\tau=10s$,求:

(1) 温度计的测量结果;

(2) 输出量与输入量之间的相位差;

(3) 输出量相对输入量的滞后时间。

5.7 已知某一阶测试系统的频率特性为

$$H(j\omega) = \frac{1}{1+j\omega}$$

(1) 求输入信号 $x(t)=0.5\cos t+0.2\cos(3t-45°)$ 时的稳态输出信号;

(2) 分析测量结果波形是否失真;

(3) 画出输出信号的幅频谱。

5.8 测试系统实现不失真测量的条件是什么? 并说明二阶系统取 $\xi=0.6\sim0.7$ 的原因。

5.9 已知测力计的固有频率 $f_n=1000Hz$,阻尼度 $\xi=0.7$,用它来测量频率 $f=600Hz$ 的正弦变化力时,求幅值误差和相位误差。

5.10 已知某力传感器的固有角频率 $\omega_n=2\pi\times1200rad/s$,阻尼度 $\xi=0.7$,当测量信号 $x(t)=\sin\omega_0 t+\sin3\omega_0 t+\sin5\omega_0 t$ 时,求测量结果(已知:$\omega_0=2\pi\times600rad/s$),并画出幅频谱。

5.11 用压电式加速度传感器来测量频率为 $300\sim600\mathrm{Hz}$ 的正弦振动信号时,已知传感器的阻尼度 $\xi=0.7$,要求幅值误差不大于 5%,该传感器的固有频率应取多大?

5.12 用频率响应法测得某二阶测试系统的幅频特性实验数据如表 5.3 所示。

表 5.3 题 5.12 表

输入 f_i/Hz	0	30	60	90	120	160	300	600
输出 A_o/mV	58.0	57.8	56.3	50.0	41.5	29.5	16.0	2.5

(1) 绘出该系统的幅频特性曲线;

(2) 若要求幅值误差不大于 3%,确定合适的工作频率范围;

(3) 测量 $90\mathrm{Hz}$ 的正弦信号时,其幅值误差是多少?

5.13 在设计印刷电路板时,为什么要加粗地线和电源线?

项 目 设 计

5.1 设计一个应变式力传感器静态标定的实验方案,并说明静态标定过程。

5.2 设计一个用频率响应法测量悬臂梁固有频率的实验方案,并说明测量过程。

5.3 设计一个用阶跃响应法测量桥梁固有频率的实验方案,并说明测量过程。

计算机测试系统

1. 掌握计算机测试系统的特点及组成结构,根据测试任务的要求,合理确定计算机测试系统总体方案;

2. 恰当选择并正确应用微处理器及其外围器件和数据采集卡等,合理设计计算机测试系统硬件架构;

3. 掌握常用数据处理方法,了解机器学习的基本原理及特点。

测试系统的发展经历了模拟式仪器仪表向数字式仪器仪表的转变,在数字化时代,计算机技术的引入,使得测试技术在处理能力、运算速度、存储容量、人机交互等方面性能不断提升,测试系统的自动化、智能化水平也不断得到提高。随着计算机技术和测试技术的不断深入融合,计算机测试系统已经成为测试系统的主流方案。从计算机的观点来看,由传感器、调理电路等构成的数据采集系统与存储器、键盘和显示器等部件一样,可看作是计算机的一种外围设备,计算机通过总线接口挂载数据采集系统后,就可以通过总线读取采集的测试数据,进行演算分析、打印显示、存储传输等处理。因此,计算机测试系统的工作方式和计算机系统一样,而与传统的测试系统存在较大差别。本章主要讲述测试系统的组成和常见结构、微处理器及其选择、虚拟测试系统、计算机测试系统的常用数据处理算法以及机器学习方法。

6.1 计算机测试系统的组成

计算机测试系统是计算机技术与传统测试技术相结合的产物,如果深入观察,你会发现在你生活的周围,很多需要完成测试任务的产品中都具有一个"特殊部件"——计算机,例如某型号全自动洗衣机中有微处理器 MC6805R3、某型号空调机中有微处理器 8801、某些欧产汽车中可能含有多达 70 个微处理器,等等。系统内部有机地整合了计算机的测试系统称为计算机测试系统。一旦传统测试系统拥有了功能强大的计算机,它就可能拥有更高的性能和智能。全自动洗衣机因为有了计算机,就可以更准确地检测衣物的布质和重量,检测洗涤液的浑浊度和油污度,检测水面液位高度,进而能通过模糊算法优化洗涤过程,实现不依赖人的自动化洗涤操作。计算机测试系统不但具有数据存储、运算、逻辑判断等功能,还具有根据被测参数的变化自选量程、自动校正、自动补偿、自检故障等功能,其强大的运算能力及优势,在处理复杂海量数据、进行可视化评价等方面尤为突出。

计算机测试系统主要包括传感器、调理电路、A/D 转换器、微处理器及存储器、键盘、显示器、通信接口等,其中传感器、调理电路、A/D 转换器总称为数据采集系统。计算机测试系统基本组成如图 6.1~图 6.3 所示。

在计算机测试系统中,微处理器是核心,程序是系统的"灵魂"。系统可采用总线结构,所有外围设备(包括数据采集系统)和存储器都"挂载"在总线上,微处理器按地址对它们进行访问。计算机测试系统工作时,微处理器接受来自键盘或通信接口的命令,解释并发出各种控制信息给数据采集系统,以规定功能、配置参数、启动测试、改变工作方式等。微处理器通过查询数据采集系统提出的中断请求,及时了解数据采集系统的工作状况。当完成一次测量后,微处理器读取测试数据,进行必要的加工、计算、变换等处理,最后以需要的方式输出,如送到显示器显示、打印机打印、数据库存储或送给系统的主控制器等。

计算机测试系统常见的结构有三种,分别为嵌入式、PC 扩展式和标准机箱式。其中 PC 扩展式和标准机箱式常常运行基于操作系统的应用软件、通过虚拟面板与使用者进行沟通,因此又被称为虚拟仪器。

嵌入式计算机测试系统是将单个或多个微处理器(多为单片机)与其他硬件经专门的接口设计,形成专用的测试电路板,进而与其他部分组成系统。其特点主要是:用途相对集中;易实现小型化、便携或手持式结构;易于密封,适应恶劣环境,成本较低。图 6.1 所示为嵌入式计算机测试系统的结构图。

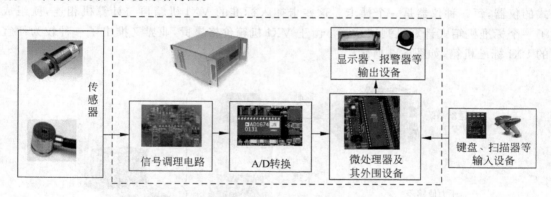

图 6.1　嵌入式计算机测试系统

PC 扩展式计算机测试系统以台式计算机(PC)为核心,将通用或专门设计的数据采集电路,经通用接口(PCI 插槽或 USB 等)扩展为测试系统。由于 PC 的应用已十分普遍,且其价格不断下降,因此从 20 世纪 80 年代起就开始有人给 PC 配上数据采集系统,让它能够符合测量仪器的要求,实现测试分析功能。该类系统可以方便地利用 PC 已有的打印机、刻录机、绘图仪、USB 设备等获得硬拷贝。更重要的是 PC 的数据处理功能及内存容量远大于单片机等其他微处理器,因而该类系统可以用于更复杂的、更高性能的信息处理。此外,还可以利用 PC 本身已有的各种软件包,实现功能应用的扩展,具有极高的灵活性和方便性。

图 6.2 所示为 PC 扩展式计算机测试系统的结构图。

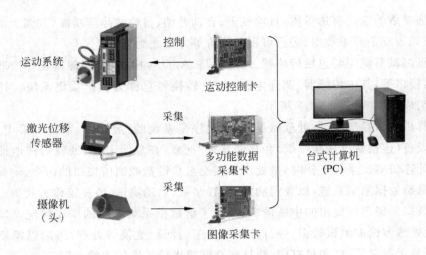

图 6.2　PC 扩展式计算机测试系统

标准机箱式计算机测试系统是将各种功能插件集中在一个专用的机箱中，机箱备有专用的电源，必要时也可以有自己的微机控制器，这种结构适用于多通道、高速数据采集或一些特殊要求的仪器。普通的 PC 有接口数量有限难以挂载更多外设、程序兼容性不足等弱点，用其构建的计算机测试系统可靠性、稳定性和扩展性不如专用的工业计算机。因此，HP、Tekronix 等知名仪器制造商在 GPIB 总线和 VME 总线基础上，又发布了 VXI 总线规范应用于计算机测试系统之中，并被 IEEE 接纳为 IEEE 1155—1992 标准。这是一种插卡式的仪器，每一种仪器是一个插卡。这些卡插入标准的 VXI 机箱再与计算机相连，就组成了一个标准机箱式计算机测试系统。由于 VXI 机箱价格昂贵，业界又推出了一种较为便宜的 PXI 标准机箱，如图 6.3 所示。

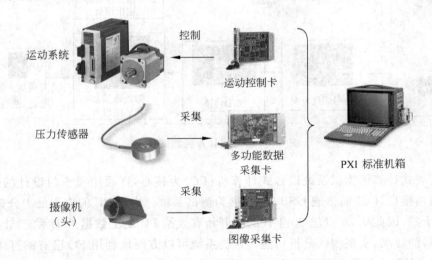

图 6.3　标准机箱式计算机测试系统

利用计算机和计算机测试系统的各种总线接口，可以组建不同规模的自动测试系统，可将计算机、带总线接口计算机测试系统和各种插件单元组建成为大中型测试系统。

6.2　微处理器及其选择

微处理器可以分成不同的等级,这种等级的划分一般是根据其处理的字长来确定的。8 位的微控制器通常是为低端应用设计的,它们通常由集成的内存和输入输出设备组成;16 位微控制器被用于比较精密的系统,这些应用通常需要较长的字长或是独立的输入输出设备和内存;32 位 RISC 微处理器能提供很高的性能,它们被用于运算强度很大的系统。

微处理器有很多不同的形式,包括商用 PC、台式工业控制机、板卡式工业控制机、单片机、数字信号处理器(DSP)和可编程控制器(PLC)等。

同时,微处理器生产厂商众多,同样是 16 位单片机,也有不同品牌可供选择。各个厂商的产品具有不同的体系结构、不同的资源配置及不同的指令系统。设计者在设计微处理器应用系统时,如何在众多的微处理器产品中选用合适的器件,就显得十分重要。

具体到一个测控应用,在设计微处理器子系统时,一般应遵循如下的设计步骤。

1. 熟悉测控对象

不同的应用实际,对微处理器子系统有不同的要求。在系统设计的第一步,首先搞清楚要测控的对象是什么,主要测量控制规律和动作要求是什么,靠什么方法实现测控,测量传感器的数量和种类,测控精度如何要求,指示或显示器件是什么等等。这样就可以对微处理器子系统设计过程有一个总体的把握,有的放矢地采取相应措施,达到预期的设计要求。

2. 确定系统的 I/O 通道数

确定系统的 I/O 通道数,对确定系统的规模和功能极其重要。系统的 I/O 通道数涉及系统主控回路的输入和输出,包含显示回路、测量回路、保护回路、操作回路、报警回路、设定回路、通信回路以及中断回路等。

(1) 模拟量通道的确定:模拟量输入通道包括系统中被测量的模拟信号,这些信号应经过 A/D 转换,输入通道数即是 A/D 通道数。模拟输出通道主要指连续变化的调节输出,如调节电机电枢电压或电器转换调节阀等。模拟输出主要通过 D/A 变换输出,因此模拟输出通道与 D/A 变换通道数直接相关。

(2) 开关量点数确定:输入开关量包括现场输入节点(如行程开关、极限开关、测量开关等),某些继电器触点或辅助接点、保护开关接点、报警开关接点、操作开关接点、拨码键盘、输出继电器辅助接点等。输出量经常包括输出继电器控制、显示指示灯、蜂鸣器以及 LED 显示器、LCD 显示器接口等。

(3) 特殊输出处理:根据实际测控实际,应满足特殊输出需要,如 PWM(脉宽调制)信号输出,若选用具有 PWM 输出的单片机,编程会很方便。

上述 I/O 通道数应按照序号、名称、传感器规格、输入输出信号、转换精度等内容仔细统计,登记造册,并尽可能详细清楚。

3. 选择微处理器

根据 I/O 通道数的统计情况,在满足测控任务对功能、精度、速度、开发环境等要求时,合理选择微处理器。基本原则如下:

(1) 对于小型控制系统、智能化仪器、智能化接口尽量采用单片机,并自己设计微处理器系统软硬件;

(2) 对于较大批量生产的设备,应采用单片机并自行设计软硬件系统;

(3) 对于中等规模的控制系统,为了加快开发速度,应选用商品化的工业控制机,如 PLC、工业控制机等,应用软件可自己开发;

(4) 对于大型的工业控制系统,最好选用工业 PC、专用集散控制系统,软件可用高级语言开发。

4. 确定存储器

微处理器运行的程序存放在 ROM 中,有关数据和参数存放在 RAM 中,在选用存储器时,首先估算程序或存放数据的多少,并据此选择存储器的容量。主要根据测控内容、算法、操作内容等估计,并留有余地。存储器选择时尽可能使用片内存储器,在片内存储器实在不能满足要求时,再考虑扩展。

5. 选择接口电路

主接口电路包括微处理器及其扩展器件接口电路、总线扩展、地址译码等。I/O 接口电路包括开关量接口和模拟量接口、显示接口和通信接口等。驱动电路包括选择功率器件驱动负载。

【案例 6.1】 某柴油机喷油泵试验台性能测试系统的设计指标要求:系统需采集 9 路信号,每路信号每周期采样 3600 点,每个采样点数据占用 4 个字节,最多采样 100 个采样周期,计算得到总采样数据量为 12.96MB,根据这一指标,可选择工业控制计算机。目前工业控制计算机内存容量一般为 512MB,操作系统和应用程序占用不超过 256MB,内存空间完全可以满足数据采集要求。(引自参考文献[24])

【案例 6.2】 某电能表校验装置,用户要求一次可同时校验 36 块电能表,校验数据需存档并打印检定证书。

该案例因为要对大量电能表数据进行存档并需打印鉴定证书,综合考虑设备的工作环境、测控对象、任务规模等,选择 PC 作为系统最高控制单元。

被校验电能表的误差是通过与标准电能表比对得到的。系统中的标准电能表精度要求高(0.2 级以上),同时由于被测量为电能值(通过实时测量电压和电流计算出电功率,并按时间积分而得到),实时性要求特别高,因此标准电能表模块的微处理器采用 DSP。

校验系统模块较多,需要单独一个微处理器担负系统中除 PC 外的主控任务,包括接受 PC 命令、控制电源输出,并与便携键盘、显示接口相连等。为满足测控任务对功能、精度、速度、开发环境等要求,主控模块微处理器选择单片机。

6.3　嵌入式计算机测试系统

由图 6.1 可知,嵌入式计算机测试系统由单片机或 DSP 等微处理器为核心,通过总线及接口电路与被测量输入通道、信号输出通道、仪器面板及外围设备相连。

6.3.1　微处理器

1. 单片机及其应用

常见的单片机有两种体系结构,即集中指令集(CISC)和精简指令集(RISC)。采用 CISC 结构的单片机数据线和指令线分时复用,即冯·诺伊曼结构。它的指令丰富,功能较强,取指令和取数据不能同时进行,速度受限,价格亦高。采用 RISC 结构的单片机数据线和指令线分离,即哈佛结构。这种结构的单片机取指令和取数据可以同时进行,且由于一般指令线宽于数据线,指令执行效率更高,速度亦更快。同时,这种单片机指令多为单字节,程序存储器的空间利用率大大提高,有利于实现超小型化设计。

属于 CISC 结构的单片机有 Intel 的 8051 系列、Motorola 的 M68HC 系列、Atmel 的 AT89 系列、华邦 Winbond 的 W78 系列和 Philips 的 P80C51 系列等。

属于 RISC 结构的单片机有 TI 的 MSP430、各公司的 ARM 单片机、Microchip 的 PIC 系列、Zilog 的 Z86 系列、Atmel 的 AT90S 系列、三星 KS57C 系列 4 位单片机和义隆的 EM-78 系列等。

MSP430 系列单片机是 TI 公司推出的超低功耗、功能集成度高的 16 位单片机,特别适用于功率消耗要求较低的场合,广泛应用于自动信号采集系统、智能仪器、智能检测与控制系统、医疗与运动设备、家用电器和安保系统等领域。

ARM(Advanced RISC Machines)公司是专门从事基于 RISC 技术芯片设计开发的公司,作为知识产权供应商,本身不直接从事芯片生产,靠转让设计许可由合作公司生产各具特色的芯片。世界各大半导体生产商从 ARM 公司购买其设计的 ARM 微处理器核,根据各自不同的应用领域,加入适当的外围电路,从而形成自己的 ARM 微处理器芯片供应市场。基于 ARM 技术的微处理器应用约占据了 32 位 RISC 微处理器 75% 以上的市场份额,ARM 技术正在逐步渗入到人们生活的各个方面。

由于高新技术的采用,用于工业现场以测量控制为主要目的单片机的性能,向用于通用计算机以大量数据处理为主要目的通用微处理器靠拢。为了满足大量数据处理对于高速性、大容量的要求,单片机的数据总线宽度从 8 位向 16 位、32 位甚至更宽的范围发展。但是,在有些测控应用的单片机,其大多数测控参数如温度、压力、流量等对于运算速度和数据容量的要求则相对有限,在单片机的主振频率已达 20～40MHz 的范围时,其数据处理速度并非是首要的,而其控制功能和控制运行的可靠性更加重要。对于 MCS-51 系列 8 位单片机,由于 Philips、Hyundai、Winbond、ISSI、Temic 等大电气厂商的介入,其数据存储器和程序存储器的寻址空间大为增加,同时由于其与生俱来的相对低价位,目前在我国拥有相当大的市场份额。

在计算机测试系统中单片机是核心,因此在硬件设计时应首先考虑单片机的选择,然后再确定与之配套的外围芯片。在选择单片机时,要考虑的因素有字长(即数据总线的宽度)、寻址能力、指令功能、执行速度、中断能力以及市场对该种单片机的软、硬件支持状态等。一般来说,对于控制方式较简单的应用,可以选用 RISC 型单片机;对于控制关系较复杂的应用,应采用 CISC 单片机。不过,随着 RISC 单片机的迅速改善,使其在控制关系复杂场合的应用也毫不逊色于 CISC 单片机。当前市场中单片机的种类和型号很多,有 8 位、16 位以及 32 位的;有 I/O 功能强大、输入输出引脚多的;其内含 ROM 和 RAM 各不相同,有扩展方便的,有不能扩展的;有带片内 A/D 的,有不带片内 A/D 的。根据程序存储方式的不同,单片机可分为 EPROM、OTP(一次可编程)和 QTP(掩膜)3 种。因此要结合系统 I/O 通道数,选择合适的单片机型号,使其既满足测控对象的要求,又不浪费资源。

选择单片机时一般应遵循如下规则。

(1) 根据系统对单片机的硬件资源要求进行选择,考虑的因素主要包括:①按数据总线字长、运算能力和速度(位数,取指令执行指令的方式,时钟频率,有无乘法指令等);②按存储器结构(ROM,OTP,EPROM,FLASH,外置存储器和片内存储器等);③I/O 结构功能(驱动能力和数量,ADC、DAC 及其位数,通信端口的数量,有无日历时钟等)。

(2) 选择最容易实现设计目标且性价比高的机型。

(3) 在研制任务重、时间紧的情况下,首先选择熟悉的机型,应考虑手头所具备的开发系统等条件。

(4) 选择在市场上有稳定充足的货源和具有良好品牌的机型。

【案例 6.3】 前述案例中主控模块微处理器选择单片机,但选择哪种机型的单片机呢?

该案例选择单片机机型可根据系统对单片机硬件资源要求,结合 I/O 通道统计进行选择。根据初步设计可知,系统需要 6 个定时器、5 个通信接口等共 67 个 I/O 通道,分别为: LCD 显示器需要 8 位数据线和 5 位控制线,与 PC 机通信需要 2 位信号线,与程控电源通信需要 2 位信号线,与被校表通信需要 4 位信号线,表键盘需要 10 位信号线,扩展 64kRAM 需 16 位地址线,E²ROM 需 4 位信号线,实时时钟芯片通信需 2 位信号线,外接标准表输入脉冲需 3 位信号线,脉冲输出需 2 位信号线,温度测量及其他需 9 位信号线。经统计,系统要求单片机共具有 67 个以上的 I/O 口。

考虑系统可扩展性,选择一款 16 位 10 定时器 10 通信接口共 100 引脚的单片机,可满足系统要求。

2. DSP 及其应用

数字信号处理(digital signal processing,DSP)技术的高速发展,一方面得益于集成电路技术的发展,另一方面也得益于巨大的市场需求的拉动。在近二、三十年时间里,DSP 芯片已经在信号处理、通信、雷达等许多领域得到广泛的应用。目前,DSP 芯片的价格越来越低,性能价格比日益提高,具有巨大的应用潜力。主要的 DSP 芯片供应商有美国 AMI 公司、日本 NEC 公司、美国德州仪器公司(Texas Instruments,TI)等。其中 TI 公司将其生产的 DSP 芯片归纳为三大系列,即:TMS320C2000 系列(包括 TMS320C2X/C2XX)、TMS320C5000 系列(包括 TMS320C5X/C54X/C55X)、TMS320C6000 系列(包括

TMS320C62X/C67X)。如今,TI 公司的一系列 DSP 产品已经成为当今世界上最有影响的 DSP 芯片。TI 公司也成为世界上最大的 DSP 芯片供应商,其 DSP 市场份额占全世界份额近 50%。

一般来说,选择 DSP 芯片时应考虑到如下诸多因素。

1) DSP 芯片的运算速度

运算速度是 DSP 芯片的一个最重要的性能指标,也是选择 DSP 芯片时所需要考虑的一个主要因素。DSP 芯片的运算速度可以用以下几种性能指标来衡量。

(1) 指令周期:即执行一条指令所需的时间,通常以 ns 为单位。如 TMS320LC549-80 在主频为 80MHz 时的指令周期为 12.5ns。

(2) MAC 时间:即一次乘法加上一次加法的时间。大部分 DSP 芯片可在一个指令周期内完成一次乘法和加法操作,如 TMS320LC549-80 的 MAC 时间就是 12.5ns。

(3) FFT 执行时间:即运行一个 N 点 FFT 程序所需的时间。由于 FFT 运算涉及的运算在数字信号处理中很有代表性,因此 FFT 运算时间常作为衡量 DSP 芯片运算能力的一个指标。

(4) MIPS:即每秒执行百万条指令。如 TMS320LC549-80 的处理能力为 80 MIPS,即每秒可执行八千万条指令。

(5) MOPS:即每秒执行百万次操作。如 TMS320C40 的运算能力为 275 MOPS。

(6) MFLOPS:即每秒执行百万次浮点操作。如 TMS320C31 在主频为 40MHz 时的处理能力为 40 MFLOPS。

(7) BOPS:即每秒执行十亿次操作。如 TMS320C80 的处理能力为 2 BOPS。

2) DSP 芯片的价格

DSP 芯片的价格也是选择 DSP 芯片所需考虑的一个重要因素。如果采用价格昂贵的 DSP 芯片,即使性能再高,其应用范围肯定会受到一定的限制,尤其是对成本敏感的民用产品。因此根据实际系统的应用情况,需确定一个价格适中的 DSP 芯片。当然,由于 DSP 芯片发展迅速,DSP 芯片的价格往往下降较快,因此在开发阶段选用某种价格稍贵的 DSP 芯片,等到系统开发完毕,其价格可能已经下降了很多。

3) DSP 芯片的硬件资源

不同的 DSP 芯片所提供的硬件资源是不相同的,如片内 RAM、ROM 的数量,外部可扩展的程序和数据空间、总线接口和 I/O 接口等。即使是同一系列的 DSP 芯片(如 TI 的 TMS320C54X 系列),系列中不同 DSP 芯片也具有不同的内部硬件资源,可以适应不同的需要。

4) DSP 芯片的运算精度

一般的定点 DSP 芯片的字长为 16 位,如 TMS320 系列。但有的公司的定点芯片为 24 位,如 Motorola 公司的 MC56001 等。浮点芯片的字长一般为 32 位,累加器为 40 位。

5) DSP 芯片的开发工具

在 DSP 系统的开发过程中,开发工具是必不可少的。如果没有开发工具的支持,要想开发一个复杂的 DSP 系统几乎是不可能的。如果有功能强大的开发工具的支持,如 C 语言支持,则开发的时间就会大大缩短。所以,在选择 DSP 芯片的同时必须注意其开发工具的支持情况,包括软件和硬件的开发工具。

6）DSP 芯片的功耗

在某些 DSP 应用场合，功耗也是一个需要特别注意的问题。如便携式的 DSP 设备、手持设备、野外应用的 DSP 设备等都对功耗有特殊的要求。目前，3.3V 供电的低功耗高速 DSP 芯片已大量使用。

7）其他

除了上述因素外，选择 DSP 芯片还应考虑到封装的形式、质量标准、供货情况、生命周期等。有的 DSP 芯片可能有 DIP、PGA、PLCC、PQFP 等多种封装形式。有些 DSP 系统可能最终要求的是工业级或军用级标准，在选择时就需要注意到所选的芯片是否有工业级或军用级的同类产品。如果所设计的 DSP 系统不仅仅是一个实验系统，而是需要批量生产并可能有几年甚至十几年的生命周期，那么需要考虑所选的 DSP 芯片供货情况如何，是否也有同样甚至更长的生命周期等。

6.3.2　数据采集系统

虽然计算机测试系统中数据采集电路仅是作为微型计算机的外围设备而存在，系统中引入微处理器后有可能降低对数据采集硬件的要求，但仍不能忽视测试硬件的重要性，有时提高系统测试性能指标的关键仍然在于测试硬件的改进。

计算机测试系统是典型的计算机结构，与一般计算机的差别在于它多了一个"专用的外围设备"——数据采集系统。数据采集系统包括传感器、放大器、抗混滤波器、多路开关、采样保持器、A/D 转换器、三态缓冲器等部分，是决定计算机测试系统测量准确度的关键。如果系统要求模拟输出，则需经过输出通道，它包括 D/A 转换器、多路分配器、采样保持器、低通滤波器等部分。从计算机的观点来看，数据采集系统与键盘、接口及显示器等部件一样，可看作是计算机的一种外围设备。

实际的数据采集系统常常需要同时测量多种物理量（即多参数测量），或同一种物理量的多个测量点（多点巡回测量）。因此，大多测试系统的数据采集系统需要多路模拟输入通道。按照数据采集系统中是否共用数据采集电路，多路模拟输入通道可分为集中采集式（简称集中式）和分散采集式（简称分布式）两大类型。

1. 集中采集式

集中采集式多路模拟输入通道的典型结构又可分为分时采集型和同步采集型两种，分别如图 6.4 所示。

由图 6.4(a)可见，分时采集型数据采集系统的多路被测信号，分别由各自的传感器和模拟信号调理电路，经多路转换开关切换，进入公用的采样/保持器(S/H)和 A/D 转换电路进行数据采样。它的特点是多路信号共同使用一个 S/H 和 A/D 电路，简化了电路结构，降低了成本，但是它对信号的采集是由多路转换开关分时切换、轮流选通的，因而不能获得同一时刻的多路数据。对于要求多路信号严格同步采集测试的系统不适用，然而对于大多数中速或低速的测试系统，这仍是一种应用广泛的结构。

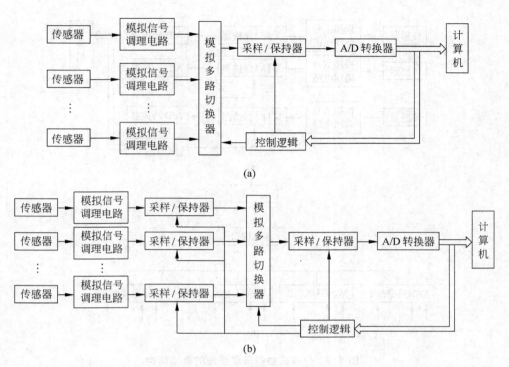

图 6.4　集中式数据采集系统的典型结构
(a) 多路分时采集分时输入结构；(b) 多路同步采集分时输入结构

由图 6.4(b)可见，同步采集型数据采集系统是在多路转换开关之前，给每路信号通路各加一个采样/保持器，使多路信号的采样在同一时刻进行，即同步采样。然后由各自的保持器保持着采样信号的幅值，等待多路转换开关分时切换进入公用的 A/D 电路，将保持的采样幅值转换成数据并输入微处理器。这种结构既能满足同步采集的要求，又比较简单。但是，在被测信号路数较多的情况下，同步采集的信号在保持器中保持的时间会加长，而保持器总会有一些泄漏，使信号有所衰减，同时由于各路信号保持时间不同，致使各个保持信号的衰减量不同，因此严格地说，这种结构还是不能获得真正的同步输入。

2. 分散采集式

分散采集式的特点是：每一路信号一般都有一个 S/H 和 A/D，因而也不再需要模拟多路切换器 MUX。每一个 S/H 和 A/D 只对本路模拟信号进行模/数转换，采集的数据按一定顺序或随机地输入计算机。分散采集式根据采集系统中计算机控制结构的差异，又可以分为分布式单机采集系统和网络式数据采集系统，如图 6.5 所示。

由图 6.5(a)可见，分布式单机数据采集系统由单个 CPU 单元实现无相差并行数据采集控制，系统实时响应性好，能够满足中、小规模并行数据采集的要求，但在稍大规模的应用场合，对计算机系统的硬件要求较高。

网络式数据采集系统是计算机网络技术发展的产物。它由若干个"数据采集站"和一台上位机及通信线路组成，如图 6.5(b)所示。数据采集站一般由单片机数据采集装置组成，

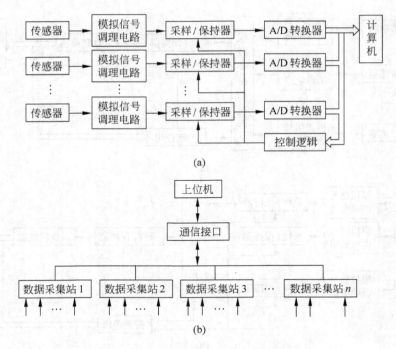

图 6.5　分布式数据采集系统的典型结构

（a）分布式单机数据采集结构；（b）网络式数据采集结构

位于测点附近，可独立完成数据采集和预处理任务，还可将数据以数字信号的形式传送给上位机。该系统适应能力强、可靠性高，若某个采集站出现故障，只会影响单项的数据采集，而不会对系统其他部分造成任何影响。而采用该结构的多机并行处理方式，每一个单片机仅完成有限的数据采集和处理任务，故对计算机硬件要求不高，因此可用低档的硬件组成高性能的系统，这是其他数据采集系统方案所不可比拟的。另外，这种数据采集系统用数字信号传输代替模拟信号传输，有效地避免了模拟信号长线传输过程中的衰减，有利于克服干扰，可充分提高采集系统的信噪比。因此，该系统特别适合于在恶劣的环境下工作。

　　图 6.4 与图 6.5 中的模拟多路切换器、采样/保持器、A/D 转换器都是为实现模拟信号数字化而设置的，它们共同组成了"采集电路"。因此，图 6.4 和图 6.5 所示的多路模拟输入通道都可认为是由传感器、调理电路、采集电路三部分组成。

　　【案例 6.4】　某标准电能表需要采集三相的电压和电流并计算各相电能值，为了测量精确，每相的电压电流需要同步采样，而三相之间没有这么严格的要求，因此选用 2 块 A/D 转换器即可满足要求。该采集系统结构如图 6.6 所示。可以看出，该系统是综合运用多路分时采集分时输入结构的分布式单机数据采集结构。

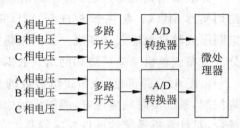

图 6.6　某标准电能表采集系统结构

6.3.3　软件设计

1. 软件语言

目前单片机和 DSP 软件的开发主要采用汇编语言和 C 语言,或者采用汇编语言与 C 语言混合编程。采用汇编语言编程必须对单片机或 DSP 的内部资源和外围电路非常熟悉,尤其是对指令系统的使用必须非常熟练。采用汇编语言编程主要适用于功能比较简单的中小型应用系统。采用 C 语言编程时,只需对单片机的内部结构基本了解,对外围电路比较熟悉,而对指令系统则不必非常熟悉。用 C 语言开发软件相对比较轻松,很多细节问题无须考虑,编译软件会替设计者安排好。因此 C 语言在单片机和 DSP 软件开发的应用越来越广,使用者越来越多。

在有些时候,单纯采用 C 语言编程也有不足之处。在一些对时序要求非常苛刻或对运行效率要求非常高的场合,只有汇编语言才是首选。因此在很多情况下,采用 C 语言和汇编语言混合编程往往是最佳选择。

2. 软件设计与调试

软件设计中经常采用“自顶而下”(Top-Down)的设计方法。自顶而下的设计方法就是先考虑软件的整体目标,明确软件的整体任务,然后把整体任务分成一个个子任务,子任务再分成子任务,这样逐层细分,同时分析各层次间及同一层次各任务间的关系,最后拟订各任务的细节。

各个子任务分别由不同的程序模块来承担。每个模块是一个结构完整、相对独立的程序段。整个软件系统也可以看成是由若干功能模块组成的,嵌入式计算机测试系统常用的功能模块如下。

(1) 自检模块:完成对硬件系统的检查,发现存在的故障,避免系统“带病运行”。该模块通常包括数据存储器(RAM)自检、程序存储器(ROM)自检、输入通道自检、输出通道自检和外部设备自检等。在进行自检的过程中,如果检测到测试系统的某一部分存在故障,应以某种特殊的显示方式提醒操作人员注意,并显示当前的故障状态或故障代码。

(2) 初始化模块:完成系统硬件的初始设置和软件系统中各个变量默认值的设置。该模块通常包括外围芯片初始化(如液晶显示模块 LCM 和微型打印机等的初始化)、片内特殊功能寄存器的初始化(如定时器和中断控制寄存器等)、堆栈指针初始化、全局变量初始化、全局标志初始化、系统时钟初始化和数据缓冲区初始化等。该模块为系统建立一个稳定的和可预知的初始状态,系统在进入工作状态之前都必须执行该模块。

(3) 时钟模块:完成时钟系统的设置和运行,为系统其他模块提供时间数据。系统时钟的实现方法有两种。一种是采用时钟芯片来实现(硬件时钟);另一种是采用定时器来实现(软件时钟)。时钟系统的主要指标是最小时间分辨率和最大计时范围,其指标必须满足系统实时控制的需要。

(4) 监控模块:通过获取键盘信息,解释并执行之,完成操作者对系统的控制。该模块实现了系统的可操作性。

（5）信息采集模块：采集系统运行所需要的外部信息，通常包括采集各种传感器输出的模拟信号和各种开关量输出的数字信号。该模块执行的实时性体现了系统对外部信息变化的敏感程度。

（6）数据处理模块：按预定的算法将采集到的信息进行加工处理，得到所需的结果。该模块设计的核心问题是数据类型的选择和算法的选择，合理的数据类型和算法的选择将大大提高数据处理的效率。

（7）控制决策模块：根据数据处理的结果和系统的状态，决定系统应该采取的运行策略。该模块的设计与控制决策算法有关。

（8）显示打印模块：系统将各种信息通过显示设备或打印设备输出，供操作者使用。该模块设计中常常需要处理数据格式转换和排版格式问题。

（9）信号输出模块：根据控制决策模块的结论，输出对应的模拟信号和数字信号，对控制对象进行操作，使其按预定要求运行或达到预定状态，其中模拟信息的输出由 D/A 转换来完成。

（10）通信模块：完成不同计算机系统之间的信息传输和交换，该模块设计中的核心问题是通信协议的制定。

（11）其他模块：完成某个特定系统所特有的功能，如电源管理和程序升级管理等。从功能结构来看，应用系统的软件设计过程也就是完成各个功能模块设计的过程。

在进行软件设计调试前，硬件系统设计方案应该基本确定，并制作出调试用的电路板。在设计和调试各种功能模块阶段，有时需要给系统提供仿真环境。例如用一个可调电压信号取代温度传感器部件，仿真从室温到上千度的高温环境；用发光二极管取代执行机构，仿真执行机构的启/停状态。

各个模块的设计调试顺序应该遵循"先易后难"和"先简后繁"的原则，通常先设计调试时钟模块、显示模块和监控模块，使系统处于可操作、可观察的状态，为其他模块的设计创造一个基本运行环境。然后依次完成各模块的设计和调试，直到每个模块的预定功能完全实现。

全部软件均设计和调试通过之后，就可以进行整机软件调试了。在开始阶段，用仿真器进行全速运行，然后进行各种实际操作和测试，通常会出现各种故障和问题。分析故障现象，推测产生故障的原因，再在程序中设置若干断点，通过分析断点的数据，找出故障的真正原因，再通过修改程序来消除该故障。

在实验室的整机测试基本结束后，就可以装配一台样机。在样机测试阶段，可以发现不少实验室测试中没有发现的问题。这类问题基本上是可靠性问题，必须通过修改软、硬件设计来解决。

6.4　虚拟仪器测试系统

PC 扩展式和标准机箱式计算机测试系统由计算机系统和各种插件组成。其中的插件是计算机的扩展部件，是大批量生产的成熟产品，综合性价比高，设计相对简便并有各种标准化插件供选用。这两种测试系统可通过其 CRT（或 LCD、触摸屏等）显示器向用户提供功能菜单,用户可通过键盘等进行功能、量程选择;还可以通过显示器显示数据,通过高档打印机打印测试结果(显示和打印的驱动程序也是现成的),因此用户使用时十分方便。如果将测试系统的面板及各种操作按钮的图形生成在显示器上,就可得到软面板,构成虚拟仪器。在软面板上就可以用鼠标或触摸屏操作测试系统了。

设计虚拟仪器测试系统时,有许多厂商生产的各种插卡可供选用。各厂商的插卡都配有专用软件,即使自行开发软件,由于基于 PC 平台,依赖操作系统的支持,因此开发环境良好,开发十分方便。

6.4.1　虚拟仪器概述

虚拟仪器(virtual instrument,VI)是按照仪器需求组织的测试系统。图 6.7 反映了常见的虚拟仪器方案。选择合适的传感器,自行设计或选购通用信号调理电路和数据采集卡,结合计算机,利用虚拟仪器开发平台开发数据处理和虚拟面板软件,即可构建虚拟仪器系统。

虚拟仪器的主要特点有:

(1) 尽可能采用了通用的硬件,各种仪器的差异主要是软件;

图 6.7　虚拟仪器组成框图

(2) 可充分发挥计算机的能力,有强大的数据处理功能,可以创造出功能更强的仪器;

(3) 用户可以根据自己的需要定义和构造各种仪器。

6.4.2　信号调理器和数据采集卡

虚拟仪器需要在计算机主板上或标准机箱内部插槽中,插接数据采集卡(DAQ)以及信号调理器等。数据采集卡和信号调理器可自行设计,也可从专门生产厂商购买,由于品种、型号繁多,应根据测试系统的需要合理选择和应用。

1. 信号调理器

信号调理主要包括:信号放大(增加信号的幅度和测量分辨率);信号滤波(滤除干扰信号);信号隔离(抑制共模干扰,防止高压危险,区分接地回路);信号衰减或变换(保证与后续电路的接口匹配);多路切换(实现多路分时共用采集器件);传感器补偿和激励(热电偶的冷端补偿,热电阻和应变片的激励等);数字接口等。

选择信号调理器时可综合考虑下列问题。

(1) 根据被测信号和传感器输出信号的特点,综合考虑信号调理器的量程、灵敏度和分辨率,实现测试系统所要求的精度。

(2) 根据传感器的频率特性,选择合适频率特性的信号调理器。例如热电偶、热电阻只要几十赫兹带宽,而应变式传感器可能有几万赫兹带宽。

(3) 根据传感器的干扰信号情况,选择具有合适滤波器的信号调理器。

(4) 根据隔离要求,若输入调理器的信号有接地信号,具有隔离功能的信号调理器能够保护仪器,输入电路方式有单端、浮地、差分等可供选择。

（5）根据输入阻抗要求，信号调理电路的输入阻抗应高于传感器输出阻抗，最佳比例是100∶1。

（6）根据共模抑制比要求，共模干扰是传感器和信号调理电路输入点共同引入的干扰信号，导致产生测量误差。信号调理器应具有高共模抑制比，例如80dB以上。信号调理器浮地和采用低阻抗和短屏蔽线隔离输入、输出，可获得最大程度的共模干扰抑制效果。

（7）根据偏置要求，如果信号调理电路具有与被测量无关的直流信号，调理电路应将直流信号去除。

（8）满足激励要求，能够向传感器施加驱动电源。

（9）满足精度和线性度要求，信号调理器应该保证输入信号在受到环境条件、频率变化时，获得精确的测量结果。

（10）满足编程特性要求，信号调理器应该具备程控功能，以便缩短设置时间和减小误差，同时使测量过程自动化，并且提供配套的编程工具。

有许多信号调理器可供选择。例如美国国家仪器公司(NI)的各种信号调理模块，Gould 仪器系统公司的 6600 系列信号调理器插件等。

【案例 6.5】 某板材弯曲成形机智能控制系统是通过测控弯曲力和弯曲行程，以加工满足设计要求的零件。其中采集弯曲行程的位移传感器和采集弯曲力的压力传感器采用磁致伸缩位移传感器和应变片式压力传感器，数据采集卡采用现有的笔记本数据采集卡Card-6062E(输入信号范围±0.05～±10V)，根据系统要求选应力应变模块组 SCXI-1520（提供 1～1000 的增益、10Hz～10kHz 的可编程模拟滤波）和 6 通道模拟输出调理模块SCXI-1124(具有 6 个隔离的±10V 输出)，传感器信号经调理模块 SCXI-1180 和 SCXI-1520转换成电压信号，经采集卡 6062E 转换为数字量输入计算机。系统硬件包括：东芝笔记本电脑 Satellite3000、信号调理 4 槽机箱(SCXI-1180)、8 通道应变测试调理模块(SCXI-1520)及其接线端子(SCXI1314)、6 通道模拟输出调理模块(SCXI-1124)及其接线端子(SCXI-1125)组成的数据采集系统。(引自参考文献[25])

2. 数据采集卡

数据采集卡通常具有 A/D 转换、D/A 转换、数字 I/O 和计数/定时等功能，有些还具有数字滤波和数字信号处理的功能。根据总线标准，插卡类型有 ISA 卡、PCMCIA 卡、PCI 卡和串行总线卡等多种类型，当前应用较广泛的是 PCI 卡和 USB 卡。PCI 总线是一种独立于CPU 的 32 位或 64 位局部总线，时钟频率为 33MHz，数据传输速度为 132～264Mb/s。PCI总线可与 CPU 并行工作，具有自动配置功能。但 PCI 总线在插接数据采集卡时都需要打开机箱，主板上的 PCI 插槽有限，测试信号与计算机内部信号容易相互影响。串行总线包括传统的 RS232 串行总线、USB 通用串行总线和 IEEE1394 总线。IEEE1394 总线是一种高速串行总线，能够以 100、200 或 400Mb/s 的高速率传送数据，具有热插拔、联机使用等特点。

许多公司为使测试仪器能够适应上述各种总线的配置，开发了大量的模块化数据采集卡，其中大多是插入式数据采集卡，其优点是灵活、费用较低、性能选择范围大、大量的软件工具可用等。选择数据采集卡的步骤如下所述。

1) 根据传感器选择

传感器有各种类型，不同类型的传感器对后续电路有不同要求。例如同样是测温传感器,热电偶和热电阻就有所区别。

热电偶输入信号电压低,需要放大,放大器最好是高增益、高分辨率的采集卡,同时热电偶需要冷端补偿。例如可选择 NI 公司的 PCI-9114HG。

高分辨率的数据采集卡有:PCI-9118HR、PCI-9114 系列、PCI-9111HR 等。具有冷端补偿的采集卡有:PCI-9114 系列板载 CJC、ACLD-8125 板载 CJC(配合 PCI-9111 系列)。因此可选的方案有:PCI-9114 系列、PCI-9111HR(配合 ACLD-8125)。兼具高分辨率和冷端补偿的最佳方案:PCI-9114HG。

热电阻精度比热电偶高,不需要冷端补偿;其输出为电阻变化,因此需要电流源;需要线性化处理;为了消除接线电阻误差,可采用 3 线和 4 线 RTD 接线;因其灵敏度低,需要高分辨率的采集卡。综合考虑,可选用 ND-6013 等。

目前,越来越多出现了将传感器、调理电路结合在一起的产品,一般输出为电压($0\sim$ 5V)、电流($0\sim20mA$ 或 $4\sim20mA$)。若输出为电压,基本所有采集卡均可选。若输出为电流,必须在输入端并联精密电阻,建议选电阻值 250Ω。

2) 根据接口方式选择

数据采集卡的接口方式是指该卡与 PC 连接的总线方式,或者该卡提供的接口方式。常见的接口方式有 PCI、Compact PCI、USB、PCMCIA、CAN、无线、网卡;还有较老式的方式,如串口 UART/LPT/SPI、并口 COM、ISA/EISA、PC/AT。

从数据传输可靠和速度角度考虑,首选 PCI 总线接口方式。在工业领域,为了达到较高的数据可靠性,需要选择 Compact PCI 总线接口方式,常有 3U(U 是标准机箱内部的安装高度,$1U=44.45mm$)和 5U 两种结构形式。

USB 总线由于具有支持即插即用、传输速度快、携带方便等优点,成为采集卡接口的发展方向。PCMCIA 是便携式计算机和设备中的标准接口。无线技术的飞速发展也为数据采集卡提供了更加方便快捷的移动传输方式。常用的无线传输协议有:红外 IRDA、蓝牙 BLUETOOTH、NFC、GPRS、WLAN、3G、HSPDA 等。

3) 确定输入和输出指标

这些指标有输入和输出的模拟量精度和速率,输入和输出的数字量电平及其要求,输入和输出的数字传输协议方式。模拟量采样有高精度和高速率两个方向,有的将二者结合起来,属于较高要求。数字量有 TTL 和 CMOS 等,特殊场合还需要光电隔离、ESD、EMI 保护。传输协议通常为 UART,也有并行方式。其他需要考虑的指标如下。

(1) 精度要求:如果用户关心的是最小可测电压值,可选 n 位的数据采集卡,满足输入范围/2^n。对于小信号,需要选择高增益板卡。

(2) 速度:一般变化缓慢的信号,不涉及采样频率的限制,但对于变化较快的信号必须考虑采样频率是否合适。根据采样定理可知,当采样频率不小于被采样信号最高频率的两倍时,采集信号不失真。

(3) 作波形发生器用时需要时钟控制输出时序。例如,DAQ-25xx 系列可用作任意波形发生器。PCI-7200 稳定的数据流量为 1MB/s。

(4) 点数(通道数):根据信号的个数以及各个信号的类型选择。信号包括:TTL、光电隔离、继电器。

(5) 驱动能力:数据采集卡输出信号有各种输出电路,其中光电隔离、集电极开路驱动能力较强。

4) 选择采集卡处理器

对于功能强大的数据采集卡，需要选择专用的处理器来预处理采集的数据：单片机、FPGA、DSP、ARM 都是可以挑选的对象。

单片机由于便宜，易于开发，开发资料齐全，工程实例众多，很适合初学者。FPGA 设计方便，具有速度和效率的优势，也是不错的选择。DSP 专门为数据处理而设计，速度快，可以实现非常复杂的算法，是较好的选择。ARM 的功能过于复杂，适合于需要复杂人机界面的场合。有些器件将接口协议处理器和采集卡处理器集成在一体，这些芯片应该有更好的使用价值。

5) 选择驱动软件和数据采集处理软件的编写语言

可使用 WDM，Windriver 等编写驱动软件，使用软件开发平台编写数据控制处理软件。

6) 根据用户的其他要求选择

用户可能要求对多个参数进行同步采集，或者按一定顺序采集，此时应选择有同步功能或有触发功能的采集卡。

【案例 6.6】 在设计柴油机喷油泵试验台性能测试系统时，根据系统功能需求分析，系统应具有 8 路高速模拟信号输入通道，用于采集泵端压力、嘴端压力、针阀升程等信号，具有 1 路脉冲量输入通道，用于采集转速信号；系统单通道采样频率应达到 180kHz，则要求采集卡有最高采样频率（应达到 1MHz），采用 3600 线光电编码器触发采样。泵端压力及嘴端压力范围为 0～100MPa，选择压阻式压力传感器，经调理后输出 0～10V 电压信号。

根据系统要求，数据采集卡可选择 PCI-6070E，其性能指标为：16 路单端输入通道，12位 A/D 分辨率，采样频率 1.25MHz，量程 0.5～10V，2 通道 24 位计数器，支持内时钟和外时钟扫描方式进行采集。

6.4.3 软件开发平台

虚拟仪器软件结构如图 6.8 所示，在数据采集卡等硬件支持下，应用软件通过接口软件处理采集数据。应用与开发数据控制处理的软件开发平台很多。例如 VirtualBench、LabVIEW、Visual C++、Visual Basic、LabWindows/CVI、Java 等。目前在虚拟仪器领域内，使用较为广泛的开发平台是美国 NI 公司的 LabVIEW。

LabVIEW(laboratory virtual instrument engineering) 是一种图形化的编程语言，它广泛地被工业界、学术界和研究实验室所接受，被视为一个标准的数据采集和仪器控制软件。LabVIEW 集成了与满足 GPIB、VXI、RS-232 和 RS-485 协议的硬件及数据采集卡通信的全部功能，还内置了便于应用 TCP/IP、ActiveX 等软件标准的库函数。LabVIEW 是一个功能强大且灵活的软件，利用它可以方便地建立自己的虚拟仪器，其图形化的界面使得编程及使用过程都生动有趣。

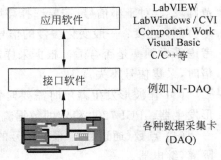

图 6.8 虚拟仪器软件结构

图形化的程序语言,又称为"G"语言。使用这种语言编程时,基本上不写程序代码,取而代之的是流程图或程序图,而且尽可能利用了技术人员、科学家、工程师所熟悉的术语、图标和概念。因此 LabVIEW 是一个面向最终用户的工具,可以增强用户构建自己的科学和工程系统的能力,提供了实现仪器编程和数据采集系统的便捷途径。使用它进行原理研究、设计、测试并实现仪器系统时,可以大大提高工作效率。

利用 LabVIEW 可产生独立运行的可执行文件,是一个真正的 32 位编译器。像许多重要的软件一样,LabVIEW 提供了 Windows、UNIX、Linux、Macintosh 的多种版本。

所有的 LabVIEW 应用程序,包括前面板(front panel)、流程图(block diagram)以及图标/连接器(icon/connector)三部分。

1. 前面板

前面板是图形用户界面,也就是 VI 的虚拟仪器面板,这一界面上有用户输入和显示输出两类对象,具体表现有开关、旋钮、图形以及其他控制(control)和显示对象(indicator)。图 6.9 所示是一个随机信号发生和显示的简单 VI 的前面板,上面有一个显示对象,以曲线的方式显示了所产生的一系列随机数。还有一个控制对象——开关,可以启动和停止工作。显然,并非简单地画两个控件就可以运行,在前面板后还有一个与之配套的流程图。

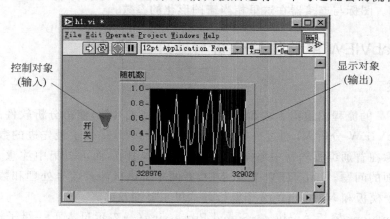

图 6.9 随机信号发生器的前面板

2. 流程图

流程图提供 VI 的图形化源程序。在流程图中对 VI 编程,以控制和操纵定义在前面板上的输入和输出功能。流程图中包括前面板上的控件的连线端子,还有一些前面板上没有但编程必须使用的对象,例如函数、结构和连线等。图 6.10 是与图 6.9 对应的流程图。可以看出,流程图中包括了前面板上的开关和随机数显示器的连线端子,还有一个随机数发生器的函数及程序的循环结构。随机数发生器通过连线将产生的随机信号送到显示控件,为了使它持续工作下去,设置了一个 While Loop 循环,由开关控制这一循环的结束。

如果将 VI 与传统仪器相比较,那么前面板上的控件和显示器与传统仪器面板上的相应器件对应,而流程图上的节点、连线和过程相当于传统仪器箱内的元器件、连线和软件。在许多情况下,使用 VI 可以仿真标准仪器,不仅在屏幕上出现一个惟妙惟肖的标准仪器面

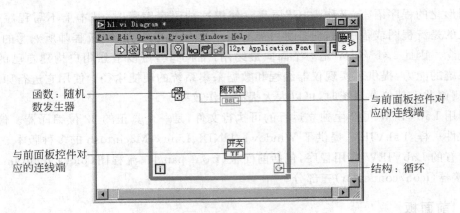

图 6.10　随机信号发生器的流程图

板,而且其功能也与标准仪器相差无几。

3. 图标/连接器

VI 具有层次化和结构化的特征。一个 VI 可以作为子程序,这里称为子 VI(subVI),被其他 VI 调用。图标与连接器在这里相当于图形化的参数。

6.4.4　LabVIEW 中的信号分析与处理工具箱

1. 概述

LabVIEW 的流程图编程方法和分析 VI 库的扩展工具箱,使得分析软件的开发变得更加简单。LabVIEW 分析 VI 通过一些可以互相连接的 VI,提供了最先进的数据分析技术。使用者不必像在普通编程语言中那样关心步骤的具体细节,而可以集中注意力解决信号处理与分析方面的问题。LabVIEW 7i 版本中,有两个子模板涉及信号处理和数学分析,分别是 Analyze 子模板和 Mathematics 子模板。这里主要涉及前者。

进入 Functions 模板 Analyze→Signal Processing(→表示进入下一级子模板,下同)子模板,如图 6.11 所示。

该模版中共有 6 个分析 VI 库。

（1）Signal Generation(信号发生):用于产生数字特性曲线和波形。

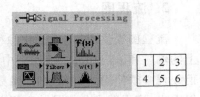

（2）Time Domain(时域分析):用于进行时域分析等。

图 6.11　信号分析子模板

（3）Frequency Domain(频域分析):用于进行频域转换、频域分析等。

（4）Measurement(测量函数):用于执行各种测量功能,例如单边 FFT、频谱、比例加窗以及泄漏频谱、能量的估算。

（5）Digital Filters(数字滤波器):用于执行 IIR、FIR 和非线性滤波功能。

（6）Windowing(窗函数):用于对数据加窗。

　　下面将介绍如何使用分析库中的 VI 创建函数发生器和简单实用的频谱分析仪,如何使用数字滤波器、窗函数以及不同类型窗函数的优点等内容。

2. 信号的产生

　　本节将介绍产生标准频率的信号及创建模拟函数发生器的方法。此外还将介绍怎样使用分析库中的信号发生 VI 产生各种类型的信号。信号产生的应用主要有:

　　(1) 无法获得实际信号时(例如没有 DAQ 板卡来获得实际信号或者受限制无法访问实际信号),信号发生功能可以产生模拟信号测试程序;

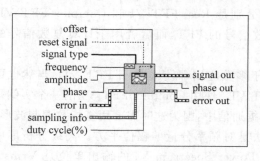

图 6.12　基本函数发生器

　　(2) 产生用于 D/A 转换的信号。

　　在 LabVIEW 7i 中提供了波形函数,为制作函数发生器提供了方便。以 Waveform\Waveform Generation 中的基本函数发生器(Basic Function Generator. vi)为例,其图标如图 6.12 所示。

　　基本函数发生器的功能是建立一个输出波形,该波形类型有:正弦波、三角波、锯齿波和方波。这个 VI 会记住产生的前一波形的时间标志,并且由此点开始使时间标志连续增长。它的输入参数有波形类型、样本数、起始相位、波形频率(单位:Hz)。

　　使用 VI 制作的函数发生器如图 6.13,由框图可以看出,其中没有附加任何其他部件。

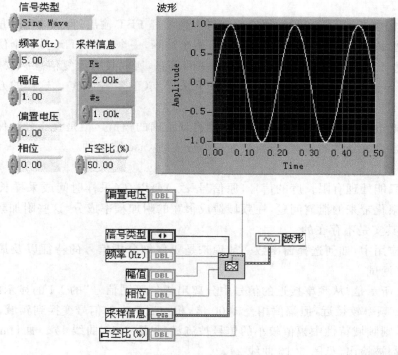

图 6.13　函数发生器

3. 数字信号处理

1) FFT 变换

信号的时域显示(采样点的幅值)可以通过离散傅里叶变换(DFT)的方法转换为频域显示。DFT 的计算通常采用快速傅里叶变换(FFT)。当信号的采样点数是 2 的幂时,就可以采用这种方法。

FFT 的输出都是双边,它同时显示了正负频率的信息。通过只使用一半 FFT 输出采样点转换成单边 FFT。FFT 的采样点之间的频率间隔是 f_s/N,这里 f_s 是采样频率。

Analyze 库中有两个可以进行 FFT 的 VI,分别是 Real FFT VI 和 Complex FFT VI。这两个 VI 之间的区别在于,前者用于计算实数信号的 FFT,而后者用于计算复数信号的 FFT,它们的输出都是复数。

大多数实际采集的信号都是实数,因此对于多数应用都使用 Real FFT VI。当然也可以通过设置信号的虚部为 0,使用 Complex FFT VI。使用 Complex FFT VI 的一个实例是信号含有实部和虚部。这种信号通常出现在数据通信中,因为这时需要用复指数调制波形。

计算每个 FFT 显示的频率分量能量的方法是对频率分量的幅值平方。高级分析库中 Power Spectrum VI 可以自动计算能量频谱。Power Spectrum VI 的输出单位是 $Vrms^2$。但是能量频谱不能提供任何相位信息。

FFT 和能量频谱可以用于测量静态或者动态信号的频率信息。FFT 提供了信号在整个采样期间的平均频率信息。因此 FFT 主要用于缓变信号的分析(即信号在采样期间的频率变化不大),或者只需要求取每个频率分量的平均能量。图 6.14 所示是用 FFT 分析正弦波频谱的 VI。

流程图中的 Array Size 函数用来根据样本数据经 FFT 输出,得到频率分量的幅值。

(1) 双边 FFT:检查频谱图可以看到有两个波峰,一个位于 5Hz,另一个位于 95Hz。

(2) 单边 FFT:因为 FFT 含有正负频率的信息,所以具有重复信息。按照图 6.15 修改流程图。经过修改之后,只显示一半的 FFT 采样点(正频率部分)。这样的方法叫做单边 FFT,单边 FFT 只显示正频率部分。

注意要把正频率分量的幅值乘以 2 才能得到正确的幅值。但是直流分量保持不变。若程序中考虑含直流分量的情况,应当增加一个分支或 case 结构。

2) 窗函数

计算机只能处理有限长度的信号,原信号 $x(t)$ 要以 T(采样时间或采样长度)截断,即有限化。有限化带来的泄露问题,在频域造成很宽的附加频率成分,这些附加频率成分在原信号 $x(t)$ 中其实是不存在的。

在实际应用中,如何选择窗函数一般说来是要仔细分析信号的特征以及最终达到的目的,并经反复调试。

图 6.16 所示是"从频率接近的信号中分离出幅值不同信号"的 VI 的显示结果,正弦波 1 与正弦波 2 频率较接近,但幅值相差 1000 倍,相加后产生的信号变换到频域,如果在 FFT 之前不加窗,则频域特性中幅值较小的信号被淹没(见图 6.16 曲线 1)。加 Hanning 窗后两个频率成分都被检出(见图 6.16 曲线 2)。

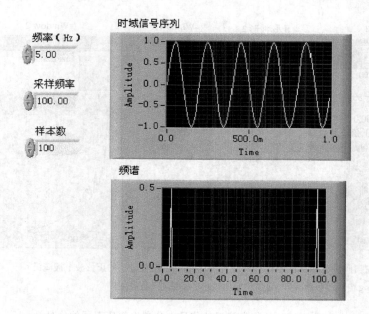

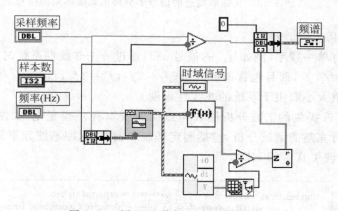

图 6.14　用 FFT 分析正弦波频谱

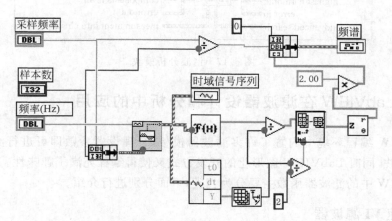

图 6.15　单边 FFT 流程图

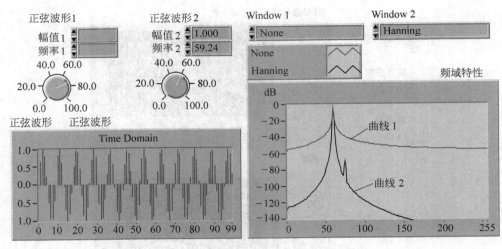

不同类型窗口函数在频域的效果。不使用窗口函数时,幅值较小的正弦波 1 被淹没。

使用 Hanning 窗口函数后(Window 2),幅值较小的正弦波 1 被发现

图 6.16   从频率接近的信号中分离出幅值不同的信号

3) 谐波失真与频谱分析

当一个含有单一频率(例如 f_1)的信号 $x(t)$ 通过一个非线性系统时,系统的输出不仅包含输入信号的频率 f_1,而且包含谐波分量($f_2 = 2f_1$,$f_3 = 3f_1$,$f_4 = 4f_1$ 等),谐波的数量以及它们对应的幅值大小取决于系统的非线性程度。

LabVIEW 7i 提供的谐波分析模块与以前的版本有一些变化,如图 6.17 所示。该 VI 对输入信号进行完整的谐波分析,包括测定基波和谐波,返回基波频率和所有的谐波幅度电平,以及总的谐波失真度(THD)。

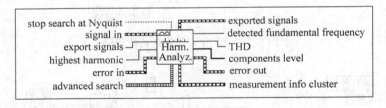

图 6.17   谐波分析模块

6.4.5   LabVIEW 在滤波器设计和分析中的应用

LabVIEW 编程环境中内置了许多滤波器模板,合理设置参数即可进行滤波器设计或完成信号滤波,同时 LabVIEW 图形化的开发方式又使得编程充满了趣味性。

LabVIEW 中的滤波器函数主要分为三类,下面分别进行介绍。

1. 快速 VI 滤波器

快速 VI(Express VI)滤波器位于 Functions→Signal Analysis 子模板中,可针对所有滤

波器类型进行设置,使用最为方便快捷。其配置对话框如图 6.18 所示,图中配置了一个下截止频率 f_{c1} 为 100Hz、上截止频率 f_{c2} 为 400Hz 的四阶切比雪夫带通滤波器,右边的两个预览窗口中分别显示了滤波器的幅频和相频特性曲线。

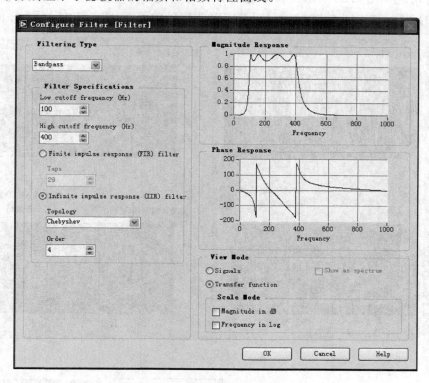

图 6.18　快速 VI 滤波器的配置窗口

2. 波形 VI 滤波器

波形 VI 滤波器位于 Functions→All Functions→Analyze→Waveform Conditioning 子模板中,包括 IIR 滤波器和 FIR 滤波器两个 VI。波形 VI 滤波器处理的信号必须为“波形”类型,“波形”是 LabVIEW 特有的数据类型,由采样数据的起始时刻、每两个采样值之间的时间间隔、一系列采样值和波形的属性四部分数据组成,非常适合于在测控领域中使用,其形式有些类似于 C 语言中的结构体。

3. 基本功能 VI 滤波器

基本功能 VI 滤波器位于 Functions→All Functions→Signal Processing→Filters 子模板中,如图 6.19 所示。在该模板中,按照最佳逼近方式提供了不同类型的滤波器,其配置最为繁琐,但滤波器的类型也最为丰富,如等波纹滤波器、1/f 滤波器等是前两类模板中所不具有的。基本功能 VI 滤波器的输入/输出信号均为数组类型。

图 6.19　基本功能 VI 滤波器子模板

4. 应用举例

【案例 6.7】 图 6.20 所示是利用波形 VI 滤波器进行信号滤波和不同类型滤波器频率特性对比的程序,其中图 6.20(a)是 LabVIEW 程序的前面板,图 6.20(b)是程序的流程图。

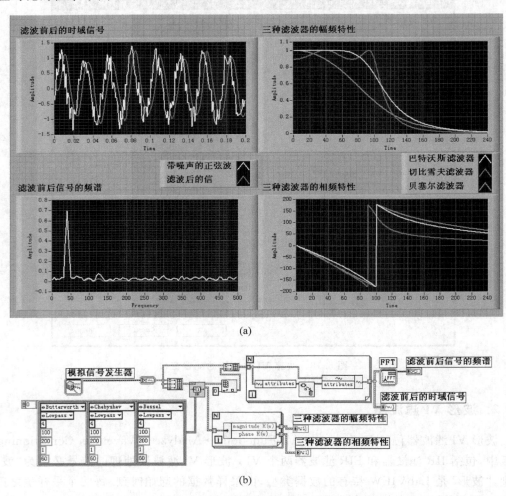

(a)

(b)

图 6.20 信号滤波和不同类型滤波器频率特性对比程序
(a) 程序前面板;(b) 程序流程图

本例中,输入信号为带白噪声的正弦波。利用波形 VI 滤波器构建了三个不同类型的四阶低通滤波器:巴特沃斯型、切比雪夫型和贝塞尔型。三个滤波器的截止频率均为 100Hz,通带内信号衰减均不大于 1dB。图 6.20(a)中右边的两个窗口分别是不同滤波器的幅频和相频特性曲线,由图可见其频率特性与 3.4.2 节描述的一致。图 6.20(a)中左边的两个窗口分别是滤波前后信号(图中显示的是经过巴特沃斯滤波器滤波后的信号)的时域波形和频谱图,滤波后输入信号中的高频成分被极大地衰减,输出较好地保留了正弦波。另外还可以注意到滤波后的时域信号相对于滤波前的信号有一个时间滞后,滞后量就是 3.4.2 节所提到的滤波器的建立时间,由此可见 3.4.2 节关于建立时间的结论无论是对于硬件滤波还是软件滤波均是成立的。

滚动轴承是各种旋转机械中应用最广泛的基础件,轴承工作时的振动会直接影响机械的性能。鉴于此,《滚动轴承振动(速度)测量方法》(JB/T 5313—2001)和《滚动轴承　深沟球轴承振动(速度)技术条件》(JB/T 10187—2000)均对轴承振动的检测进行了明确的规定,要求在低(50～300Hz)、中(300～1800Hz)、高(1800～10000Hz)三个频带内进行振动参数评价,并规定了各带通滤波器的特性。

实际操作中可以利用软件滤波完成以上工作,程序如图 6.21 所示。根据标准要求,设计了三个五阶的 Ⅱ 型带通切比雪夫滤波器,其上、下截止频率分别对应标准要求。将通频带振动信号分别送入三个滤波器即可得到低、中、高三个频带的输出。

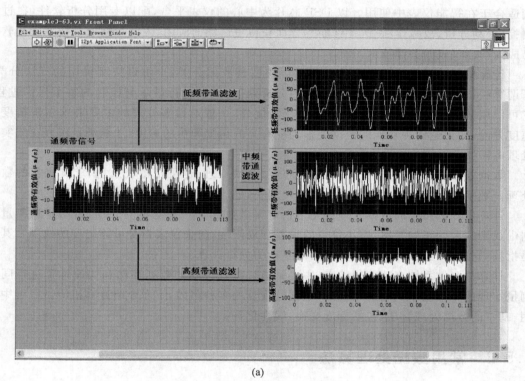

(a)

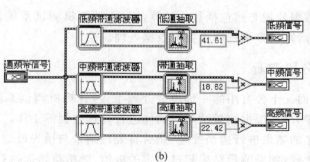

(b)

图 6.21　通频带信号滤波程序

(a) 程序前面板;(b) 程序流程图

该程序调用了快速 VI 滤波器,因此非常简洁。应该注意滤波后还需将三路输出信号前面的部分数据舍弃,原因就是滤波器存在建立时间,初始的输出数据存在失真。

6.5　常用数据处理算法

6.5.1　概述

近年来,随着 VLSI 技术的发展,出现了一批高速的专用单片数字信号处理器芯片,特别适合于在智能仪表中使用。以 DSP 芯片为中心的仪表平台,配以专用分析软件,在过程测控、振动分析、故障诊断、医疗诊断等方面获得更广泛的应用,因此数据处理技术及其软件已成为智能仪表的关键技术。

计算机测试系统数据处理的功能可以根据其应用分类,也可以按所采用的算法分类。所谓算法,是指对输入的信息进行必要的分析处理,以及进行显示与控制的整个操作过程,它可以用数字模型或操作流程表示。除了功能外,一般对数据处理的主要要求在于精度和速度方面,即无论何种功能的数据处理均应有高的精度和快的速度,才能满足仪表在线实时处理的需要。

数据处理是含义较广泛的术语,可指信号变换处理,也可指由表及里、求真求实的数据处理。数字信号处理技术已有几十年的发展史,已建立起一套较成熟的理论基础。

计算机测试系统的数据处理首先是指对测量数据作一些基本的处理,目的是从测量数据中找到问题的正确答案,减小仪表的误差和局限性,防止仪表自身可能出现的故障。其次是指频谱分析、相关计算、统计与评估等复杂的分析计算。

计算机测试系统多功能的特点,主要是通过微处理器的数据存储和快速计算进行间接测量实现的。根据不同的应用实际,数据处理算法多种多样,下面介绍计算机测试系统中常用、基本的数据处理算法,包括标度变换、线性化等。

6.5.2　常用数据处理算法

在现代测量中,数据处理必然包括数值计算,因此,计算机测试系统常常采用逻辑运算和算术运算乃至分析运算的方法进行必要的数据处理。

1. 极值判断、分段测量

逻辑运算是简单而又十分有用的一种数据处理手段,计算机测试系统常用它进行极值判断与报警,测量范围分段,根据测量结果对物体进行分选控制等工作。例如进行极值判断时,仪表先对数据采集的结果进行适当处理,然后将处理结果与预先设定的上、下限极值(极大值和极小值)进行比较,如果测量结果超过预定的极值,微机将转而执行报警处理程序,使仪表产生声、光报警和保护措施。

采取量程分段和自动量程处理技术时,各量程分段的上、下限值的确定值得设计者注意。确定各量程段上、下限值的原则是能提高数据采集的分辨率,保证测量的应有精度。如某多功能测量仪(又称多用表)有 0.4V、4V、40V、400V 四种量程,则 4V 量程的下限值为下一量程的 120%,即 0.48V,上限为量程的 120%,即 4.80V。在这一量程内,当数据采集结果小于 0.48V 时,仪表应自动转入 0.4V 量程挡。当数据采集结果大于 4.80V 时,仪表应自动转入 40V 量程挡。这样就可保证各量程测量较小量的分辨率接近 A/D 转换分辨率的 1/10,各量程均使用电路性能最好的一段(1/11～10/11)进行测量,保证测量有一定的精度,还可避免分挡误差引起自动量程切换中的不确定性。

当对测量范围采取分段测量措施时,一般信号放大任务由可编程增益放大器来完成。这样,仪表取得数据采集结果后必须进行上述极值判别,以便选择放大器的增益,最后获得正确的量程。量程处理程序框图如图 6.22 所示。

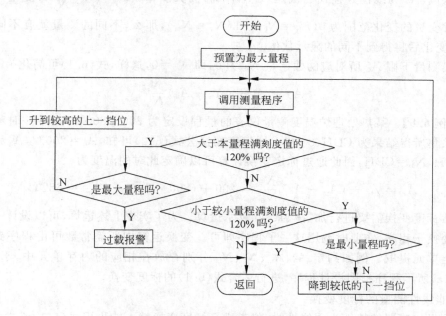

图 6.22　量程自动切换程序流程图

进行生产加工测量和标定工作时,常常要先判断工件和被标定设备是否到位,到位后再进行数据采集。工位测量可由光电开关完成,仪表根据光电开关输出的信号,即可判别工件是否到位。多个工位的光电开关输出信号将组成一个多位二进制的位置判别信号,智能仪器通过测位指令和比较指令,即可以确定位置情况,从而转入相应的处理程序。

2. 标度变换

工业过程的各种测量不仅量纲不同,其数值变化范围往往也相差很大。为了数据采集,不管用何种传感器、测量何种被测量所得的信号,都要处理成与 A/D 转换器输入特性相匹配的电压信号(如 0～5V),然后经过 A/D 转换(例如 8 位)后才能成为数字量(例如 00～0FFH)进入计算机测试系统的微处理器。为使其显示、记录、打印等结果能反映被测量的实际数值,就必须对 A/D 转换后的数字信号进行变换。这种测量结果的数字变化就是标度变换。

1) 线性仪器的标度变换

对于具有线性特性的仪表,其标度变换可用如下公式表示,即

$$A_x = A_0 + (A_m - A_0) \frac{N_x - N_0}{N_m - N_0} \tag{6.1}$$

式中：A_x——实际测量值；

　　　A_m——测量上限；

　　　A_0——测量下限；

　　　N_x——实际测量值所对应的数字量；

　　　N_m——上限所对应的数字量；

　　　N_0——下限所对应的数字量。

可以说，A_0 为线性方程式的截距，$(A_m - A_0)$ 为其斜率，$X' = \dfrac{N_x - N_0}{N_m - N_0}$ 为变量，A_x 为函数。通常变量的变化范围为 $0(N_x = N_0) \sim 1(N_x = N_m)$，那么，不同的测量就有不同的常数 A_0、A_m，变化后将得到不同的显示数值。

一般测量下限 A_0 所对应的数字量 N_0 为 0，即 $N_0 = 0$，这样，式(6.1)可简化为

$$A_x = A_0 + (A_m - A_0) \frac{N_x}{N_m} \tag{6.2}$$

【案例 6.8】　某热处理炉温度测量仪表的量程设定为 $200 \sim 800 ℃$，在某一时刻仪表进行数据采集所得结果为 CDH(8 位)。按标度变换公式(6.2)可知，$A_0 = 200 ℃$，$A_m = 800 ℃$，$N_m = \text{FFH}$，$N_x = \text{CDH}$，因此通过标定变换计算可以确定此时的温度为

$$A_x = A_0 + (A_m - A_0) \frac{N_x}{N_m} = 200 + (800 - 200) \times \frac{205}{255} = 682 ℃ \tag{6.3}$$

显然标度变换需要进行加、减、乘、除算术运算。为了实现上述运算，可以设计一个专用的标度变换子程序，需要时调用这一子程序即可。变换运算中所需常数可由程序到存储器中的约定单元提取。例如约定 A_0、A_m、N_0、N_m 分别存放在相应的内存单元中，于是，可用图 6.23(a)所示程序框图设计程序，进行适合式(6.1)的标度变换。

2) 非线性测量的标度变换

当测量传感器的特性为非线性时，仪表进行标度变换就不能再用式(6.1)或式(6.2)了，而必须根据具体情况确定标度变换公式。例如流量与差压的关系为

$$Q = k \sqrt{\Delta p} \tag{6.4}$$

那么，根据差压变送器的信号进行数据采集的结果与差压呈线性关系，与流量就不是线性关系，因此，不能用线性标度变换公式计算流量。由于差压变送器的输出信号与差压间有线性关系 $N_x = C \Delta p$，因此，用数据采集的结果(数字量)代表差压时可将系数 $\dfrac{1}{C} \left(\Delta p = \dfrac{1}{C} N_x \right)$ 移出与 k 合并为 K。这样，将 Δp 作为一个复变量，利用两点式方程建立方法，有

$$\frac{Q_x - Q_0}{Q_m - Q_0} = \frac{K \sqrt{N_x} - K \sqrt{N_0}}{K \sqrt{N_m} - K \sqrt{N_0}} \tag{6.5}$$

可得差压式流量测量时的标度变换公式为

$$Q_x = Q_0 + (Q_m - Q_0) \frac{\sqrt{N_x} - \sqrt{N_0}}{\sqrt{N_m} - \sqrt{N_0}} \tag{6.6}$$

式中：Q_x——实测流量值；

　　　N_x——实际测得数据；

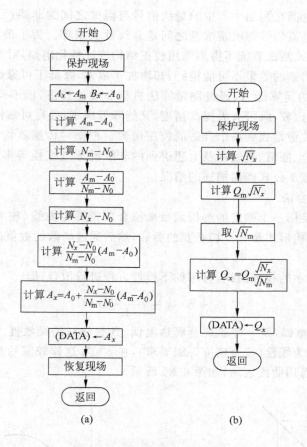

图 6.23 线性刻度和流量的标度变换程序

(a) 线性刻度标度变换程序流程图；(b) 流量标度变换程序流程图

Q_m——测量上限；

N_m——与上限对应的数字量；

Q_0——测量下限；

N_0——与下限对应的数字量。

如果下限取 0，即 $Q_0 = 0$，$N_0 = 0$，则式(6.6)变为

$$Q_x = Q_m \frac{\sqrt{N_x}}{\sqrt{N_m}} \tag{6.7}$$

根据式(6.7)，可绘出流量标度变换的程序框图，如图 6.23(b)所示。需要说明的是，非线性测量的标度变换也是一种线性化措施。只要有确定的输入、输出非线性特性模型，通过变换计算，就能获得正确的被测量，这相当于进行了线性化处理。

3. 数字线性化

设计计算机测试系统时，总希望得到线性的输入/输出关系，这样不仅可以使显示、记录刻度均匀、读数清楚方便，而且能使系统在整个测量范围的灵敏度一致。

实际上，很多变量与测量转换所得的电信号（往往因传感器的特性是非线性的）都呈非线性关系。例如热电偶在测温中产生的毫伏信号与温度之间为非线性关系,纸浆浓度变送器在测量中输出的电流信号与纸浆浓度之间是非线性关系等。为了最后获得输入、输出之间的线性关系,模拟式测试系统不得不采用校正结构或线性化电路,对测量特性进行补偿校正。这些硬件补偿措施的效果不可能很好,却增加了成本,降低了可靠性。计算机测试系统充分利用微处理器的运算能力,通过测量算法进行非线性校正,而不需要任何硬件补偿装置,与硬件补偿方法比较,既可大大提高精度,又能降低成本,提高可靠性。

线性化算法的关键是找到一个合适的校正函数。根据对传感器特性的标定情况,线性化方法可有曲线拟合、插值、查表以及上述讲到的非线性标度变换等多种方法,后者仅适用于非线性关系可用数学公式确切描述的情况。

1) 连续函数拟合法

此方法的目标是用一个确定的解析函数来拟合所得标定曲线(校准曲线),包括确定该函数的类型、具体结构形式及其一切必要的参数,然后通过函数的数值计算求得精确的测量结果。

如对图 6.24 所示的校准曲线,可用如下线性方程进行拟合,即

$$y = y_0 + \frac{y_1 - y_0}{E}x \tag{6.8}$$

例如铁-康铜热电偶,是一种非贵金属热电偶,具有较高的灵敏度。但其分度特性只在 400℃范围以内表现为线性(符合精度等级要求),在 800℃这样较宽的测量范围就呈现非线性特性。分度特性可用曲线表示,如图 6.25 所示。

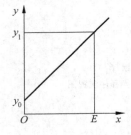

图 6.24　线性函数

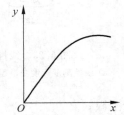

图 6.25　铁-康铜热电偶分度特性曲线示意图

为了方便在 800℃的宽测量范围内进行分析处理,希望能用一个连续的数学表达式来近似铁-康铜热电偶输出信号(mV)与被测变量(温度)之间的关系,即要回归出一个经验公式拟合标定曲线。根据分度特性曲线和有关表格的数据可以看出,在宽范围情况铁-康铜热电偶分度特性为非线性。这时回归分析工作包括两个主要内容:①确定非线性函数类型;②求解相关函数中的未知参数。

用最小二乘法直接求解非线性回归方程的参数是非常复杂的;可以通过变量代换,先将非线性函数转换成线性方程,然后再用线性回归的方法求解参数。但是,变量代换又多了一步工作,代换关系的确定也只能用曲线上几个点的对应值求解,并不能保证精度,转换处理的意义不大。因此,一元非线性回归往往直接用曲线上几个点的值来求解方程参数和进行精度检验,所选择的几个点应相距较远并具有代表性。对铁-康铜热电偶特性曲线进行一元非线性回归时,设数学关系式的形式为二次多项式,即

$$y = a_0 + a_1x + a_2x^2 \tag{6.9}$$

式中：x——热电偶输出；

　　　y——被测温度。

显然多项式中 $a_0=0$。选择一些代表性的点的数据代入，即可获得回归方程。

为了保证数学关系式的精度，还需要选取另外一些有代表性的点的数据代入式(6.9)进行检验，判定关系式是否符合精度要求。若不符合，则要重新确定参数或者选择其他的多项式形式。

不管铁-康铜分度特性曲线形状如何，也可以进行一元线性回归。设其数学关系式的形式为一次多项式，即线性形式。根据最小二乘原理，充分利用分度特性表的数据求解系数，可获得回归方程

$$y = 11.8792℃/mV + (17.5322℃/mV^2)x \tag{6.10}$$

即

$$a_0 = 11.8792℃/mV$$
$$a_1 = 17.5322℃/mV^2$$

2) 差值法

差值法又称为分段拟合法，它是把标准曲线的整个区间划分为若干段，每段用一个多项式拟合，根据输入量所在的区段，即可按该段的拟合多项式计算出准确的测量结果。

差值法通常有线性差值和抛物线差值两种形式。线性差值法是将两相邻分段点之间用直线相连，以代替相应的曲线段。抛物线差值法是经校准曲线上 3 个点作一条抛物线，用以代替原曲线。线性差值法适用于变换平缓的场合，抛物线适用于曲线较为弯曲的情况。

3) 查表法

无论连续函数拟合法还是差值法线性化，都需要计算机测试系统做大量的、甚至是复杂的计算。若计算中处理不当（如字节数不够等），就可能造成计算误差，计算必然使得程序变得冗长，处理速度降低。查表法可以避开处理计算，以预先确定的精度和速度进行线性化处理。

查表法要求事先用表格形式确定采样结果与被测量之间的关系，并将表格按一定方法（例如从大到小顺序等）存入内存中。处理过程中先取得测量结果，然后查表得到被测量数值。

4．数字滤波算法

随着计算机技术的发展及其在测试技术中的应用，数字滤波器越来越得到重视。数字滤波器仅依赖于软件的算法结构，并具有稳定性好、滤波器参数调整灵活、可以进行软件仿真和预先设计测试、不要求阻抗匹配以及可实现模拟滤波器无法实现的特殊滤波功能等优点，所以数字滤波器一般借助于软件实现。数字滤波器只能处理离散信号，若需处理模拟信号，则可通过 A/D 和 D/A 转换实现信号形式上的匹配，因此也可以利用数字滤波器对模拟信号进行滤波。下面介绍几种常用的数字滤波算法：算术平均值法、中值滤波法和防脉冲干扰平均值法。

1) 算术平均值法

算术平均值法是对同一采样点连续采样 N 次，然后取其平均值，其算式为

$$y = \frac{1}{N} \sum_{k=1}^{N} x_k \tag{6.11}$$

式中：y——N 次测量的平均值；

$\quad\quad x_k$——第 k 次测量的测量值；

$\quad\quad N$——测量次数。

算术平均值法简单实用,适用于对流量等一类信号的平滑。流量信号在某一个数值范围附近作上下波动,取其一个采样值显然难以作为依据。算术平均值法对周期性波动信号有良好的平滑作用,其平滑滤波程度完全取决于 N,当 N 较大时,平滑度高,但灵敏度低,即外界信号的变化对测量计算结果 y 的影响小;当 N 较小时,平滑度低,但灵敏度高。应按具体情况选取 N,例如对一般流量测量,N 可取 12,对压力测量次数 N 可取 4。

2) 中值滤波法

中值滤波法是对某一被测参数连续采样 n 次(n 一般取奇数),然后把 n 次采样值从小到大或从大到小排序,再取中间值作为本次采样值。中值滤波法能有效地克服由于偶然因素引起的被测量的波动和脉冲干扰,对温度、液位等缓慢变化的被测参数采用此方法能收到良好的滤波效果。但对压力、流量等变化剧烈的被测参数,不宜采用次法。

3) 防脉冲干扰平均值法

前面介绍的两种算法各有一些缺陷。算术平均值法对周期性波动信号有良好的平滑作用,但对脉冲干扰的抑制能力较差;中值滤波法有良好的抗脉冲干扰能力,但由于受到采样点连续采样次数的限制,阻碍了其性能的提高。在实际中往往将上述两种方法结合起来形成复合滤波算法,即先用中值滤波法滤掉采样值中的脉冲干扰,然后将剩下采样值进行算术平均。其原理可用下式表示：若 $x_1 \leqslant x_2 \leqslant \cdots \leqslant x_n$,$3 \leqslant N \leqslant 14$,则

$$y = \frac{x_1 + x_2 + \cdots + x_{n-2}}{N-2} \tag{6.12}$$

这种滤波方法兼容了算术平均值法和中值滤波法的优点,无论是对缓变信号,还是对快速变化的测量信号,都有很好的滤波效果。当采样点数为 3 时,它便是中值滤波法。

数字滤波器总体上可分为两大类。一类称为经典滤波器,特点是如果输入信号中有用的频率成分和希望滤除的频率成分各占不同的频带,则通过一个选频合适的滤波器达到滤波目的。当噪声与有用信号的频带重叠时,使用经典滤波器不可能达到有效抑制噪声的目的,这时需要采用所谓的现代滤波器,如维纳滤波器、卡尔曼滤波器、自适应滤波器等。这些滤波器从传统的概念出发,对要提取的有用信号从时域内进行统计,在统计指标最优的意义下,估计出最优逼近的有用信号、衰减噪声。

6.6 机器学习方法

随着计算机测试技术的不断应用和发展,人们对测试系统的智能化水平要求日益提升。如何让机器具有智能,能够像人一样处理测试数据,进行分析和预测,已经成为测试技术中重要的研究内容。随着机器学习尤其是深度学习方法在图像处理、语音分析、文字识别等领域取得良好的应用效果,将机器学习方法应用到计算机测试系统当中,实现对测试数据的智

能化分类识别和回归分析,已成为计算机测试系统在状态检测、故障诊断等领域的新思路。

机器学习方法是人工智能研究的核心内容。从 20 世纪 50 年代到 70 年代初,人工智能研究处于推理期,人们通过给机器赋予逻辑推理能力让机器具有智能。随后人们逐渐认识到,仅具有逻辑推理能力远远实现不了人工智能,有人就提出要使机器具有智能就必须让机器拥有知识。从 20 世纪 70 年代中期开始,人工智能进入了知识期,大量专家系统问世,通过专家知识库来给计算机处理问题提供依据,在很多领域做出了巨大贡献。但是专家系统面临知识工程瓶颈,于是又有一些学者想到让机器自己学习知识来处理问题,于是开启了让机器自主学习的研究热潮。

在机器学习研究的发展过程中,基于神经细胞整体模型和局部模型的假设,可以将机器学习方法分为两大类:强调模型整体性的方法,以感知机、统计机器学习等方法为代表;强调以局部模型建立集群解决问题的方法,以样条理论、k-近邻、Madaline、符号机器学习、集群机器学习与流形机器学习等为代表。

统计机器学习是近几年广泛应用的机器学习方法,让一个人工神经网络模型从大量训练样本中学习统计规律,从而对未知事件做预测。统计机器学习方法比起基于人工规则的学习方法,具有明显的优势。目前,统计机器学习比较热门的研究方向主要是深度学习方法(Deep Learning,DL)和支持向量机方法(Support Vector Machine,SVM)。

DL 和 SVM 两种方法的相互竞争由来已久。早期机器学习的研究主要集中在基于线性感知机方法上,即模拟人类神经元工作特点,建立人工神经网络模型,实现对信号的线性处理和特征的识别。感知机是线性分类模型,无法解决非线性分类问题,于是在 20 世纪 70 年代初期感知机的研究陷入了停滞,直到 1986 年,Rummelhart 等人发明了神经网络的误差反向传播(Back Propagation,BP)算法,才解决了其非线性分类以及权重参数训练的问题,推动了人工神经网络的快速发展。1992 年,Vapnik 等人提出了支持向量机方法,利用核函数把非线性问题转换成线性问题。由于早期的神经网络算法比较容易过拟合,需要设置大量的经验参数,训练速度比较慢,在层次比较少(只有三层:输入层、隐藏层、输出层)的情况下处理效果并不比其他方法更优,于是支持向量机等方法成为了机器学习的主流。一直到 2006 年,Hinton 在《科学》(Science)期刊上发表论文,提出了多层神经网络的深度学习算法,使得神经网络的性能大为提高,重新成为机器学习的热点。

1. 深度学习方法

深度学习方法指建立模拟人脑进行分析学习的深度神经网络,通过组合低层信号的特征形成更加抽象的高层信号表示输入信号的属性类别,以发现数据的分布式特征,具有数据特征值提取能力强、分类识别准确率高、不需要人工进行特征提取、迁移学习应用方便、数据处理智能化程度高等特点。

深度神经网络本质上是多层神经网络,与传统的神经网络相比,采用了相似的分层结构,系统由一个输入层、多个中间隐藏层、一个输出层组成,只有相邻层节点之间有连接,同一层以及跨层节点之间相互无连接,这种分层结构,更加接近于人类大脑的神经构造。深度神经网络的神经元结构和网络模型如图 6.26 所示。

单个神经元结构对输入信号做线性组合,叠加偏差项后,经过激活函数非线性映射到输出端。单层神经网络通过隐层的神经元对输入层数据进行非线性变换,转化为输出层的特

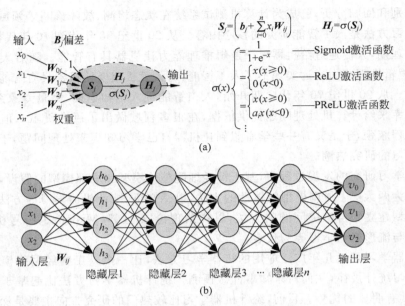

图 6.26　神经元及深度神经网络结构图
(a) 神经元结构示意图；(b) 深度神经网络结构图

征表示。而多层神经网络则是多个非线性函数的复合，能够更好地实现复杂函数的逼近，表征输入数据分布式表示，并具有强大的从少数样本集中学习数据集本质特征的能力。

为了克服传统神经网络训练中局部最优陷阱和梯度消失等问题，深度学习方法采用了与神经网络不同的训练机制。传统神经网络中，采用的是 BP 算法进行训练，随机设定初值，计算神经网络的输出，然后根据输出结果和标签数据之间的差值，去修改各层的权重参数，借助梯度下降原理进行参数的优化调整。而深度学习方法则将训练过程分成了逐层训练和全局调优两步。

首先，自下而上的非监督学习逐层训练。即从底层开始，利用测试数据，一层一层地往顶层训练，每一层网络分别训练参数，通过重构数据与原始数据的差值，调整权重参数，直到重构数据和原始数据的差值在允许范围内，然后将这层的输出作为下一层网络的输入，继续进行分层训练，直到所有层都完成训练，获得确定性初始参数。这样的训练方法由于模型容量的限制以及稀疏性约束，使得得到的模型能够学习到数据本身的结构，从而得到比输入更具有表示能力的特征。

然后，利用 BP 算法进行反向优化调整，即利用带标签数据自上而下，通过误差的方向传播进行网络参数的修正，得到深度神经网络模型接近全局最优的参数。

深度学习方法利用训练数据集对深度神经网络进行训练，调整优化模型中的权重参数，训练优化后的深度神经网络模型，就可以用于对新的测试数据的分析和处理，实现对新的数据特征的自主学习和分类。深度学习方法的训练和应用示意图如图 6.27 所示。

深度学习方法能够更好地表示数据的特征，对于图像、语音等特征不明显的信号进行处理时，不需要人工设计参数，完全依靠对历史数据规律的学习，对新的数据进行分析和评价，不仅效果良好，而且使用起来更加方便。

借助深度学习的模型，如深度置信网络（DBN）、栈式自动编码器（SAE）、卷积神经网络

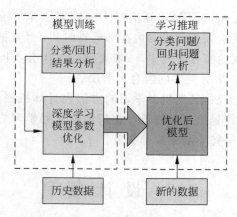

图 6.27　深度学习方法训练和应用示意图

（CNN）、循环神经网络（RNN）等，机器设备能够以极高的准确率完成即时翻译、人脸识别、唇语识别、车辆号牌识别、手写文字识别、基因组检测等任务，部分任务中对目标的识别准确率甚至超过了人类的识别水平。

深度学习的方法是建立在对数据规律的统计学习基础上的，需要大量的数据训练才能达到满意的效果，因此更加适合于复杂设备对象、海量测试数据的测试分析应用。

2. 支持向量机方法

SVM 方法是通过一个非线性映射把样本空间映射到一个高维乃至无穷维的特征空间中，使得在原来的样本空间中非线性可分的问题转化为在特征空间中线性可分的问题。

把样本向高维空间做映射，一般情况下会增加计算的复杂性。SVM 方法利用内积核函数代替向高维空间的非线性映射，通过在高维特征空间中建立线性学习机，寻找特征空间的最优超平面实现线性划分或回归，所以与线性模型相比，SVM 方法不但不增加计算的复杂性，而且在某种程度上避免了维数灾难。

SVM 方法是一种小样本学习方法，它基本上不涉及概率测度及大数定律等现有的统计方法，避开了从归纳到演绎的传统过程，实现了高效的从训练样本到预报样本的转导推理，大大简化了通常的分类和回归分析等问题。支持向量机方法分类示意图如图 6.28 所示。

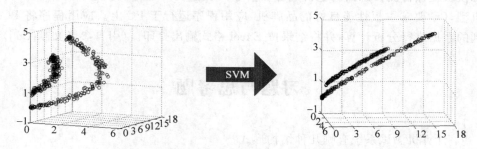

图 6.28　支持向量机方法分类示意图

SVM 方法利用少数支持向量决定了最终结果，不但可以帮助我们抓住关键样本、剔除大量冗余样本，而且增删非支持向量样本对模型没有影响，具有较好的鲁棒性。

SVM 方法的不足之处在于：SVM 算法对大规模训练样本难以实施,当计算的样本数量较大时,存储和计算将耗费大量的机器内存和运算时间;经典的 SVM 算法只给出了二类分类的算法,而在数据挖掘的实际应用中,一般要解决多类分类问题,这就需要通过多个二类 SVM 的组合或者构造多个分类器的组合来解决。

除了以上介绍的两种方法,其他机器学习的方法在计算机测试系统中也得到了相应的应用,例如增强机器学习、符号机器学习等。相信随着机器学习方法的不断发展和完善,计算机测试系统的智能化水平将不断进步和提升。

6.7 设 计 项 目

在为某传感器生产企业研制传感器静态特性测试系统时,经设计任务分析,系统需要具备测试传感器的主要静态性能指标,如线性度、灵敏度等,并判断该传感器是否合格;能完成对被测传感器的加载、卸载和数据的自动采集、分析计算及参数表格的保存和打印等功能。

传感器静态特性测试系统的一个重要性能要求是必须有很高的精度及稳定性,至少要比待测传感器高一个精度等级,本测试系统要求必须达到 0.03% 以上的测试精度。要实现高精度的测试系统,首先必须选用高精度的数据采集板卡、工控机或性能良好的通用 PC,同时由于传感器的输出信号较为微弱(一般在 $0\sim30mV$),影响测试精度的主要因素就是干扰信号。因此,在选用高精度的采集板卡和性能良好的 PC 基础上,必须对传感器的信号进行高精度调理,利用信号调理模块对传感器的输出信号进行滤波隔离和不失真放大。另外,信号调理模块和传感器电桥的供电电源设计及数字抗干扰技术对测试系统的精度提高也非常重要。前置放大器采用高精度仪器放大器 AD620,采集信号隔离输出,二阶巴特沃斯低通滤波器的截止频率为 50Hz。通过该信号调理模块,对待测传感器的输出信号进行线性、隔离及放大,非线性度小于 0.03%,放大倍数在 $10\sim200$ 倍内可选。PCI 板卡选用北京阿尔泰公司生产的 16 位 A/D 转换精度的多功能数据采集板卡 PCI2319,该板卡支持多路模拟信号输入、多路开关量的输入和输出,放大倍数可在 $1\sim8$ 倍内设定,总精度达到 0.01%;隔离电源模块提供待测传感器的电桥电源和信号调理模块的电源;系统中的 PC 和打印机为通用机型,PC 要求主板性能良好的品牌机,应用程序运行于 PC 上。应用程序将 PCI 板卡采集到的数据进行分析计算,并将结果按 Excel 格式输出打印。(引自参考文献[26])

习题与思考题

6.1 计算机测试系统有哪几种结构形式?

6.2 画出一般个人计算机仪器的组成框图。

6.3 简述在设计计算机测试系统时如何选择微处理器。工程中常用的单片机有哪些系列? 主要的 DSP 供应商有哪些?

6.4 简述集中采集式和分布采集式数据采集系统的结构特点。

6.5　简述虚拟仪器的组成和特点。虚拟仪器的"虚拟"体现在什么地方？

6.6　简述虚拟仪器的概念、硬件组成和常用软件开发平台。

6.7　简述针对具体工程应用设计计算机测试系统时，应如何选择信号调理器、数据采集模块。

6.8　按图 6.13 建立 VI，把该 VI 保存为 LabVIEW\Activity 目录中的 FFT_2sided.vi。选择频率(Hz)=10，采样率=100，样本数=100。把频率分别设置为 40Hz 和 60Hz，执行该 VI。观察这两种情况下图形是否相同，并解释原因。

6.9　简述机器学习的基本思想和原理，以及深度神经网络的结构和特点。

项 目 设 计

6.1　在设计某计量室的温度和湿度测试系统时，要求测量相对误差分别为±0.1℃和±1%，每 1min 测量一次，请选择 A/D 转换器的合适参数。

6.2　从网上搜索并下载不同公司的两款 16 位 A/D 转换器芯片资料，分析其技术指标的异同。画出其中一种与 MCS-51 单片机的接口电路，并编写驱动程序。

6.3　利用 A/D 转换器、MCS-51 单片机和三位 LED 显示器等，设计一个简易数字电压表，测量范围−10～10V，最大测量误差小于 0.1V。选择 A/D 转换器参数和型号，画出系统电路图，设计软件。

6.4　自动控制系统中，被控对象的转动惯量是一个重要参量。而被控对象往往是由许多光学、机械零部件、电气元部件组成。由于其复杂的几何形状，很难准确地计算出转动惯量，工程中常需要用测量的方法确定其转动惯量。测试系统选用了 YD-12 压电加速度传感器，要求其测量相对误差小于 0.5%，已知测试信号频率为 5～10Hz。设计该计算机测试系统，画出系统组成，选择或设计信号调理模块、数据采集模块、微处理器和应用系统开发软件。

6.5　设计装载机压力计算机测试系统，压力测试点分别为：分配阀进油、回油压力、先导阀压力、动臂油缸压力(大、小腔)、翻斗油缸压力(大、小腔)等，测试工况为在铲装车中作业。根据设计要求，选用的压力传感器为 BPR40 型电阻应变式压力传感器。设计该计算机测试系统，画出系统组成，选择或设计信号调理模块、数据采集模块、微处理器和应用软件的开发平台。

机械工程中常见量的测量

1. 根据机械工程中的测量任务,拟定合理的测量方案;

2. 选择合适的传感器及其后续电路和器件,强化测试系统集成能力,并对测量结果做出合理的评价。

在机械行业生产和相关科学研究中经常会遇到各种力、扭矩、位置、位移、速度、温度等的测量问题。为解决此类问题,首先要根据实际需要拟定测量方案,综合考虑环境、结构、量程、精度、响应速度、输出信号类型、价格等因素选择合适的传感器,然后选择和设计合适的调理电路、检测结果显示和处理装置及软件等,还要考虑抗干扰设计、安全措施等,最后对整个测试系统进行安装、现场调试、标定,对测量结果进行合理的评价。本章将重点介绍部分机械工程中常见量测量的原理、特点和应用等。

7.1 力、扭矩测量

当我们研究机床工作性能时,需要检测刀具的切削力;在水泥生产设备中需要适时检测传送带上粉状产品的重量;在研究轧制机性能时需要测量力;在纺织机械、包装机械等工作过程中,需要适时检测材料的张力;在机电设备伺服机构中,需要测量电机的扭矩等。

市场上的力传感器都是为某一种用途而专门设计制造的。按用途分类,力传感器可分为拉压力传感器、压力传感器、扭矩传感器、张力传感器等。每种传感器根据工作原理不同又分成许多品种,如压力传感器有力平衡式、应变式、压阻式、压电式、电容式、电感式、振弦式等。每一种还可根据结构和材质进行细分,如电容式压力传感器包括金属膜片型、陶瓷(镀金属膜)型、极片位移型、硅电容型等。

7.1.1 拉压力传感器

1. 拉压力传感器分类

常见的拉压力传感器是将电阻应变片粘贴在弹性体上,当弹性体受被测力作用而产生弹性变形后,引起电阻应变片阻值的变化。当把电阻应变片连接为电桥电路,则电桥的输出电压信号能够表征被测力的量值。

拉压力传感器分类方法如下。

（1）按受力方式可分为压式、拉式、多用式和梁式等，如图 7.1（引自参考文献[28]）所示。此类传感器不但可以检测重力，也可以检测拉力、拉压力等。

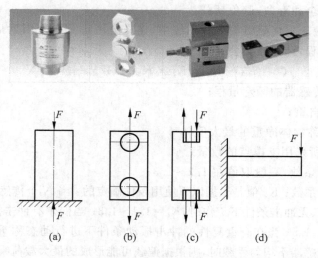

图 7.1　拉压力传感器按受力方式的分类
(a) 压式；(b) 拉式；(c) 多用式；(d) 梁式

（2）按弹性体材料可分为不锈钢拉压力传感器（主要应用在食品、化工、医药等有腐蚀性环境的场所）、合金钢拉压力传感器（适用于无腐蚀性环境场所）、铝合金拉压力传感器（一般使用在量程小、价格低的市场）等。

（3）按输出数据类别可分为模拟传感器和数字传感器。

（4）按适用温度可分为常温拉压力传感器、高温拉压力传感器、低温拉压力传感器。

（5）按弹性元件结构可分为柱式、悬臂梁式、平行梁式、板环式、S 型、弯曲梁式等拉压力传感器。

2. 拉压力传感器选用原则

1）结构形式及适用范围的选择

拉压力传感器安装时应该重视的问题：必须始终保证拉压力作用线通过传感器受力轴线，而不受侧向力的影响，选择的传感器本身要有良好的抗侧向能力，同时在侧向力作用下，传感器及其力传导装置应具有迅速复位的能力和保护装置。

2）环境适应性选择

用于拉压力测量系统中的传感器，一般都要长期工作在各种复杂的环境中，经受温度、湿度、粉尘、腐蚀、电磁场等的考验，故必须事先对传感器密封形式做出较合理的选择。

3）传感器量程的选择

传感器量程的选择可依据系统的最大受力值、传感器的个数、系统的自重、可能产生的最大偏载及动态载荷等因素综合评价来确定。理论上说，传感器的量程越接近分配到每个传感器的最大载荷，其测量的准确度就越高。但在实际使用时，由于加在传感器上的载荷除拉压力外，还存在系统自重、偏载及振动冲击等载荷，因此选用传感器量程时，要考虑诸多方面的因素,保证传感器的安全和寿命。

根据经验,一般应使传感器工作在量程的 30%~70% 内,但对于一些在使用过程中存在较大冲击力的应用场合,一般要扩大其量程,使传感器工作在量程的 20%~40% 内,以保证传感器的使用安全和寿命,避免超载。

例如,在利用拉压力传感器的称重系统中,在充分考虑到各个因素后,经过大量的验证来确定的传感器量程,计算经验公式为

$$C = K_0 \times K_1 \times K_2 \times K_3 \times (W_{max} + W)/N \qquad (7.1)$$

式中:C——单个传感器的额定量程;

$\quad$ W——系统自重;

$\quad$ W_{max}——被称物体净重的最大值;

$\quad$ N——秤体所采用支撑点的数量;

$\quad$ K_0——保险系数,一般取值在 1.2~1.3;

$\quad$ K_1——冲击系数;K_1 值是根据以下使用条件确定的:当 N 个传感器均匀受载,且在无振动、无冲击条件下工作时,$K_1 = 1.1~1.3$;当偶尔有冲击振动的情况时,$K_1 = 1.3~1.5$;当在有重复性的冲击振动条件下进行动态称重时,$K_1 = 1.7$;当 N 个传感器不均匀受载时,则根据偏载可能形成的最大载荷乘以上述系数即可;

$\quad$ K_2——秤体的重心偏移系数,一般取值在 1.0~1.1;

$\quad$ K_3——风压系数,一般取值在 1.0~1.1。

【案例 7.1】 一台 30t 电子汽车衡,最大称量 W_{max} 为 30t,秤体自重 W 为 1.9t,设计采用四只 QS-A 型双剪切梁式传感器,试确定传感器的量程。

根据实际情况,选取保险系数 $K_0 = 1.25$,冲击系数 $K_1 = 1.2$,重心偏移系数 $K_2 = 1.03$,风压系数 $K_3 = 1.02$,根据传感器量程计算公式可得:

$$C = 1.25 \times 1.2 \times 1.03 \times 1.02 \times (30 + 1.9)/4 = 12.57(t)$$

因为 QS-A 型传感器的量程一般只有 10t、15t、20t、25t、30t、40t、50t 等,特殊量程的需要定做,所以可选用量程为 15t 的传感器。

4)传感器准确度等级选择

在确定传感器量程之后,还要考虑传感器的准确度等级,不要单纯追求高准确度等级的传感器,而是既要考虑满足测量系统的准确度要求,又要考虑其成本。

3. 拉压力传感器的应用

拉压力传感器主要应用在各种电子衡器、工业控制、在线控制计量、安全过载报警、材料实验机等领域。

【案例 7.2】 某化工厂进行化工配料生产,需要将四种一定浓度的液态化工原料按重量配比,然后放在一起搅拌,使之在一定温度下进行化学反应,要求测量精度为 0.1%。

生产现场共 A、B、C、D 四个配料称重计量槽,相关参数及尺寸如下。

A 计量槽:直径 $\phi1800$mm,容积 4.2067m³,空计量槽质量 840.64kg(不包括出料管和阀门的重量),满槽溶液质量 5889.4kg,控制液面质量 5355kg,称量时总质量 6195.64kg。

B 计量槽:直径 $\phi1800$mm,容积 4.2067m³,空计量槽质量 840.64kg,满槽溶液质量 4206.7kg,控制液面质量 3824.9kg,称量时总质量 4665.54kg。

　　C 计量槽：直径 ϕ1500mm，容积 2.9056m³，空计量槽质量 690.4kg，满槽溶液质量 3777.3kg，控制液面质量 3432.6kg，称重时总质量 4123kg。

　　D 计量槽：直径 ϕ1500mm，容积 2.9056m³，空计量槽质量 690.4kg，满槽溶液质量 3138.0kg，控制液面质量 2851.7kg，称重时总质量 3542.1kg。

　　常用的称量方法有体积称量法和称重称量法，其中体积称量法有流量法和液位法，称重称量法有底部采用多个称重模块支撑的称重法和上部采用吊钩称的称重法等。

　　该厂在建厂初期采用的是液位法，也就是在一个浮球上面装一个标尺由人工测量液位的变化，再测量出原料的密度，根据液位变化、计量槽的内截面积和原料的密度来计算出原料的重量。由于有两种原料容易在槽壁上结垢，计量槽的内截面积就会变化，所以计量结果不够准确，而且也不适合采用流量法来计量。

　　采用称重的方法是一种比较合适的方法。若每个槽罐的固定基础是独立的，而且基础很稳定，可选用 FW 型静载称重模块进行槽罐的称重。这种方案的优点是工作可靠，精度高，能满足用户的要求，稳定性好；缺点是对槽罐的固定基础要求高，而且在安装调试时比较复杂，若基础变形后就需重新调整、校准。

　　若现场位置很小，槽罐的固定基础不稳定，可选用吊钩秤来称重。可以选用 3 个或 4 个拉力传感器来称重，也可以选用一个拉力传感器来称重，其方案如图 7.2 所示。这种方案的优点是工作可靠，精度高，能满足用户的要求，安装调试也比较简单；缺点是稳定性不好，必须安装防摇摆装置和安全保护装置。

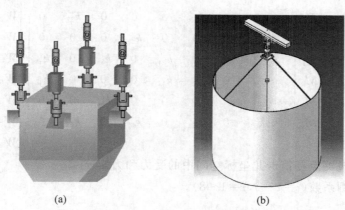

(a)　　　　　　　　　(b)

图 7.2　采用吊钩秤的称重方案
(a) 采用 4 个传感器；(b) 采用 1 个传感器

　　【案例 7.3】　在力/位置控制、轴孔配合、轮廓跟踪及双机器人协调等机器人控制系统中，需要同时检测三维空间的三维力和力矩。图 7.3 所示为六维力和力矩传感器的结构简图，主体材料为铝圆筒，分为上下两层，上层由 4 根竖直梁组成，下层由 4 根水平梁组成。在 8 根梁的相应位置上粘贴应变片作为测量点。

　　设 8 个弹性梁测出的应变为

$$W = \begin{bmatrix} W_1 & W_2 & W_3 & W_4 & W_5 & W_6 & W_7 & W_8 \end{bmatrix}^T$$

机器人杆件某点的力与传感器测出的 8 个应变的关系为

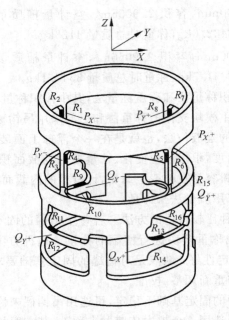

图 7.3　六维力和力矩传感器的结构

$$
F = \begin{bmatrix} F_x \\ F_y \\ F_z \\ M_x \\ M_y \\ M_z \end{bmatrix} = \begin{bmatrix} 0 & 0 & k_{13} & 0 & 0 & 0 & k_{17} & 0 \\ k_{21} & 0 & 0 & 0 & k_{25} & 0 & 0 & 0 \\ 0 & k_{32} & 0 & k_{34} & 0 & k_{36} & 0 & k_{38} \\ 0 & 0 & 0 & k_{44} & 0 & 0 & 0 & k_{48} \\ 0 & k_{52} & 0 & 0 & 0 & k_{56} & 0 & 0 \\ k_{61} & 0 & k_{63} & 0 & k_{65} & 0 & k_{67} & 0 \end{bmatrix} \begin{bmatrix} W_1 \\ W_2 \\ W_3 \\ W_4 \\ W_5 \\ W_6 \\ W_7 \\ W_8 \end{bmatrix}
$$

式中：F,M——被测点在笛卡儿坐标空间中的受力和力矩；

　　　　k_{ij}——比例系数($i=1\sim6,j=1\sim8$)。

7.1.2　压力传感器

　　压力和压强是不同的物理量，但在工程实际中，人们常常将流体中的压强也称为压力，又考虑到压强的测量也常常转化为压力的测量，因此，在本章节中也沿用"压力"表示流体中的"压强"。压力有两种表示方法：一种是以绝对真空作为基准所表示的压力，称为绝对压力；另一种是以大气压力作为基准所表示的压力，称为相对压力。标准大气压(用 atm 表示，1atm≈0.1013MPa)相当于高度为 760mm 水银柱的压力。由于大多数测压仪表所测得的压力都是相对压力，故相对压力也称表压力。当绝对压力小于标准大气压力时，可用一个标准大气压减去容器内的绝对压力来表示，称为"真空度"。

　　压力单位为 Pa(N/m²)，称为帕斯卡，简称帕。由于此单位太小，因此常采用 MPa(兆帕)。

1. 压力测量方法

压力测量大致分成两大类：静态压力测量和动态压力测量。在工程应用中，主要采用的测量方法有以下几种。

（1）弹性变形法：在压力测量时，利用测压弹性元件受力而产生变形的原理，将压力转换成位移。例如弹簧管压力表等。

（2）液体压力平衡法：这种方法是基于流体静力学原理，被测压力与液体产生的传递压力相平衡，通过测量液体产生的压力来测出被测压力。例如液柱式压力计等。

（3）电测法：利用某些敏感元件的物理效应与压力的关系，把被测压力转换成电量进行测量。

2. 压力传感器分类

压力传感器按照其工作原理可分为压阻式压力传感器、电感式压力传感器、电容式压力传感器、谐振式压力传感器及压电式压力传感器等。但应用最为广泛的是压阻式压力传感器，它具有极低的价格和较高的精度以及较好的线性特性。

液体或气体中的压力传感器，按照其应用场合可分为绝对压力及真空度传感器、通用压力传感器、压差传感器、液位传感器、高频动态压力传感器、中高温压力传感器、工程特种压力传感器、智能压力传感器、防爆压力传感器等。

3. 常见压力传感器

1）压阻式压力传感器

常见压阻式压力传感器的特点和应用如表 7.1 所示。

表 7.1　常见压阻式压力传感器的特点和应用

类　型	特　点	应　用
溅射薄膜压力传感器	结构简单实用，受温度影响小，使用温区宽、动态特性好、价格相对较低，具有优良的线性特性、很高的稳定性和可靠性	应用于中、高压力测量，例如石油、水利、电力、机械制造、冶金、能源等领域的压力测量
陶瓷压力传感器	高弹性、抗腐蚀、抗磨损、抗冲击和振动；工作温度范围高达 $-40\sim135℃$；电气绝缘程度大于 $2000V$，输出信号强	适用于各个工业应用领域，特别适合黏稠、浆状和被深度污染介质的压力测量
蓝宝石压力传感器	无滞后、疲劳和蠕变现象，不易变形，弹性和绝缘特性好，工作温度可以高达 $520℃$，抗辐射特性极强，综合性价比高	适用于恶劣的工作条件下测量

2）压电式压力传感器

压电式压力传感器既可以用来测量大的压力，也可以用来测量微小的压力。它可以用来测量发动机内部的燃烧压力与真空度，也可以用来测量枪炮子弹在膛中击发一瞬间的膛压变化和炮口的冲击波压力。压电式传感器也广泛应用在生物医学测量中，例如心室导管式微音器就是由压电传感器制成的。

4. 压力传感器选用原则

在选用压力传感器时,应先根据测量对象与测量环境确定传感器的类型,然后进行灵敏度、频率响应特性、线性范围、稳定性、精度等的选择;还要考虑现场压力的温度范围,测量介质有无腐蚀性,所测压力是否存在经常过压等因素。其选型原则如下。

(1)考虑被测流体介质对膜盒金属的腐蚀,一定要选好膜盒材质,否则传感器易因腐蚀而失效。膜盒材质有普通不锈钢、304不锈钢、316/316L不锈钢、钛合金材质等。

(2)考虑到被测介质的温度,如果温度高达200~400℃,要选用高温型,否则会产生膨胀变形,使测量不准确。

(3)考虑设备的工作压力等级,变送器的压力等级必须与应用场合相符合。从经济角度上讲,外膜盒及插入部分材质比较重要,要选合适的材质,但连接法兰可降低材质要求以节约资金,如选用碳钢、镀铬等。

(4)在选用压力传感器时,要以被测介质的性能指标为准,以节约资金、便于安装和维护为参考。如果被测介质为高黏度、易结晶、强腐蚀,必须选用隔离型传感器。隔离型压力传感器最好选用螺纹连接形式,这样既节约资金,安装也方便。

(5)对于普通型压力传感器选型时,也要考虑到被测介质的腐蚀性问题。对于压力传感器来说,普通型在应用中维护量要比隔离型大。例如,气温零下时导压管会结冰,传感器无法工作甚至损坏,这就要增加加热和保温箱等装置。

(6)从选用传感器的测量范围上来说,一般传感器都具有一定的量程可调范围,最好将使用的量程范围设定在量程的1/4~3/4段,这样精度会有所保证,对于微压差传感器来说更是重要。

5. 压力传感器的应用

【案例7.4】 瞬态冲击压力的检测装置。

在进行瞬时冲击压力检测时,采集装置安装在冲击现场,现场极强的冲击振动以及产生的光、电、热、电磁干扰会给传感器准确的信号采集与传输带来极大的困难。若采集装置远离现场,那么从传感器到采集装置之间的长信号传输线就引入大量的干扰,影响测量的精度。在很多情况下,采集现场是在野外或环境很恶劣,人无法接近进行实时控制,也无法进行布线和供电。若将传感器、采集装置、数据存储装置、控制装置和电源集成在一起,安装在保护良好的外壳中,制造成无线的移动式检测装置,就可以很方便地到现场进行压力检测了。

该压力检测装置主要由传感器、信号调理电路、数据采集电路、微处理器系统、电源、外壳等组成。检测装置及其原理示意图如图7.4所示。

传感器、模拟放大电路板、控制核心板、电源等都安装在钢制的外壳内,在受到外界冲击压力时可受到保护和屏蔽。传感器的头部露在外面,主要用来检测外部的压力,将压力信号转换为电压信号。

传感器部分采用了微型机电系统(Micro Electro Machinical Systems,MEMS)技术设计制造的齐平封装高频压阻动态高压传感器。为了改进其抗冲击和抗强光、热、电磁干扰性能,在受力感压面上溅射有一层光反射与阻挡的金属层,在硅片制作工艺中增加了掺金工

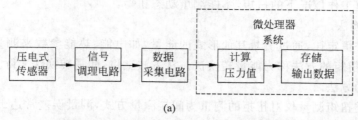

(a)

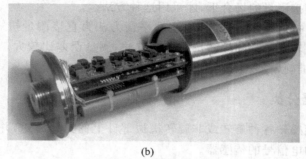

(b)

图 7.4　压力检测装置组成示意图

（a）瞬态冲击压力的检测装置原理示意图；（b）瞬态冲击压力的检测装置

艺,以减小光生载流子的寿命。

7.1.3　扭矩传感器

扭矩测量是各种机械产品的开发研究、测量分析、质量检验、形式鉴定和节能、安全或优化控制等工作中必不可少的内容。扭矩测量系统可用作旋转动力机械日常运行的检测装置,起到故障诊断的作用,也可用作自动控制系统的检测装置。

1. 扭矩测量方法

按照扭矩测量的原理可以分为传递法(扭轴法)、平衡力法(反力法)及能量转换法三种。

1) 传递法

传递法是根据弹性元件在传递扭矩时所产生的变形、应力或应变而实现扭矩测量的,扭矩测量最常用的弹性元件是扭轴。

采用传递法的扭矩测量仪小巧轻便,既可以安装到被测设备的传动系统中去测量扭矩,也可以附加在被测设备传动系统的传动轴上来测量扭矩,测量时不需要改变被测设备传动系统的结构,也不需要移动被测设备,便于进行现场测量,测量准确度高,能够真实有效地反映设备的实际情况。

2) 平衡力法

对于任何一种匀速工作的动力机械或制动机械,当主轴受到扭矩作用时,其机体上必定同时承受方向相反的平衡力矩(或称为支座反力矩)。通过测量机体上的平衡力矩(实际上是测量力和力臂)来确定动力机械主轴上工作扭矩的方法称为平衡力法,亦称反力法。平衡力法直接从机体上测得扭矩,不存在从旋转件到静止件的扭矩传递问题。这种方法仅能够测量静态或匀速工作情况下的扭矩,不能测量动态扭矩。

3)能量转换法

依据能量守恒定律,通过测量其他形式的能量,如电能、热能参数来测量旋转机械的机械能,进而求得扭矩的方法称为能量转换法。从方法上讲,能量转换法实际上就是对功率和转速进行测量的方法。

能量转换类扭矩测量仪对扭拒的测量为间接测量方式,测量误差常达±(10~15)％,所以只有在无法进行直接测量的场合下,才采用这种方法。

综上所述的三种扭矩测量方法,传递法和平衡力法为直接测量扭矩的方法,其测量方便、精确度高,而能量转换法为间接测量扭矩的方法,测量误差比较大。传递类扭矩测量仪应用面广,测量结果准确,在三大类扭矩测量仪中约占80％。

2. 扭矩传感器分类

扭矩传感器是能感知各种旋转或非旋转机械部件上的扭转力矩,并将其经过一定的物理变化转换成精确的电信号的传感器。

(1)按照扭矩传感器的安装方式不同可分为介入式和不介入式两类。介入式扭矩传感器必须作为传动轴的一部分才能够测量扭矩,一般用于实验室和台架试验。在被测量设备实际运行情况下,当不允许断开轴系时其应用受到限制。不介入式扭矩传感器是采用两组卡环紧固在被测传动轴上,卡环之间安装测力棒来检测转动变形,因此无需断开轴系即可测得扭矩。

(2)传递类扭矩测量仪根据其扭矩信号的传输方式不同可分为接触式和非接触式两类。其中接触式有机械式、导电滑环式等,非接触式有光波式、磁场式、电场式、无线电波式等多种形式。

(3)传递类扭矩测量仪通常利用扭轴把扭矩转换成扭应力或扭转角,再通过应变片等转换成与扭矩成一定关系的电信号。按照作用原理不同,扭应力式扭矩传感器可分为电阻应变式和压磁式两种;扭转角式扭矩传感器可分为振弦式、光电式和相位差式三种。

3. 常见扭矩传感器

常见的扭矩传感器包括电阻应变式、磁电相位差式、光电式、磁弹性式、振弦式等,其特点和应用如表7.2所示。

表7.2　常见扭矩传感器的特点及应用

扭矩传感器类型	特　　点	应　　用
电阻应变式	结构简单,价格低廉,体积小,重量轻,安装使用方便,在超大量程转矩测量方面可靠性较好,技术风险低	应用广泛,既可以应用于实验室,也可用于环境条件复杂的现场测量
磁电相位差式	非接触测量,具有测量精度高、操作简便、稳定性好、测量范围广等优点,扭矩值数字直读,不能吸收功率,应用时保证原动机与一定的额外负载连接;体积较大,不易安装,低速性能不理想,易受干扰	广泛应用于电机、水泵、液压泵、风机、齿轮箱等各种旋转机械的扭矩、转速及功率测量和各种发动机台架的试验等

续表

扭矩传感器类型	特　　点	应　　用
光电式	非接触式测量,但光源必须要求稳压供电;惯性质量小,能承受高速旋转,高频响应好,抗过载能力、抗干扰能力强,高精度,高分辨率	应用于高精度伺服系统的扭矩在线测量
磁弹性式	非接触、不介入测量,具有可靠性高、坚固耐用、输出电压高、对温度和干扰不敏感等特点	要求转轴是铁磁性材料,材质均匀、磁致伸缩逆效应强
振弦式	不介入式扭矩传感器采用频率信号传递方式,抗干扰性能好	适用于电磁干扰较强的应用场合

1) 电阻应变式扭矩传感器

电阻应变式扭矩传感器通过扭轴提取被测扭拒,常见的扭轴形式有实心轴、空心轴、笼形轴、矩形轴、辐状轮等,如图 7.5(引自参考文献[34])所示。

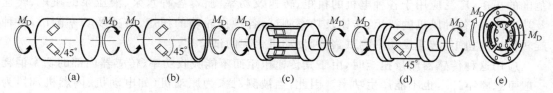

图 7.5　常见的扭轴形式
(a) 实心轴;(b) 空心轴;(c) 笼形轴;(d) 矩形轴;(e) 辐状轮

常见的动态扭矩传感器如图 7.6 所示,其中图(a)是两端为轴键连接方式,安装使用方便。图(b)是法兰连接方式,通过测量剪应力对扭矩进行测量,设计非常紧凑,占空间小。

图 7.6　常见的动态扭矩传感器
(a) 轴键连接方式;(b) 法兰连接方式

2) 磁电式相位差式扭矩传感器

磁电式相位差式扭矩传感器由一个扭轴、两个齿轮和一对磁阻式脉冲发生器组成。每个齿轮的齿顶上方装有由线圈和磁钢所组成的检测器。当扭轴发生扭转时,两个检测器的输出电压产生相位差,它与所传递的扭矩大小相对应,测出相位差就可测量相应的扭矩值。磁电式扭矩传感器的安装必须严格对中,否则将使得传感器弹性轴发生弯曲,产生附加误差。图 7.7 是 JZ Ⅱ 型扭矩转速传感器的基本原理示意图(引自参考文献[29])。

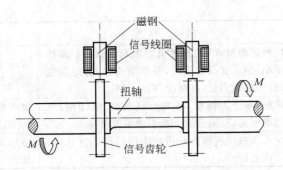

图 7.7　JZⅡ型扭矩转速传感器的基本原理示意图

这种传感器属于非接触测量,具有测量精度高、操作简便、结构简单、稳定性好、测量范围广等优点,扭矩值用数字量直读,容易进行记录和控制,可以测量轴静止状态至额定转速范围的扭矩,广泛应用于各种电机的扭矩、转速及功率测试,各种水泵、液压泵的扭矩、转速及功率测试,各种风机的扭矩、转速及功率测试,各种齿轮箱的扭矩、转速及功率测试,各种旋转机械的扭矩、转速及功率测试,各种发动机台架的试验等。

应用这种传感器测量扭矩时,由于其传递扭矩而不能吸收功率(传感器内部的功率消耗一般可忽略不计),也不能产生功率。因此,当被测对象为原动机(如电动机、内燃机)时,为了使被测对象所产生的机械功率被吸收,必须与一定的负载连接。负载可以是直流或交流发电机、磁粉制动器、电涡流测功机等,也可以选择其他类型机械作为负载。当被测对象为负载(如发电机、风机、水泵、齿轮箱、液压油泵)时,应与一定的原动机相连接。在测量齿轮箱等设备的机械效率时,应按扭矩的大小选择规格合适的扭矩转速传感器,否则将影响机械效率的测量精度。

3) 光电式扭矩传感器

它由一个扭轴和两个光栅盘构成,两光栅盘上刻有相等数量辐射状的光栅。扭轴受扭矩作用时产生扭转角变形,两个光栅盘相差一个角度,形成透光口,光电元件就有一调宽脉冲输出。扭矩越大,透光口开度也越大,因而光电流脉冲的宽度也就越大,即脉冲电流平均值与扭矩成正比。这种传感器属于非接触式测量,但要求光源必须稳压供电。

4) 卡环式应变型扭矩传感器

这种传感器可在不断开传动轴的情况下测量扭矩,属于不介入式扭矩传感器。其结构示意图如图 7.8 所示(引自参考文献[30])。它是在一段有效长轴(通常大于 100mm)上卡上两道卡环,每道卡环由两个半圆卡环组成,通过螺栓将这两个半圆卡环紧紧地固定在工作轴上。在两个卡环之间安装弹性体。由于被测轴受扭后要产生扭转角变形,安装在卡环上的弹性体也要产生变形,电路板上的测量电路将安装在弹性体上的应变片的变形转变为电信号,经处理后再转换成无线电信号输出,实现旋转传动轴的扭矩测量。

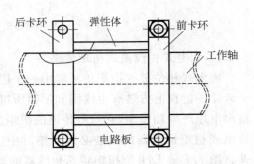

此传感器需要通过实际的标定或理论计

图 7.8　卡环式应变型扭矩传感器结构示意图

算来测量转轴上的扭矩大小,其精度不太高,而且存在转动不平衡的问题,因此不太适合高速旋转的场合。

5) 磁弹性扭矩传感器

它的扭轴由铁磁材料制成,受扭矩作用时轴中产生方向性应力,并出现磁的各向异性,即在拉应力作用下磁阻减少,而在压应力作用下磁阻增大。这种传感器没有导电滑环,属于非接触测量,也可制造成不介入式扭矩传感器,具有可靠性高、坚固耐用、输出电压高、对温度和干扰不敏感等优点。当转轴的铁磁性材料的磁致伸缩逆效应较弱时,影响测试的灵敏度和精度,且对转轴材料的均匀性和旋转精度的依存性较大。

6) 振弦式扭矩传感器

它属于不介入式扭矩传感器,是利用振弦敏感扭转角来测量扭矩,其特点是采用频率信号传递方式,抗干扰性能好。其原理结构如图 7.9 所示,振弦式扭矩传感器由两个测量环组成,两环相距为 l,安装在被测轴上。当被测轴受扭后要产生扭转角变形,两测量环也朝相反的方向发生一微小扭转角,该扭转角与施加的扭矩成正比。这样便使一根振弦的机械张力变大而引起的振动频率的提高,另

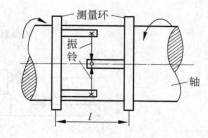

图 7.9 振弦式扭矩传感器结构示意图

一根振弦的张力及频率减小。所以受扭轴和未受扭轴之间振弦的频率变化便是所传递的转矩的度量。这种测量方法主要适用于静态测量,所能获取的动态过程最大频率为 25Hz。测量转矩可从 0~100N·m 直至 0~5MN·m;轴径较小时最大转速可达 1500r/min,轴径较大时最大转速可达 150r/min,测量精度为 0.5%~1%。

4. 扭矩传感器选用原则

在选择扭矩传感器时,要根据被测对象扭矩的类型、使用场合的工况条件、被测对象的结构特点及测量部位、被测对象的转速情况及额定扭矩值等进行选型。

(1) 如果测量对象是动态扭矩,例如测量电机的启动曲线、停止曲线以及各种工况的变化过程情况,应选择具有模拟量输出接口的传感器。

(2) 在实验室场合使用时,尽量选用精度较高的扭矩传感器,准确度等级不应低于 0.5 级或 1 级。如果在工业现场使用,则必须选用可靠性高、结构简单的扭矩传感器,而精度不要求太高,准确度等级一般为 1 级、2 级、3 级即可。

(3) 在满足测量精度要求的情况下尽量使用不介入式传感器,这样在测量场合可以无需断开轴系。

(4) 尽量使用非接触式信号传输方式。因为接触式使用的滑环容易磨损,需要经常清洗,安装困难,信号测量准确性不高,而且测量旋转扭矩时允许的测量速度受到很大限制。当测量对象转速较高时,必须使用非接触式扭矩传感器。

(5) 在选择扭矩传感器的量程时,由于传感器的精度是按满量程计算的,所以传感器的量程对于被测对象的额定扭矩而言不能太大,以免实际测量时测量误差较大。另外,考虑到被测对象的过载或冲击,传感器的量程必须有充足的裕度。如果被测扭矩有弦振现象,即在稳态扭矩上叠加弦振扭矩幅值,则传感器的量程应不大于被测扭矩的 1.5 倍;若测量的是

动态扭矩,所选的传感器量程一般应是额定扭矩的 2 倍以上。

5. 扭矩传感器的应用

扭矩传感器可直接测量旋转或非旋转系统中传动轴的转(扭)矩、转速、功率、轴向力,其应用范围很广,渗透到工业、农业、交通运输、航天航空、国防、能源等各个领域。

【案例 7.5】 电机试验台。

应用磁电相位差式扭矩传感器的交直流电动机的测试系统如图 7.10 所示,可测量电机的扭矩、转速、功率等参数。

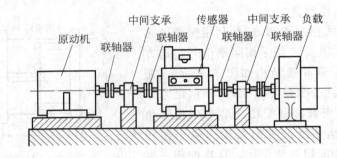

图 7.10　电机试验台

扭矩传感器的驱动端与原动机(交直流电动机)的输出轴相连,另一端与负载相连。在传感器的两端增加中间支承的目的是为了保证传感器安装的同轴度,使传感器不承受径向力,保证测量数据稳定,也可保护传感器。如果安装时能保证同轴度,或者由于安装场地的限制,可去掉中间支承。

【案例 7.6】 机械封闭式齿轮箱试验台主要由驱动电机、扭矩传感器、被测齿轮箱、输出扭矩传感器、负载设备和其他传感器等组成。可测量齿轮箱的转矩、转速、温度、振动、噪声等性能参数,绘制各种性能曲线,主要用于齿轮箱的性能和寿命试验。

7.1.4　力、应力和压力测试系统的标定

1. 力

力度量的精确度是依据作为标准的铂-铱合金制成的千克质量原器来保证实现的。标准质量原器在标准重力加速度($g_n = 9.80665 m/s^2$)下所产生的力为基准力值。

测力装置的标定主要是静态标定,采用比较法标定。根据测力装置的精确度等级与相对应的基准测力仪相比较。基准测力仪分以下几等,它们的允许测量误差如表 7.3 所示。

表 7.3　基准测力仪允许测量误差

基　准　器	允许测量误差	基　准　器	允许测量误差
基准测力机	±0.001%	二等测力仪	±0.1%
一等测力仪	±0.03%	三等测力仪	±(0.3~0.5)%

基准测力机实际上是由一组在重力场中体现基准力值的砝码组成,也就是将已知砝码所体现的重力作用于被检的测力装置。

考虑到地区不同,它的重力加速度也不同,以及空气浮力的影响,$F=mg$ 的公式修正如下

$$F = mg\left(1 - \frac{\rho_k}{\rho_f}\right)$$

即

$$F = F_n \frac{g}{g_n} \tag{7.2}$$

式中: ρ_k——空气密度;

　　　ρ_f——砝码的材料密度;

　　　g——测量地区的重力加速度。

标定小量程测力器具时用标准重量法,即直接加标准重量砝码;吨级以上的测力器具标定时用杠杆-砝码机构。通常分 5 级加载,要求较高的系统分 10 级加载。5 级加载每级加满量程的 20%,加载同时记录测量值。一般应反复加、卸载 3 次,取其平均值。

2. 应力

应力测量装置常用的标定方法有标准应变仪、模拟电标定法和等强度梁标定法等。

应力测量装置输入端直接接入 BYM-3 型标准应变模拟仪,即可按选定值输入模拟应变信号。BYM-3 型标准应变模拟仪是通过在一臂上并联电阻的方法,产生标准电阻变化,其电阻变化值与模拟标准应变值成比例。该仪器用 120Ω 桥臂电阻组成比例臂,其余两臂组成差动桥臂分别作为一个倍乘盘,分 ×1,×10,×100,×1000 四个盘,组合可给出 1~10999με 的任意应变值。模拟应变值与测量装置输出对应比较,即可求出标定参数。

电标定法是利用电阻变化模拟应变变化的方法。电阻变化采用并联一系列精密无感电阻于电桥某一臂上的方法,即可模拟获得与相应应变输出完全相同的电阻、电压变化。

3. 压力

压力测量装置的标定分稳态标定和动态标定两种。稳态标定用的周期性稳态压力源有活塞与缸筒、凸轮控制的喷嘴等。它们的装置和工作原理示意图分别如图 7.11 和图 7.12 所示。

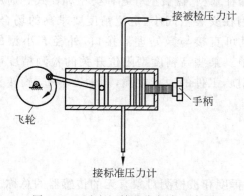

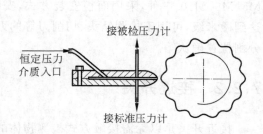

图 7.11　活塞缸筒稳态标定示意图　　　　图 7.12　凸轮控制喷嘴的稳态标定示意图

在图 7.11 中飞轮旋转时带动活塞作往复运动,产生周期性变化的稳态压力源,调节手柄可以改变幅值。在图 7.12 中通过凸轮的转动,周期性地改变喷嘴的间隙,从而产生周期性的压力变化。

压力的非稳态标定还常采用激波管法。

7.2　位置、位移等的测量

位置测量在机械行业具有非常重要的作用。在位置测量系统中,位置传感器是重要的组成部分。能够感知物体空间位置及其变化的传感器称为位置传感器。位置传感器主要应用在运动控制、连续产品生产、批量过程生产、机器人设备、工具定位、包装、材料处理、非连续产品生产、化学处理过程、塑料产品生产和夹板装载等领域中。

位置传感器按用途可分为两大类,一类是检测物体到达具体位置的开关型、限位型的位置传感器,包括限位开关、接近开关、物位传感器等;另一类是能测量物体位置连续变化量的位移传感器,包括直线位移传感器和角位移传感器等。

位置传感器按其工作原理可分为机械限位开关、电感式位置传感器、电容式位置传感器、电位器式位置传感器、光电式位置传感器、磁电式位置传感器、电阻式位置传感器、霍尔式位置传感器、激光位置传感器、LVDT(线性可变差动变压器)位置传感器、超声波位置传感器、视觉传感器、磁致伸缩传感器等。按计算位移的方法可分为增量式位移传感器和绝对式位移传感器等。

7.2.1　限位开关

限位开关是一种通过其感应部件与物体的机械接触来获得物体的机械位置并转换为开关型电信号的位置传感器,它可以由驱动杆获得物体的位置来驱动微动开关的通断,也可以由天线与物体的接触来获得物体的位置从而驱动电子开关的通断。

限位开关大致分为通用直立型、通用横卧型、复合型、高精度型、机械触觉开关等。通用直立型限位开关头部的驱动杆根据其感知物体位置的动作方式可分为滚珠摆杆型、可调式滚珠摆杆型、可调式摆杆型、密封柱塞型、密封滚珠柱塞型、盘簧型等各种类型和样式。通用横卧型限位开关是一种小型高精度限位开关,常用在安装空间小、定位精度要求高的场合。机械触觉开关可从多方向检测物体的位置,并且可直接与微处理器接口,外径有小型的 M5、M8、M10 三种,采用面板安装方式,安装简单。某些高精度型限位开关的检测精度可达到微米级,可用于检测钻头、切削刀等的刀尖磨损,工件的原点检测,同轴度检查,旋转头分割位置确认等。

7.2.2　接近开关

接近开关是以无需接触方式检测物体的接近程度和被检测对象有无的传感器的总称。接近开关按工作原理可分为电感式接近开关、电容式接近开关、霍尔式接近开关、光电式接近开关、超声波式接近开关、热释电式接近开关等,其特点和应用如表 7.4 所示。

表 7.4　常见接近开关的特点及应用

接近开关类型	特　　点	应　　用
电感式	价格便宜,用户可根据实际的应用情况选择相应的形状	能检测可导电的各类金属材料等
电容式	非接触测量,易受环境影响。检测非金属物体时,动作距离取决于材料的介电常数	能检测金属、非金属,可以检测液体或粉状物体等
霍尔式	能安装在金属构件中,可穿过金属进行检测。检测距离受磁场强度及检测体接近方向的影响	适用于气动、液动、气缸和活塞泵的位置测定,检测对象必须是磁性物体
光电式	检测距离长,响应快,分辨率高,可非接触检测、判别颜色,调整方便	在机械行业中得到了广泛的应用
超声波式	不受检测物体的颜色、透明度、材质的影响	可检测各种类型和形状的物体,如矿石、煤炭、塑料等

接近开关按检测对象可分为通用型(主要检测黑色金属,如铁等)、金属型(在相同的检测距离内检测任何金属)、有色金属型(主要检测铝一类的有色金属)。

接近开关根据输出配线方式有两线和三线之分;根据输出驱动电源的类型可分为交流开关型、直流开关型、交直流两用型输出;根据输出驱动方式可分为 PNP 输出、NPN 输出、继电器输出;根据输出开关方式可分为常开输出、常闭输出、常开/常闭输出。

7.2.3　物位传感器

物位传感器是指对封闭式或敞开容器中物料(固体或液位)的高度进行检测的传感器。其中测量块状、颗粒状和粉料等固体物料堆积高度或表面位置的传感器称为料位传感器,测量罐、塔和槽等容器内液体高度或液面位置的传感器称为液位传感器,测量容器中两种互不相溶液体或固体与液体相界面位置的传感器称为相界面传感器。物位传感器在冶金、石油、化工、轻工、煤炭、水泥、粮食等行业中应用广泛。

物位传感器可分两类:一类是连续测量物位变化的连续式物位传感器,另一类是对物料高度是否到达某一位置进行检测的开关式物位传感器(物位开关)。目前,开关式物位传感器比连续式物位传感器应用更广,主要用于过程自动控制的门限、溢流和防止空转等。连续式物位传感器主要用于连续控制和仓库管理等方面,也可用于多点报警系统中。

物位传感器的种类很多,常用的有直读式液位计、压差式物位传感器、浮力式液位计、电容式物位传感器、声波式物位传感器和核辐射物位传感器等,其特点及应用如表 7.5 所示。

表 7.5　常见物位传感器的特点及应用

物位传感器类型	特点及应用
直读式液位计	结构简单、直观,但只能就地读数,不能远传
浮力式液位计	靠液体浮力工作
音叉式物位开关	无活动部件,无须维护和调整。由于结构、湍流、搅动、气泡、振动等原因导致不能使用浮球液位开关的场合均可使用

续表

物位传感器类型	特点及应用
静压式液位传感器	利用一定密度的液体中的压强与液位的深度成正比的原理来进行测量，即通过检测压力来测量液体的液位
电容式物位传感器	结构简单，操作方便。可测量各种液体或固体物料的液位、料位或相界面位置，可供连续测量和定点监控之用。适用于高温、高压、强腐蚀、多粉尘、超细颗粒的恶劣环境
超声波物位传感器	能准确地区别信号和噪声，可以在搅拌器工作的工况下测量物位。用于液体、固体、粉尘等物位的测量。特别适合高黏度液体和粉状体的物位检测
射频导纳料位开关	分辨率、准确性和可靠性高，测量参量多样，常用于极端恶劣条件下的料位控制及报警

7.2.4　位移传感器

1. 概述

能够连续测量被测物体空间位置变化大小的传感器称为位移传感器。

根据其运动方式可分为直线位移传感器和角度位移传感器。根据其工作原理可分为电感式位移传感器、电容式位移传感器、光电式位移传感器、超声波式位移传感器、霍尔式位移传感器等。

2. 常见位移传感器

常见位移传感器的特点及应用如表 7.6 所示。

表 7.6　常见位移传感器的特点及应用

位移传感器类型	特点及应用
电感式位移传感器	寿命长、免维护、抗干扰能力强、价格低廉，用于测量微位移及能转换成位移变化量的参数，如力、压差、加速度、振动、应变、流量、厚度、液位等
磁致伸缩位移传感器	精度高、响应快、可靠性高、寿命长、稳定性高、安装方便，可用于机械加工、动力系统、材料与结构试验、工业车辆和行走机械、医疗设备、悬挂桥梁监控、打捞沉船等，价格较贵
直线光栅尺	动态性能好，可靠性高，沿测量方向的运动加速度大，是高精度定位和高速加工中较好的选择；价格较贵；封闭式光栅尺能有效防尘，适用于数控机床、测量机、比较仪等长度精密加工与测量设备；成像扫描法采用 $10\sim70\mu m$ 栅距的光栅尺，干涉扫描法采用栅距 $8\mu m$ 或更小的光栅尺
角位移编码器	体积小、精度高、工作可靠、接口数字化，广泛应用于数控机床、机器人、雷达等；光栅码道数量越多，分辨率就越高
磁栅位移传感器	磁栅可分为长磁栅和圆磁栅两大类。读数头与磁栅尺之间非接触；响应快、反应灵敏、易安装；耐水、油、粉尘、振动能力强；测量长度可达 30m，结构紧凑轻便；应用于电梯控制系统、长距离的各类行走机构的定位等
球栅尺（又叫球感尺、球同步器）	可测量曲线位移、流量或体积、线速度和加速度；具有抗干扰、抗振动、抗污染和可靠耐用等优点，更适合在车间严苛的环境中工作；热膨胀系数与绝大多数机床及工件的系数非常接近；适用于各种机床的加工测量；单根球栅尺的测量行程为 50mm~11m，并可接长

续表

位移传感器类型	特点及应用
差动变压器	分辨率高、使用寿命长、精度高；直线差动变压器(LVDT)非常适合从微米级至几个英寸的线性测量，但当行程超过±3in时不经济；主要应用于自动取款机、发电机组、伺服阀位、试验机械、纺织机械、自动电梯等；旋转差动变压器(RVDT)可实现360°转动测量，广泛应用于球阀、液压泵、叉车、机器人、风机等设备的传动和反馈控制
激光三角反射位移传感器	具有高精度、响应快、高分辨率的特性，可对几乎所有材料的被测物体进行点式位移测量，有效量程大，标准安装距离远，抗异光干扰性强，可测量极小面积的被测物体，应用于工件质量检测
光谱共焦式精密位移传感器	利用光谱共焦的原理，可达到纳米级的精度；适用于所有材料及测量表面，直线测量时不受反射角度限制；主要应用在透明体厚度测量、反射面及透明体的位置和位移测量、孔或凹槽深度测量、表面轮廓测量等
光幕投影式位移传感器(又称幕帘千分尺)	利用光幕投影的原理，可对直径、边缘、厚度、间隙、位置、振幅及数量等多种几何量进行测量；具有高频响、高精度、高分辨率、无磨损等优点，发生器与接收器间距可调，控制器可设置多种测量程序，可单件或连续测量；广泛应用于高速运转的自动化生产线中，对产品进行质量检验分拣
激光时间差距离传感器	无接触测量；可直接测量漫反射表面或通过反射板进行测量；可进行大距离测量，重复性高，响应快，具有数字信号输出等优点；适用于填充量、安全距离、举吊设备高度、输送带、吊车与升降梯定位等应用领域
激光跟踪仪	与6自由度测量机联合使用，可触测、扫描、跟踪，在工作环境下实现高精度测量；是逆向工程中对车辆、工程机械覆盖件、模具等复杂曲面进行测量与重构的最合适的工具；可用于机器人、机械导向机构、自动化装配等工作；可对生产线的工装、夹具和检具进行精密的现场检测
电容式位移传感器	超高分辨率、高精度、响应快、极高的稳定性，不受导体材料影响，也可测量半导体及绝缘材料，温度使用范围广，测量位移量程有限，适合小位移的测量；应用于恶劣的工作条件下对刹车片的磨损测量
拉绳位移传感器	具有精度高、体积小、量程大、结构紧固、安装操作简单、物美价廉等优点；成功应用于叉车提升高度测量、升降台吊举高度测量等
电涡流位移传感器	精度高、响应快、分辨率高；不受测量环境影响，适用温度范围广，微型的探头尺寸，测量过程无接触，传感器系统无需检修维护；可用于所有金属材料的测量，在机械故障诊断中得到广泛应用

1) 光电编码器(引自参考文献[2])

光电编码器(encoder)是集光、机、电技术于一体的数字化传感器，可以高精度测量转角或直线位移，利用光电转换原理将轴角信息转换为电信息量，并以数字代码输出。光电编码器具有测量范围大、检测精度高、价格便宜等优点，在数控机床和机器人的位置检测及其他工业领域都得到了广泛的应用。一般把该传感器装在机器人各关节的转轴上，用来测量各关节转轴转过的角度。

根据检测原理，编码器可分为接触式和非接触式两种。接触式中电刷接触码盘的导电区或绝缘区时，输出状态是"1"或"0"；非接触式的接收敏感元件是光敏元件或磁敏元件。当采用光敏元件时，若光敏元件正对透光区或不透光区，输出状态是"1"或"0"。按照测量方式来分，有直线型编码器和旋转型编码器。按照测出的信号是绝对信号还是增量信号来分，可分为绝对式编码器和增量式编码器。以下主要介绍绝对式和增量式光电编码器。

(1) 绝对式光电编码器

绝对式编码器(absolute encoder)是一种直接编码式的测量元件,它可以直接把被测转角或位移转化成相应的代码,指示的是绝对位置,在电源切断时不会失去位置信息。但其结构复杂,价格昂贵,且不易做到高精度和高分辨率。

绝对式编码器主要由多路光源、光敏元件和编码盘组成。码盘处于光源与光敏元件之间,其轴与电机轴相连,随电机的旋转而旋转。码盘上有 n 个同心圆环码道,整个圆盘又以一定的编码形式(如二进制编码、格雷码等)分为若干个(2^n) 等分的扇形区段。利用光电原理把代表被测位置的各等分上的数码转化成电脉冲信号输出以用于检测。图 7.13 为四位绝对式编码器的结构组成以及各个扇区对应输出的脉冲信号。

四位绝对式编码器码盘的结构如图 7.14 所示,圆形码盘上沿径向有 4 个同心码道,每条码道上由透光和不透光(分别为图中黑色和白色部分)的扇形区相间组成,分别代表二进制数的 1 和 0,相邻码道的透光和不透光扇区数目是双倍关系。码盘上的码道数就是它的二进制数码的位数,最外圈代表最低位,最内圈代表最高位。

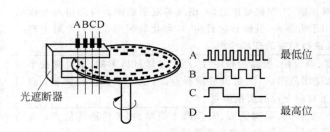

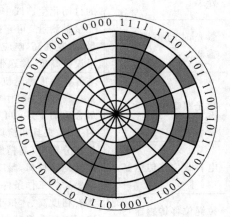

图 7.13　绝对式编码器结构组成　　　　图 7.14　四位绝对式编码器码盘

与码道个数相同的 4 个光电器件分别与各自对应的码道对准并沿编码盘的半径直线排列,通过这些光电器件的检测把代表被测位置的各等分上的数码转化成电信号输出,见图 7.13 中的脉冲信号。码盘每转一周产生 0000~1111 十六个二进制数,对于转轴的每一个位置均产生唯一的二进制编码,因此可用于确定旋转轴的绝对位置。

绝对位置的分辨率(分辨角)α 取决于二进制编码的位数,亦即码道的个数 n。分辨率 α 的计算公式为

$$\alpha = 360°/2^n \qquad (7.3)$$

例如有 10 个码道,此时角度分辨率可达 $0.35°$。目前市场上使用的光电编码器的码盘数为 4~18 道。在应用中通常要考虑伺服系统要求的分辨率以及机械传动系统的参数,来选择合适道数的编码器。

二进制编码器主要缺点是码盘盘上的图案变化较大,在使用中容易产生较多的误读。在实际应用中,可以采用格雷码代替二进制编码。格雷码的特点是每相邻十进制数之间只

有一位二进制码不同。因此,图案的切换只用一位数(二进制的位)进行,所以能把误读控制在一个数单位之内,提高了可靠性。表 7.7 列出了前 12 个数字的格雷码和二进制码。

表 7.7　格雷码和二进制码

序号	格雷码	二进制码	序号	格雷码	二进制码
0	0000	0000	6	0101	0110
1	0001	0001	7	0100	0111
2	0011	0010	8	1100	1000
3	0010	0011	9	1101	1001
4	0110	0100	10	1111	1010
5	0111	0101	11	1110	1011

(2) 增量式光电编码器

增量式光电编码器(increasing encoder)能够以数字形式测量出转轴相对于某一基准位置的瞬间角位置,另外还能测出转轴的转速和转向。增量式光电编码器主要由光源、码盘、检测光栅、光电检测器件和转换电路组成,其结构如图 7.15 所示。码盘上刻有节距相等的辐射状透光缝隙,相邻两个透光缝隙之间代表一个增量周期;检测光栅上刻有三个同心光栅,分别称为 A 相、B 相和 C 相光栅。A 相光栅与 B 相光栅上分别间隔有相等的透明和不透明区域用于透光和遮光,A 相和 B 相在编码盘上互相错开半个节距。增量式光电编码器码盘及信号形式分别如图 7.15 和图 7.16 所示。

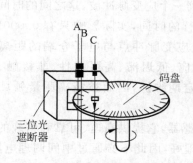

图 7.15　增量式光电编码器的结构

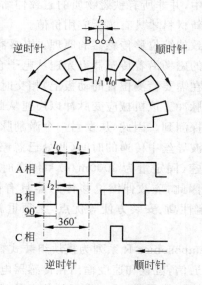

图 7.16　增量式光电编码器码盘及信号形式

当编码盘以图示逆时针方向旋转时,A 相光栅先于 B 相透光导通,A 相和 B 相光电元件接受时断时续的光。A 相超前 B 相 90°的相位角(1/4 周期),产生了近似正弦的信号。这些信号放大整形后成为图 7.16 所示的脉冲数字信号。根据 A、B 相任何一光栅输出脉冲数的大小就可以确定编码盘的相对转角;根据输出脉冲的频率可以确定编码盘的转速;采用适当的逻辑电路,根据 A、B 相输出脉冲的相序就可以确定编码盘的旋转方向。A、B 两相光栅为工作信号,C 相为标志信号,码盘每旋转一周,标志信号发出一个脉冲,通常用来指示机械位置或对积累量清零。

光电编码器的分辨率(分辨角)α 是以编码器轴转动一周所产生的输出信号基本周期数来表示的,即脉冲数/转(PPR)。码盘旋转一周输出的脉冲信号数取决于透光缝隙的数目多少,码盘上刻的缝隙越多,编码器的分辨率就越高。假设码盘的透光缝隙数目为 n 线,则分辨率 α 的计算公式为

$$\alpha = 360°/n \tag{7.4}$$

在工业应用中,根据不同的应用对象,可选择分辨率通常在 500~6000PPR 的增量式光电编码器,最高可以达到几万 PPR。交流伺服电机控制系统中通常选用分辨率为 2500PPR 的编码器。此外,用倍频逻辑电路对光电转换信号进行处理,可以得到 2 倍频或 4 倍频的脉冲信号,从而进一步提高分辨率。

增量式光电编码器的优点是:原理构造简单、易于实现;机械平均寿命长,可达到几万小时以上;分辨率高;抗干扰能力较强,信号传输距离较长,可靠性较高;价格便宜。其缺点是无法直接读出转动轴的绝对位置信息。增量式光电编码器广泛应用于数控机床、回转台、伺服传动、机器人、雷达、军事目标测定等需要检测角度的装置和设备中。

2) 磁致伸缩位移传感器

在铁磁质中磁化方向的改变会导致介质晶格间距的变化,因而使得铁磁质的长度和体积发生变化,即磁致伸缩(magnetostriction)现象,也称为威德曼效应。在位移及其导出量的测试中,并非所有铁磁物质的磁致伸缩现象都具有应用价值,只有一些具有很高磁致伸缩性能的新材料才具有实际应用价值。

磁致伸缩位移传感器的原理:传感器电子仓的电子部件产生一个脉冲激励,该激励脉冲产生的磁场沿着传感器以光速从电子仓端向尾端前进,当与活动的永久磁场(该永磁铁一般安装在需要检测位置的动板上)相交时,由于磁致伸缩现象,波导丝在相交点产生一个机械应变脉冲。该机械应变脉冲以声速从此点经波导丝向电子仓端回传,并被电子仓中的检测电路探测到。因此,从发射一个激励脉冲波到接收到一个应变脉冲波,这之间的时间就是声波在波导丝中传递的时间(此处已忽略了主动波运行的时间,实际影响只有 0.0001%),已知声速(固定量为 3000m/s)和传递时间,产生机械应变脉冲点与电子仓端的距离就确定了。因此,磁致伸缩位移传感器具有高精度、高响应、低迟滞、高可靠性、非接触、寿命长、稳定性高、安装方便等优点,无须重新标定,无须定期维护,因而被精确测量领域广泛采用。

Temposonics R 系列为模块组装式智能型位移传感器,它提供高速、可靠和精确的数据处理和通信,位置和速度输出在传感器电子头内已处理好,因此不必通过中间调理电路,可直接输出至控制器,从而降低整体电控成本。R 系列提供 4 种不同的外壳,RH 和 RD 型适用于内置油缸安装或外置机床表面;RP 为铝成形外壳,符合 IP65 标准;RH 和 RD 型外壳为 304L 不锈钢压力管,符合 IP67 标准;RH 型最长行程为 7.6m,而 RF 型柔性外管可长达 20m,R 系列由于采用模块组装,现场更换敏感元件非常简单,完全不用先撤液压,过程快捷,大大降低停产时间。

磁致伸缩位移传感器在各种工业环境中都有大量的应用,如在冶金行业中,主要用于冶

炼、轧钢系统的伺服液压缸连续位置测量和反馈,从冶炼(吹氧气枪)、连铸、热轧、中板、厚板、冷轧、处理线、棒线材、H 型钢生产线等,磁致伸缩位移传感器还可以用于注塑机,吹塑、挤压、压铸、锻压,木材加工,金属加工机械,动力系统和动力平台,材料与结构试验,加工机械,工业车辆和行走机械,车辆减振与悬挂系统,医疗设备,悬挂桥梁监控,历史建筑物维护和打捞沉船等。

3)光谱共焦式精密位移测量系统

光谱共焦式精密位移测量系统是利用光谱共焦的原理(见图 7.17),超精度测量各种位置的变化。传感器探头由光源和特殊光学透镜组构成,透镜组将光源发射出的多色平行光

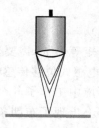

(白光)进行光谱分光,形成一系列波长不同的单色光,同时再将其同轴聚焦,由此在有效量程范围内形成了一个焦点组,每一个焦点的单色光波长都对应着一个轴向位置。在被测物体表面聚焦的单色光又被反射到控制器,利用控制器内的光谱分析仪可确定该反射光的波长,从而确定了被测物体的位置。

图 7.17 光谱共焦的原理

其独特的测量原理,使它无论对漫反射表面还是镜面的测量,都可以达到纳米级的精度。光谱共焦式精密位移测量系统适用所有材料及测量表面,直线测量时不受反射角度限制,光斑微小且恒定,除精确测量位置位移之外,还可单方向测量透明体厚度(如玻璃)。

光谱共焦式精密位移测量系统主要应用在透明体厚度测量、反射面及透明体的位置和位移测量、孔或凹槽深度测量、表面轮廓测量等,例如硬币表面轮廓测量和卤素灯反射镜的表面测量等。

4)测速发电机(引自参考文献[2])

测速发电机(tachogenerator)是一种检测机械转速的电磁装置,它能把机械转速变换成电压信号,其输出电压与输入的转速成正比关系。测速发电机按输出信号的形式,可分为交流测速发电机和直流测速发电机两大类。

直流测速发电机实际上是一种微型直流发电机,它的绕组和磁路经精确设计,其结构原理如图 7.18 所示。其工作原理基于法拉第电磁感应定律,当通过线圈的磁通量恒定时,位于磁场中的线圈旋转使线圈两端产生的电压(感应电动势)与线圈(转子)的转速成正比,即

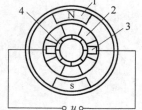

$$u = kn \qquad\qquad (7.5)$$

式中:u——测速发电机的输出电压,V;

n——测速发电机的转速,r/min;

k——比例系数。

改变旋转方向时输出电动势的极性即相应改变。在被测机构与测速发电机同轴连接时,只要检测出直流测速发电机的输出电动势和极性,就能获得被测机构的转速和旋转方向。

测速发电机线性度好,灵敏度高,输出信号强,目前检测范围一般为 20~40r/min,精度为 0.2%~0.5%。

图 7.18 直流测速发电机的
结构原理
1—永久磁铁;2—转子线圈;
3—电刷;4—整流子

3. 位移传感器的应用实例

伺服电机上安装增量式角位移编码器用来检测电机轴的角位移和旋转速度；机床主轴上安装绝对式角位移编码器可测量主轴的绝对角度，便于加工螺纹等；在摆锤冲击实验机中利用编码器测量冲击摆角的变化。

角位移编码器除了检测角位移外，也可间接检测直线位移及速度。

【案例7.7】 例如在数控机床中将角位移编码器与丝杠同轴连接，可检测丝杠旋转的转数和角度，乘以丝杠的螺距就可以得出工作台平移的位移和速度，这是数控机床中常用的一种直线位移的半闭环控制方法。

【案例7.8】 电感式位移传感器的应用实例(引自参考文献[34])。

澳大利亚铁路部门在列车转弯时需要检测其产生的位移、力、力矩等参数，需要数百个位移传感器和加速度传感器，并且需要在铁轨上安装数百个应变片，电感式位移传感器用来测量铁轨在垂直和水平方向上的位移。在阳光、雨水、冰冻等恶劣环境中工作了6个月，传感器和仪表工作一直非常良好。尽管由于磨损和灰尘导致在传感器上出现了布朗条纹，但其非常容易清除。

【案例7.9】 磁致伸缩位移传感器的应用实例。

图7.19(引自参考文献[31])所示为磁致伸缩位移传感器的应用实例。传感器安装在油缸中，其中磁环与油缸活塞连接在一起，磁环随着活塞的移动而移动，从而实现油缸活塞位置的连续测量和反馈。将磁致伸缩位移传感器安装在容器中，其中磁环与浮球连接在一起，浮球随着容器中液位的高低而移动，磁环随着浮球的移动而移动，从而实现容器中液位的连续测量。

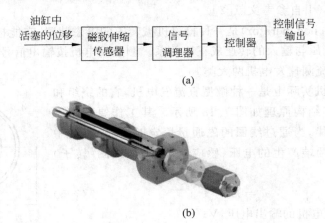

图7.19 应用磁致伸缩位移传感器测量油缸活塞位置

(a) 原理示意图；(b) 结构示意图

电涡流位移传感器的应用实例如图7.20(引自参考文献[32])所示。

【案例7.10】 测速发电机的转子与机器人关节伺服驱动电动机相连就能测出机器人运动过程中的关节转动速度，并能在机器人速度闭环系统中作为速度反馈元件，所以测速发电机在机器人控制系统中得到了广泛的应用。机器人速度伺服控制系统的控制原理如图7.21所示。

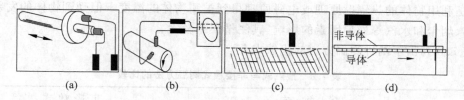

图 7.20 电涡流位移传感器的应用实例

(a) 轴位移测量；(b) 轴心轨迹测量；(c) 表面不平度测量；(d) 非导电材料厚度测量

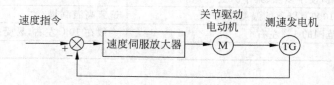

图 7.21 机器人速度伺服控制系统

7.3 温 度 测 量

温度是表征物体冷热程度的物理量。温度只能通过物体随温度变化的某些特性来间接测量，而用来度量物体温度数值的标尺叫温标。温标规定了温度的读数起点（零点）和测量温度的基本单位。目前国际上用得较多的温标有华氏温标、摄氏温标、热力学温标和国际实用温标。

摄氏温标规定：在标准大气压下，冰的熔点为 0 度，水的沸点为 100 度，中间划分 100 等份，每等份为摄氏 1 度，符号为℃。

华氏温标规定：在标准大气压下，冰的熔点为 32 度，水的沸点为 212 度，中间划分 180 等份，每等份为华氏 1 度，符号为℉。

热力学温标又称开尔文温标或绝对温标（符号 K），它规定分子运动停止时的温度为绝对零度。

国际实用温标是一个国际协议性温标，它与热力学温标相接近，而且复现精度高，使用方便。我国自 1994 年 1 月 1 日起全面实施 ITS—1990 国际温标。

7.3.1 温度测量方法

在工业、农业、现代科学研究及各种高新技术的开发和研究中，温度也是一个非常普遍和常用的测量参数。温度的测量原理主要是将随温度变化的物理参数（如膨胀、电阻、电容、热电动势、磁性、频率、光学特性等）通过温度传感器转变成电量，经过处理电路再转换成温度数值显示出来。

温度的测量方法通常分为两大类，即接触式测温法和非接触式测温法。

接触式测温法是使被测物体与温度传感器的感温元件直接接触，使其温度相同时便可以得到被测物体的温度。非接触式测温法是温度传感器的感温元件不直接与被测物体接触,而是利用物体的热辐射原理或电磁原理得到被测物体的温度。但受到物体的发射率、测量距离、烟尘和水汽等外界因素的影响,其测量误差较大。

表7.8列出了两种测温方法的优缺点。

表7.8 接触式与非接触式测温方法的比较

	接 触 式	非 接 触 式
测量条件	感温元件必须与被测物体接触	感温元件能接收到物体的辐射能
特点	不适宜热容量小的物体温度测量和动态温度测量,便于多点、集中测量	适宜动态温度测量和表面温度测量
测量范围	适宜1000℃以下的温度测量	适宜高温测量
测温精度	测量范围的1%左右	一般在10℃左右,易受外界因素的影响
滞后	较大	较小

7.3.2 温度传感器分类

温度传感器的分类方法很多,按照用途可分为基准温度计和工业温度计,按照测量方法可分为接触式和非接触式,按工作原理可分为膨胀式、电阻式、热电式、辐射式等,按输出方式可分为自发电型、非电测型等。

接触式温度传感器主要有4种类型:金属热电偶、半导体热敏电阻、电阻温度检测器(RTD)和IC温度传感器。IC温度传感器又包括模拟输出和数字输出两种类型。

非接触温度传感器主要有红外非接触温度传感器、激光测量温度传感器和基于彩色CCD三基色的温度测量传感器等。各类温度传感器的测温范围和特点如表7.9所示。

表7.9 温度传感器的测温范围和特点

利用的物理现象	传感器类型	测温范围/℃	特 点
体积热膨胀	气体温度计 液体压力温度计 玻璃水银温度计 双金属片温度计	−250～1000 −200～350 −50～350 −50～300	不需要电源,耐用;但感温部件体积较大
接触热电势	钨铼热电偶 铂铑热电偶 其他热电偶	1000～2100 200～1800 −200～1200	自发电型,标准化程度高,品种多,可根据需要选择;但必须注意冷端温度补偿
电阻的变化	铂热电阻 热敏电阻	−200～900 −50～300	标准化程度高;但需要接入电桥才能得到电压输出
PN结电压	硅半导体二极管(半导体集成电路温度传感器)	−50～150	体积小,线性好;但测温范围小
温度-颜色	示温涂料 液晶	−50～1300 0～100	面积大,可得到温度图像;但易衰老,精度低
光辐射 热辐射	红外辐射温度计 光学高温温度计 热释电温度计 光子探测器	−50～1500 500～3000 0～1000 0～3500	非接触式测量,反应快;但易受环境及被测体表面状态影响,标定困难

7.3.3　常见温度传感器

1. 热电偶

我国从 1988 年 1 月 1 日起,热电偶和热电阻全部按 IEC 国际标准生产,并指定 S、B、E、K、R、J、T 七种标准化热电偶为我国统一设计型热电偶,但之后又出现了新型电热偶。

常见热电偶的分度规格及特性如表 7.10 所示。

表 7.10　常见热电偶的分度规格及特性

名　　称	分度号	测温范围/℃	100℃热电势/mV	1000℃热电势/mV	特　　点
铂铑 30-铂铑 6	B	50～1820	0.033	4.834	熔点高,测温上限高,性能稳定,精度高,100℃ 以下热电势极小,可不必考虑冷端温度补偿;价格昂贵,线性差;只适用于高温测量
铂铑 13-铂	R	−50～1768	0.647	10.506	使用上限较高,精度高,性能稳定,复现性好;但热电势较小,不能在金属蒸汽和还原性气氛中使用,在高温下连续使用时特性会逐渐变坏,价格昂贵;多用于精密测量
铂铑 10-铂	S	−50～1768	0.646	9.587	优点同上;但性能不如 R 热电偶;曾经长期作为国际温标的法定标准热电偶
镍铬-镍硅	K	−270～1370	4.096	41.276	热电势大,线性好,稳定性好,价廉;但材质较硬,在 1000℃ 以上长期使用会引起热电势漂移;多用于工业测量
镍铬硅-镍硅	N	−270～1300	2.744	36.256	是一种新型热电偶,各项性能均比 K 热电偶好,适宜于工业测量
镍铬-铜镍(康铜)	E	−270～800	6.319	—	热电势比 K 热电偶大 50% 左右,线性好,耐高湿度,价廉;但不能用于还原性气氛;多用于工业测量
铁-铜镍(康铜)	J	−210～760	5.269	—	价格低廉,在还原性气体中较稳定;但纯铁易被腐蚀和氧化;多用于工业测量
铜-铜镍(康铜)	T	−270～400	4.279	—	价廉,加工性能好,离散性小,性能稳定,线性好,精度高;铜在高温时易被氧化,测温上限低;多用于低温测量

铠装热电偶是由导体、高纯氧化镁和不锈钢保护管经多次拉制而成,主要由接线盒、接线端子和铠装热电偶组成基本结构,并配以各种安装固定装置,具有能弯曲、耐高压、耐振动、热响应时间快和坚固耐用等优点。它和装配式热电偶一样,作为测量温度的传感器,通常与显示仪表、记录仪和控制器配套使用,也可以作为装配式热电偶的感温元件,可以直接

测量各种生产过程中 0～800℃范围内的液体、气体介质以及固体表面的温度。

铠装热电偶有三种结构：露端式、接壳式和绝缘式，如图 7.22 所示。三种测量结构的比较如表 7.11 所示。

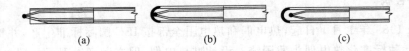

（a）　　　　　　　　　　（b）　　　　　　　　　　（c）

图 7.22　铠装热电偶的三种结构

（a）露端式；（b）接壳式；（c）绝缘式

表 7.11　铠装热电偶三种测量结构的比较

结构形式	特　性
露端式	测量端露在外面，测温响应时间最快，仅在干燥的非腐蚀介质中使用，不能在潮湿空气或液体中使用
接壳式	热电极与金属套管焊在一起，测温响应时间介于露端式和绝缘式之间，适用于外界信号干扰较小的场合使用
绝缘式	测量端封闭在内部，热电偶与套管之间相互绝缘，不易受外界信号干扰，是最常用的一种结构形式

常用热电偶补偿导线的特性见表 7.12。

表 7.12　常用热电偶补偿导线的特性

型号	配用热电偶（正-负）	补偿导线（正-负）	导线外皮颜色		100℃热电势/mV	20℃时的电阻率/(Ω·m)
			正	负		
SC	铂铑 10-铂	铜-铜镍	红	绿	0.646 ± 0.023	0.05×10^{-6}
KC	镍铬-镍硅	铜-康铜	红	蓝	4.096 ± 0.063	0.52×10^{-6}
WC5/26	钨铼 5-钨铼 26	铜-铜镍	红	橙	1.451 ± 0.051	0.10×10^{-6}

2. 金属热电阻

工业上常用的热电阻也有普通装配式热电阻和铠装热电阻两种形式。

普通装配式热电阻是由感温体、不锈钢外保护管、接线盒以及各种用途的固定装置组成，安装固定装置有固定外螺纹、活动法兰盘、固定法兰和带固定螺栓锥形保护管等形式。铠装热电阻外保护套管采用不锈钢，内充高密度氧化物绝缘体，具有很强的抗污染性能和优良的机械强度。与前者相比，铠装热电阻具有直径小、易弯曲、抗振性好、热响应时间快、使用寿命长等优点。

对于一些特殊的测温场合，还可以选用一些专业型热电阻，如测量固体表面温度可以选用端面热电阻，在易燃易爆场合可以选用防爆型热电阻，测量振动设备上的温度可以选用带有防振结构的热电阻等。

3. 热敏电阻

热敏电阻与简单的放大电路结合，就可检测 0.001℃的温度变化，所以和电子仪表组成测温计，能完成高精度的温度测量。普通用途热敏电阻工作温度为−55～315℃，特殊低温热敏电阻的工作温度低于−55℃,可达−273℃。

4. 集成温度传感器

集成温度传感器是以集成电路(IC)结构制造的,基本设计原理是基于半导体二极管的伏安特性与温度之间的关系。集成温度传感器适合于−55～150℃温度范围内的应用。虽然集成温度传感器的测量范围比热电偶和热电阻小一些,但是它们有小封装、高精度和低价格等特点,并且容易与其他器件连接,例如与放大器、稳压器、数字信号处理器(DSP)和微控制器(MCU)等连接。集成温度传感器技术不断进步,可以提供各种各样的功能、特性和接口。

目前常用的集成温度传感器有 AD7416 和数字化温度传感器 DS1820。

7.3.4　温度传感器的选择

在大多数情况下,对温度传感器的选用,需考虑以下几个方面的问题。

(1) 被测对象的温度是否需记录、报警和自动控制,是否需要远距离测量和传送?

(2) 测温范围的大小和精度要求如何?

(3) 测温元件大小是否适当?

(4) 在被测对象温度随时间变化的场合,测温元件的滞后能否适应测温要求?

(5) 被测对象的环境条件对测温元件是否有损害?

(6) 价格如何,使用是否方便?

考虑以上几个方面后,首先选择采用非接触测量还是接触测量;然后根据所要求的测温量程、精度、结构类型、使用环境、响应时间、价格等选择温度传感器的类型和探头,是选用热电偶、热电阻还是集成温度传感器。当选用热电偶或热电阻时,要根据测温介质的工况及控温要求等选择何种类型的热电偶或热电阻;再根据实际工况条件选择温度传感器的安装位置、安装方式、测温元件插入深度、温度传感器的保护套管、温度传感器的接线盒部件等。

7.3.5　温度传感器的应用

【案例 7.11】　胚芽培育机温度检测。

在胚芽培育机上对豆芽等进行培育时,需要对其生长的环境温度(20～35℃)进行精确的控制(±0.5℃)。有些培育机选用铠装热电阻 PT100 进行测温,但其价格较贵,检测电路复杂,在一台培育机上只安装了一个热电阻 PT100。由于培育机箱内空间大,空气不流通,温度不均匀,这样就造成某些局部地方的温度过高使豆芽腐烂,某些局部地方的温度过低使豆芽生长缓慢。

由于 DS1820 体积小、价格便宜、使用灵活,测量温度在−10～85℃范围内,精度为±0.5℃,满足使用要求。而且现场温度直接以数字方式传输,大大提高了系统的抗干扰性,不需要模拟放大电路,大大简化了检测电路,降低了成本。所以可以在一台培育机箱内安装4～8 个温度传感器,保证了温度检测的准确性,从而提高了生产胚芽的质量。

【案例 7.12】　化工反应槽温度检测。

某化工厂有 16 个化工反应槽在生产过程中需要监控其温度,范围在 20～100℃,精度为 ±0.5℃。测温传感器选用 PT100 型普通装配式热电阻,采用 2m 长的不锈钢外保护管插入到反应槽中,接线采用三线制。由于控制室离现场较远,原先将温度检测仪表安装在现场,每个传感器对应一个测温仪,操作人员需不断到现场查看温度,而现场条件又比较恶劣,所以使用很不方便。

改进后的方案如图 7.23 所示。

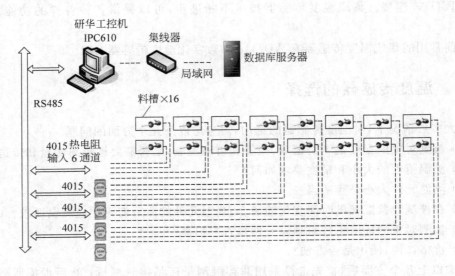

图 7.23　化工反应槽温度检测方案

改进后测温传感器仍选用 PT100 型普通装配式热电阻,选用 ADAM-4015,它具有 6 路热电阻输入,每个热电阻接线采用三线制,输出采用 RS485 接口,通过相应的通信协议(如 MODBUS 协议)将获得的温度值传送到控制室内的计算机中,计算机上设计通信程序、监控界面和数据库。每 4 个反应槽使用一个 ADAM-4015 模块,4 个 ADAM-4015 模块通过一根两芯屏蔽通信线就可将 16 个反应槽的温度传送到控制室的计算机中,操作员在控制室就可以监控 16 个反应槽的温度,并且可以通过数控库服务器来查询以前各反应槽的温度生产记录。

7.3.6　温度测量系统的标定

标定温度测量系统的方法可以分为两类。

(1) 同一次标准比较,即按照国际计量委员会 1968 年通过的国际实用温标(IPTS—68)相比较,见表 7.13。

(2) 与某个已经标定的标准装置进行比较。

复现这些基准点的方法是用一个内装有参考材料的密封容器,将待标定的温度传感器的敏感元件放在深入容器中心位置的套管中。然后加热,使温度超过参考物质的熔点,待物质全部熔化。随后冷却,达到凝固点后,只要同时存在液态和固态(约几分钟),温度就稳定下来,并能保持规定值不变。

表 7.13　IPTS—68 规定的一次温度标准和参考点

定义固定点	IPTS—68		定义固定点	IPTS—68	
	℃	K		℃	K
平衡氢三相点	−259.34	13.81	水三相点	0.01	273.16
平衡氢沸点	−252.87	20.28	水沸点	100	373.15
氖沸点	−246.048	27.102	锡凝固点	231.9681	505.1181
氧三相点	−218.789	54.361	锌凝固点	419.58	629.73
氩三相点	−189.352	83.798	银凝固点	961.93	1235.08
氧冷凝点	−182.962	90.188	金凝固点	1064.43	1337.58

对于定义固定点之间的温度在−259.34~630.74℃之间,采用标准铂电阻温度计作标准器。标准铂电阻温度计是用直径为 0.05~0.5mm,均匀的、彻底退火和没有应变的铂丝制成。铂丝的电阻比为 $R_{100}/R_0=1.39250$。式中 R_{100} 和 R_0 分别对应0℃和100℃时的电阻值。630.74~1064.43℃之间采用的标准器是铂铑 10-铂标准热电偶。1064.43℃以上采用标准光学高温度计作为标准器。标准器在不同的温度范围内按照不同的公式计算定义点之间的温度。具体的方法可参阅中国计量科学研究院编制的"1968 年国际实用温标和温度计算方法"。

7.4　振动量的测量

7.4.1　概述

振动是一物体相对于某一个参考点的往复式移动。以弹簧悬吊一物体为例,当物体被拉下再释放后,倘若忽略所有摩擦、空气阻力,则弹簧会以其原来的平衡点为基准,上下来回不停地移动。

振动大小与设备运行状态息息相关。各种设备的所有机械问题及电气问题均会产生振动,如果能掌握振动的大小及来源,就能在设备尚未失效之前完成检修工作,以避免造成设备更大的损坏而影响生产或增加维修费用。

1. 振动的分类

尽管机器设备在运行过程中会不同程度地存在振动,然而不同的机器或同一机器的不同部位以及机器在不同时刻或不同状态下,其产生的振动是有差别的。

机械振动常常按以下方法分类。

1) 按产生振动的原因分类

(1) 自由振动:当系统的平衡被破坏,只靠其弹性恢复力来维持的振动。

(2) 强迫振动:在外界激振力的持续作用下,系统被迫产生的振动。

(3) 自激振动:系统在输入和输出之间具有反馈特性,并有能源补充而产生的振动。

2）按振动的规律分类

（1）确定性振动：能用简单函数或这些简单函数的简单组合表达其运动规律的振动。其中振动量按余弦（或正弦）函数规律周期性的变化振动称为简谐振动。

（2）随机振动：不能用简单函数或这些简单函数的简单组合来表达其运动规律，而只能用统计方法来研究的非周期性振动。

3）按振动频率分类

在机械设备故障诊断中，常常要分析振动信号的频率，以便诊断机械设备故障，因此按照振动频率的高低，将振动分为低频振动、中频振动和高频振动。至于对三个频段的划分界限，因对象不同，划分标准也不一样，目前尚无统一标准。

2. 简谐振动

物体只在弹性力或准弹性力（线性回复力）作用下发生的运动称为简谐振动。

简谐振动是最简单的一种振动形式，其振动量按余弦（或正弦）函数规律周期性的变化，如图 4.13 所示，可以表示为式（4.14）。由式（4.14）可知，要完全描述一个振动信号，必须同时知道其幅值 A、频率 f 和相位 φ 这三个参数，我们称其为振动的三要素。简谐振动是一种最简单的振动形式，机械设备发生的振动比简谐振动复杂得多。但是不管振动信号多么复杂，都可以将其分解为若干个具有不同频率、幅值和相位的简谐分量的合成。

振动是一个动态变化量，在机械设备振动检测时常取振动信号的最大正峰值和最小负峰值的差值作为振动幅值，通常称其为峰-峰值，记做 A_{PP}。简谐振动的位移表达式为

$$x(t) = A\sin(\omega t + \varphi) \tag{7.6}$$

除了振动位移 $x(t)$，还可以用速度 $v(t)$ 和加速度 $a(t)$ 来表示。将简谐振动的位移函数式（7.6）进行一次微分即可得到速度的函数式：

$$v(t) = \frac{\mathrm{d}x(t)}{\mathrm{d}t} = \omega A\sin\left(\omega t + \varphi + \frac{\pi}{2}\right) \tag{7.7}$$

再对速度函数式（7.5）进行一次微分，即可得到加速度的函数式为

$$a(t) = \frac{\mathrm{d}v(t)}{\mathrm{d}t} = \omega^2 A\sin(\omega t + \varphi + \pi) \tag{7.8}$$

式（7.6）～式（7.8）对比可知，振动位移、速度和加速度信号的频率相同；速度比位移的相位超前 $90°$，加速度比位移的相位超前 $180°$；而振动速度的幅值是振动位移和频率的乘积，振动加速度的幅值是振动位移和频率平方的乘积。由此可见，在机械设备故障诊断中，不管用何种方法故障性质不会发生变化，但必须考虑相互之间的相位差。

7.4.2 振动测量方法

1. 振动测量方法

振幅：振动物体离开自己平衡位置的最大位移的绝对值，描述振动的大小或强度，常用来判断设备或机械组件损坏的"严重程度"。振幅常用位移、速度和加速度来表示。由于三者之间存在着微分或积分关系，在理论上只需测出其中一个量，通过计算即可得出另外两个量。但在实际中，由于所选择不同类型的传感器及其后续电路和仪表的特性差异，所引起的

误差也不同。因此对于不同的测量对象就需要在三者中选择不同的被测量。由于三者之间的幅值关系和频率大小有关,所以,在低频场合宜选择振动位移测量;中频场合宜选择振动速度测量;高频场合则应该选择振动加速度测量。

频率:单位时间内的振动次数,描述振动的快慢程度,与振源相关。

相位:简谐振动在最初时刻的相位,表示不同测点间振动的时间关系或两物体间振动发生的时间关系,常用来判断设备运转所产生的振动模式。相位通常是共振分析、模态分析的重要参数。在实施动平衡校正工作时,相位分析更是确认不平衡位置的最重要工具。

能量:机械振动的能量包括动能和势能,表征振动的破坏力,常用来判断设备或机械组件损坏的"冲击状况"。

绝大多数的工程振动信号均可分解成一系列特定频率和幅值的正弦信号,因此对某一振动信号的测量,实际上是对组成该振动信号的正弦频率分量的测量。

在工程振动测量领域中,测量手段与方法多种多样,但按照各种参数的测量方法及测量过程的物理性质来分,可分为以下三类。

(1)机械式测量方法:将工程振动的参量转换成机械信号,再经机械系统放大后进行测量、记录。常用的仪器有杠杆式测振仪和盖革测振仪,测量频率较低,精度也较差,但在现场测量时较为简单方便。

(2)光学式测量方法:将工程振动的参量转换为光学信号,经光学系统放大后显示和记录。如读数显微镜和激光测振仪等。

(3)电测方法:将工程振动的参量转换成电信号,经电子线路放大后显示和记录。电测法是先将机械振动量转换为电量(电动势、电荷及其他电量),然后再对电量进行测量,从而得到所要测量的机械量。这是目前应用最广泛的测量方法。

上述三种测量方法的物理性质虽然各不相同,但组成的测量系统基本相同,它们都包含拾振、测量放大电路和显示记录三个环节。

拾振环节把被测的机械振动量转换为机械、光学或电信号,完成这项转换工作的器件为振动传感器。

测量电路的种类甚多,它们都是针对各种传感器的变换原理而设计的。例如压电式传感器的电压放大器、电荷放大器,此外还有积分电路、微分电路、滤波电路等。

信号分析及显示、记录环节将对测量电路输出的电压信号进行分析、显示或记录,也可通过计算机分析软件进行各种分析处理,从而得到最终结果。

2. 振动测点的位置选择

设备的任何一个组件或部位发生问题时几乎都会产生振动,其振动经转轴、基座或结构传递至轴承位置,因此在做定期振动测量时,最好都能在轴承部位进行测量,而且能测量到每个轴承。

在设备故障诊断中,需比较各方向的振动值才能做较准确的判断,因此除测量水平及垂直方向之外,每根轴至少还需一个轴向的测量。

3. 振动传感器的机械接收原理

振动传感器在测量技术中是关键部件之一,其作用主要是将机械量接收下来,并转换为与之成比例的电量。由于它是一种机电转换装置,所以有时也称它为拾振器。

振动传感器并不是直接将原始要测的机械量转变为电量,而是将机械量作为振动传感器的输入量,然后由机械接收部分加以接收,形成另一个适合于变换的机械量,最后由机电变换部分再将其变换为电量。因此振动传感器的工作性能是由机械接收部分和机电变换部分的工作性能来决定的。

1) 相对式机械接收原理

由于机械运动是物质运动的最简单的形式,因此人们最先想到的是用机械方法测量振动,从而制造出机械式测振仪(如盖革测振仪等)。相对式测振仪的接收原理是在测量时,把仪器固定在不动的支架上,使触杆与被测物体的振动方向一致,并借弹簧的弹性力与被测物体表面相接触,当物体振动时触杆就随之一起运动,并推动记录仪器描绘出振动物体的位移随时间的变化曲线,根据这个记录曲线可以计算出位移的大小及频率等参数。

由此可知,相对式机械接收部分所测得的结果是被测物体相对于参考体的相对振动,只有当参考体绝对不动时,才能测得被测物体的绝对振动。这样就存在一个问题,当需要测量绝对振动,但又找不到不动的参考点时,这类仪器就无用武之地。例如,在行驶的内燃机车上测量内燃机车的振动,在地震时测量地面及楼房的振动等,都不存在一个不动的参考点。在这种情况下,我们必须用另一种测量方式的测振仪进行测量,即惯性式测振仪。

2) 惯性式机械接收原理

惯性式机械测振仪测振时,是将测振仪直接固定在被测振物体的测点上,当传感器外壳随被测振物体运动时,由弹性支承的惯性质量块将与外壳发生相对运动,则装在质量块上的记录笔或传感器就会记录下质量块与外壳的相对振动振幅,然后利用惯性质量块与外壳的相对振动关系式,即可求出被测物体的绝对振动振幅波形。

4. 振动传感器的机电变换原理

一般来说,振动传感器在机械接收原理方面,只有相对式、惯性式两种,但在机电变换方面,由于变换方法和性质不同,其种类繁多,应用范围也极其广泛。

在现代振动测量中所用的传感器,已不是传统概念上独立的机械测量装置,它仅是整个测量系统中的一个环节,且与后续的测量电路紧密相关。

由于传感器内部机电变换原理的不同,输出的电量也各不相同。有的是将机械振动量变换为电动势、电荷的变化,有的是将机械振动量变换为电阻、电感等电参量的变化。一般来说,这些电量并不能直接被后续的显示、记录、分析仪器所接受。因此针对不同机电变换原理的传感器,必须附以专配的测量电路,将传感器输出的电量再变为后续显示、分析仪器所能接受的电信号。

7.4.3　振动量的测量系统

在振动量测量中通常采用以下测量系统。

1. 正弦测量系统

正弦测量系统一般用于基本符合简谐振动规律的系统。由于该系统测量比较精确,在对机电产品进行动态性能测试及环境考验时也都采用此系统。

应用正弦测量系统除了测量振幅外，还常用于测量振幅对激励力的相位差以及观察振动波形的畸变情况。典型的正弦测量系统如图 7.24 所示。

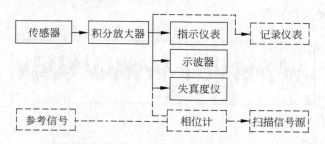

图 7.24　正弦测量系统

注：虚线部分根据需要选配

2. 动态应变测量系统

将电阻应变片贴在振动测点处（或将电阻应变片直接制成应变式位移传感器或加速度传感器安装在测点处），把电阻应变片接入电桥，电桥由动态应变仪的振荡器供给稳定的载波电压。测振时由于振动位移引起电桥失衡而输出电压，经放大并转换为电流，然后由仪表显示或记录下来。测量系统如图 7.25 所示。

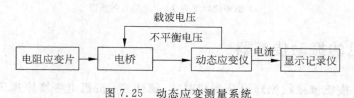

图 7.25　动态应变测量系统

3. 频谱分析系统

1）模拟量频谱分析系统

其核心为模拟式频谱分析仪，其配置如图 7.26 所示。频谱分析仪由跟踪滤波器或一系列窄带带通滤波器构成，随着滤波器中心频率的变化，相应频率的谐波分量通过，从而得出各频率的谐波分量的振幅或功率的值，并由仪表显示或记录。

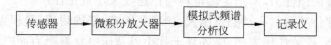

图 7.26　模拟量频谱分析系统框图

2）数字频谱分析系统

现代测振系统多采用数字分析系统，将传感器的模拟信号通过 A/D 转换进行采样并转换为数字信号，然后通过快速傅里叶变换（FFT）的运算，获得被测振动的频谱。

【案例 7.13】　图 7.27 所示为某外圆磨床振动测量结果。测振系统由磁电式速度传感器及测振仪和光显示波器组成。图（a）为测得的时域信号，只给出振动的强弱。图（b）为该信号的频谱,经分析则可以估计出振动的根源。结合机床的实际情况可得出如下判断:27.5Hz频率成分为砂轮不平衡引起的振动;329Hz频率成分为油泵脉动引起的振动;50Hz、100Hz和150Hz的频率为工频干扰和电机振动所产生;500Hz以上的高频振源比较复杂,有轴承噪声和其他振源。

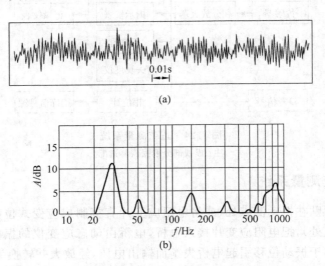

图 7.27 外圆磨床工作台的横向振动
(a) 测得的时域信号;(b) 信号的频谱

7.4.4 常见的振动传感器

振动传感器按机械接收原理可分为相对式、惯性式;按机电变换原理可分为电动式、压电式、电涡流式、电感式、电容式、电阻式、光电式等;按所测机械量可分为位移传感器、速度传感器、加速度传感器、力传感器、应变传感器、扭矩传感器等。

1. 压电式加速度传感器

压电式加速度传感器可等效为弹簧-质量-阻尼系统,其机械接收部分利用惯性式加速度机械接收原理,机电转换部分利用压电晶体的正压电效应。在振动测量中,由于压电晶体所受的力是质量块的惯性力,所产生的电荷与加速度大小成正比。

压电式加速度传感器具有动态范围大、频率范围宽、坚固耐用、量程大、体积小、重量轻、对被测件的影响小、安装使用方便、受外界干扰小以及压电材料受力而产生电荷信号不需要任何外界电源等特点,是最为广泛使用的振动测量传感器。虽然压电式加速度传感器的结构简单,商业化使用历史也很长,但因其性能指标与材料特性、设计和加工工艺密切相关,因此在市场上销售的同类传感器性能的实际参数以及稳定性和一致性差别非常大。与压阻式和电容式传感器相比,压电式传感器最大的缺点是不能测量静态信号。

1)集成电路式压电加速度计

集成电路式压电加速度计(Integrated Electronics Piezo Electric,IEPE)是指一种自带电荷放大器或电压放大器的加速度传感器。由于加速度传感器产生的电荷量很小,很容易受到噪声干扰,因此需要用灵敏的电路对其进行放大和信号调理。

（1）通用目的的压电加速度传感器:可应用于普通工业、安全认证、高冲击场合、地震检测、专业直升机测量、模态分析。

（2）三轴向压电加速度传感器:可测量 X、Y、Z 三个方向的振动输出;拥有极小尺寸系列产品,各种灵敏度、频率响应系列产品,极低频率响应、高灵敏度地震测量系列产品等,可测量坐垫、靠背等区域振动情况。其常见产品外形如图 7.28 所示。

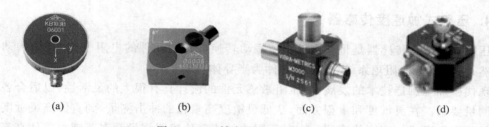

(a)　　　　　　(b)　　　　　　(c)　　　　　　(d)

图 7.28　三轴向压电加速度传感器

(a) 电荷式三轴向;(b) 多功能三轴向;(c) 小尺寸三轴向;(d) 工业三轴向

（3）加速度和温度双输出传感器:可同时监控测得加速度和温度两个参数;温度输出有开氏度和摄氏度两种选择;具有通用目的系列产品,低频响应、高灵敏度系列产品等;适用于各种恶劣环境。

（4）高温压电加速度传感器:可承受 150℃ 以上的温度环境;具有高频响应、可承受极低温度环境和高温三轴向压电加速度传感器等系列产品;适用于各种恶劣环境。

（5）校准用压电加速度传感器:用于实验室校准,灵敏度高、误差极小、低噪声、小尺寸;也有宽频率响应系列产品。

2）电荷输出型压电加速度传感器

电荷输出型压电加速度传感器是高输出阻抗的发电型传感器,相对于 IEPE 型传感器,它更适合应用于复杂的环境和特殊的测量条件下,例如高温环境测量、超低温环境测量、辐射环境、高冲击环境等方面。它需要有专门的电荷放大器或电荷转换器配合使用才能工作,具有精度高、耐各种恶劣环境、使用寿命非常长等特点。其产品外形与 IEPE 加速度传感器外形类似。

电荷输出型压电加速度传感器主要分为通用目的的压电加速度传感器、三轴向压电加速度传感器、高温系列压电加速度传感器等。

2. 压电式力传感器

在振动试验中,除了测量振动外还需要测量对试件施加的动态激振力。压电式力传感器具有频率范围宽、动态范围大、体积小和重量轻等优点,因而获得广泛应用。压电式力传感器也是利用压电晶体的正压电效应,传感器的输出电荷信号与外力成正比。

3. 阻抗头

阻抗头是一种综合性传感器,它集压电式力传感器和压电式加速度传感器于一体,其作用是在力传递点测量激振力的同时还要测量该点的运动响应。因此阻抗头由力传感器和加速度传感器两部分组成,其优点是保证测量点的响应就是激振点的响应。使用时将小头(测力端)连向结构,大头(测量加速度)与激振器的施力杆相连。从力信号输出端测量激振力的信号,从加速度信号输出端测量加速度的响应信号。

注意阻抗头一般只能承受轻载荷,因而只可以用于轻型的结构、机械部件以及材料试样的测量。无论是力传感器还是阻抗头,其信号转换元件都是压电晶体,因而其测量电路均应是电压放大器或电荷放大器。

4. 压阻式加速度传感器

压阻式加速度传感器是将被测的机械振动转换成传感元件的电阻变化,其结构动态模型仍然是弹簧-质量-阻尼系统,其敏感元件为半导体材料。

现代微加工制造技术的发展,使压阻敏感元件的设计具有很大的灵活性,以适合各种不同的测量要求。在灵敏度和量程方面,从低灵敏度高量程的冲击测量,到直流高灵敏度的低频测量都有压阻式加速度传感器。同时压阻式加速度传感器测量频率范围覆盖从直流信号到几十 kHz 的高频信号。超小型化的设计也是压阻式传感器的一个亮点。需要指出的是,尽管压阻敏感元件的设计和应用具有很大灵活性,但对某个特定设计的压阻敏感元件而言,其使用范围一般要小于压电型传感器。压阻式加速度传感器的另一缺点是受温度的影响较大,实用的传感器一般都需要进行温度补偿。在价格方面,大批量使用的压阻式加速度传感器的价格具有很大的市场竞争力,但对特殊使用的敏感元件制造成本将远高于压电型加速度传感器。

5. 电容式加速度传感器

电容式加速度传感器的结构形式一般也采用弹簧-质量-阻尼系统。当质量块受到加速度作用运动而改变质量块与固定电极之间的间隙进而使电容值变化。

电容式加速度传感器分为变间隙式和变面积式。变间隙式用来测量振动的位移,变面积式用来测量角位移。

电容式加速度传感器与其他类型的加速度传感器相比具有灵敏度高、零频率响应、环境适应性好等特点,尤其是受温度的影响比较小。但其输入与输出为非线性,量程较小,易受电缆分布电容的影响。电容传感器本身是高阻抗信号源,因此电容传感器的输出信号往往需通过后续电路进行放大。在实际应用中电容式加速度传感器较多地用于低频测量,其通用性不如压电式加速度传感器,且成本也比压电式加速度传感器高得多。

6. 惯性式电动传感器

惯性式电动传感器由固定部分、可动部分以及支承弹簧部分所组成。固定部分中具有永久磁场,可动部分中装有线圈。当传感器安装在振动物体上时,其可动部分的质量块将随着被测物的振动产生相对运动,那么线圈就会在固定的磁场中切割磁力线作相对运动,根据电磁感应定律就会在线圈上产生感应电动势,而且所产生的电动势与线圈切割磁力线的速度成正比。因此就传感器的输出信号来说,感应电动势与被测振动速度成正比,所以它实际上是一个速度传感器。

7. 电涡流式传感器

电涡流式传感器是一种相对式非接触测量传感器,它是通过传感器端部与被测物体之间的距离变化来测量物体的振动位移或幅值。电涡流式传感器具有频率范围宽(0～10kHz)、线性工作范围大、灵敏度高以及非接触测量等优点,主要应用于静位移的测量、振动位移的测量、旋转机械中转轴的振动测量。

8. 数字型加速度传感器

数字型压电加速度传感器也是一种集成电路式加速度传感器,内置的微电路包括电荷放大器或电压放大器等,并将振动信号的模拟量输出转换为标准的数字量输出。

1) 无线压电加速度传感器

无线压电加速度传感器上的自带电池为内置的集成电路提供电源,将振动信号的输出转换为数字量后,以无线发射的方式传输给接收仪器或计算机,其有效无线传送距离可达250ft(76.2m),可进行分布式多点检测,用于对布线较为敏感的场合。

2) USB 数字压电加速度传感器

USB 数字压电加速度传感器上自带集成电路,利用 USB 接口提供电源,将振动信号的模拟量输出转换为数字量后通过 USB 接口直接送入计算机,使用方便,适用于现场测量。其产品外观、与计算机的连接和应用实例如图 7.29(引自参考文献[34])所示。

 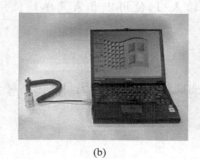 

(a)　　　　　　　　　　(b)　　　　　　　　　　(c)

图 7.29　USB 数字压电加速度传感器及其应用

(a) 外观;(b) 基于该传感器的虚拟仪器;(c) 基于该传感器的手持式设备

3) MEMSIC 加速度传感器

MEMSIC 加速度传感器是基于单片 CMOS 集成电路制造工艺而生产的一个完整的双轴加速度测量系统,它将一个高精度加速度传感器集成到一个单芯片中,可直接焊接在设备的电路板上。它还包含一个内置的温度传感器和参考电压输出,最大测量范围为 $1\sim100g$。除了测量动态加速度(如振动)外,还可以测量静态加速度(如重力加速度)。器件可以提供模拟或数字的输出信号,模拟输出有绝对模式和相对模式两种,绝对模式的输出电压与供电电压无关,而相对模式的输出电压与供电电压成比例。数字输出是一种脉宽调制(PWM),且与加速度大小成正比的占空比信号。

MEMSIC 加速度传感器不同于电容式或压电式的同类产品,这种芯片采用热力学原理来测量速度的变化。芯片中的测量媒质是空气,空气被密封在芯片中,芯片的中间有一个热源，当被测物体受到外力作用产生运动或者加速度时，空气因为惯性的原因在一瞬间仍然保持静止，热源的移动将改变空气的温度、密度以及压强，其内部敏感的传感器会收集变化的信息，通过对空气热力学参数的计算，测量出当前物体的加速度变化。

MEMSIC 加速度传感器将多种元器件浓缩在一枚标准芯片中，体积小，功耗低，降低了成本，同时精确度和稳定性不受到任何损害。而且当它应用于手机之类的无线产品时，完全不会被其电磁波所干扰。

MEMSIC 加速度传感器主要应用于汽车感应、手持电话、游戏控制、硬盘保护、工业检测、导航设备、媒体播放、触控设备、运动设备、专业工具等领域中。

7.4.5　加速度传感器的选择

1. 输出形式

输出形式是最先需要考虑的，它取决于系统和加速度传感器之间的接口。一般模拟输出电压与加速度成正比，例如 2.5V 对应 0g 的加速度，2.6V 对应于 0.5g 的加速度。数字输出一般使用 PWM 信号。

如果使用的微控制器只有数字输入，那就只能选择数字输出的加速度传感器，但问题是必须占用额外的一个时钟单元来处理 PWM 信号，同时对处理器也是一个不小的负担。如果使用的微控制器有模拟输入口，便可以非常简单地使用模拟接口的加速度传感器。

2. 测量轴数量

对于多数项目来说，两轴的加速度传感器已经能满足应用。对于某些特殊的应用，三轴的加速度传感器可能会适合一点。

3. 量程

根据实际应用中所需要测量加速度的最大值来选择传感器的量程。例如：如果要测量机器人相对于地面的倾角，则 $\pm 1.5g$ 加速度传感器就足够了；如果需要测量机器人的动态性能（如振动），则需要 $\pm 2g$ 加速度传感器；如果机器人会有突然启动或者停止的情况出现，则需要 $\pm 5g$ 的加速度传感器。

4. 灵敏度

一般来说传感器越灵敏越好，越灵敏的传感器对一定范围内的加速度变化更敏感，输出电压的变化也越大，这样就比较容易测量，从而获得更精确的测量值。

5. 带宽

带宽实际上是指刷新率，也就是说每秒钟传感器会产生多少次读数。对于一般只要测量倾角的应用，50Hz 的带宽应该足够了；但对于需要测量动态性能，就需要具有上百赫兹带宽的传感器。

6. 电阻/缓存机制

对于有些微控制器来说,要进行 A/D 转换,其连接的传感器电阻值必须小于 $10k\Omega$。比如加速度传感器的电阻值为 $32k\Omega$,在 PIC 和 AVR 控制板上无法正常工作,所以建议在购买传感器前仔细阅读控制器手册,确保传感器能够正常工作。

7.4.6 振动测量的应用

【案例 7.14】 发动机的振动检测。

在发动机的研制过程中,振动的检测是必须的。但由于发动机的运转温度较高,这就需要选择能承受高温的振动传感器作为检测手段。高温振动传感器一般有两种类型。

1. IEPE 高温振动传感器

IEPE 振动传感器是一种自带电量放大器或电压放大器的加速度传感器。由于 IEPE 振动传感器内置集成电路,这就导致了传感器的温度承受能力有限,一般不会超过 $170℃$。但是由于使用方便,往往可以在传感器下方加上一层隔热块,以保证在传感器上的温度低于 $170℃$。其原理示意图和系统实物照片如图 7.30(引自参考文献[34])所示。汽车发动机的测量温度一般在 $200\sim300℃$ 左右,加上隔热层后就可以使用 IEPE 振动传感器检测发动机的振动。不过由于质量和高度的增加,刚性的减小,传感器的使用频率会受到一定的影响。

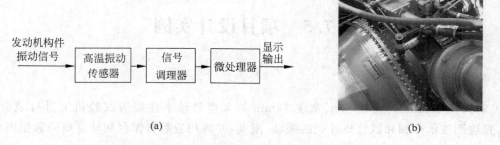

(a)　　　　　　　　　　　　　　(b)

图 7.30 高温振动传感器在发动机振动检测中的应用
(a) 检测原理示意图;(b) 检测系统实物照片

2. 电荷式高温振动传感器

目前,电荷式高温振动传感器的最高检测温度可达 $482℃$,可用来对航空发动机进行检测。但由于压电元件的输出阻抗高,因此必须在传感器后端使用电荷转换模块,将振动信号转换为标准传感器信号。

【案例 7.15】 轴的径向振动测量。

图 7.31 所示为便于电涡流式传感器检测轴的径向振动测量的传感器安装示意图和结构示意图(引自参考文献[32])。

采用电涡流式传感器来测量轴的径向振动。在每个测点应安装两个传感器探头,两个探头分别安装在轴承两边的同一平面上,相隔 $90°(\pm5°)$。通常将两个探头分别安装在垂直

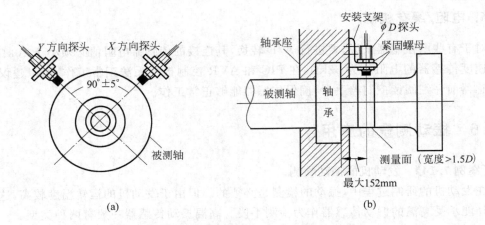

图 7.31　电涡流式传感器在轴的径向振动测量中的应用

(a) 探头安装示意图；(b) 系统结构示意图

中心线每一侧 45°,定义为 X 方向探头(水平方向)和 Y 方向探头(垂直方向)。通常从原动机端看,X 方向探头应该在垂直中心线的右侧,Y 方向探头应该在垂直中心线的左侧,如图 7.31(a)所示。

理论上只要安装位置可行,两个探头可安装在轴承圆周的任何位置,保证其 90°(±5°) 的间隔,都能够准确地测量轴的径向振动。实际上探头应尽量靠近轴承,如图 7.31(b)所示,否则由于轴的挠度,得到的测量值将包含附加误差。

7.5　项目设计实例

1. 系统要求

对外径 47mm、内径 25mm、宽度 12mm 的某型号轴承在疲劳试验机上进行疲劳试验时,要检测轴承外圈和试验机外壳的振动、温度,并将相应数据保存在计算机的数据库中。

2. 系统组成

轴承振动温度检测系统主要由硬件部分和软件部分组成。

硬件控制部分主要由三个振动传感器及其放大器、三个温度传感器及其变送器、数据采集板、工控机、电源等组成。硬件控制方案如图 7.32 所示。

软件部分主要由监控软件、数据库、查询软件等组成。

3. 传感器选择

由于轴承及其安装空间较小,振动传感器和温度传感器都必须选择较小体积的传感器。每个轴承外套上各用一个振动传感器和温度传感器,试验机的机架上也用一个振动传感器和温度传感器,可采用体积稍大的传感器。

检测轴承的振动传感器采用 4517-C-003 型传感器。检测机架的振动传感器采用

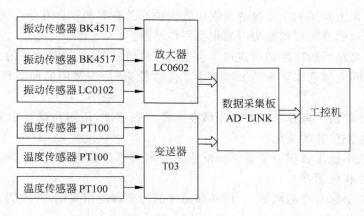

图 7.32 硬件控制方案

LC0102 型压电加速度传感器,其体积稍大一些,但价格便宜。

振动传感器的放大器可选用 LC0602 型电荷放大器,具有 4 个通道的输入,满足测量的要求。

温度传感器采用 PT100 薄膜式铂电阻和 dTRANS T03 型变送器,其热电阻体积为 $1mm \times 2mm \times 2.5mm$,工作温度范围为 $-20 \sim +85℃$,精度为 $\pm(0.2 \sim 0.5)℃$。

采用的数据采集板可将三路振动信号和三路温度信号转变为数字量。工控机用于所有采集数据的保存和处理、显示等。

4. 软件方案

软件方案框图如图 7.33 所示。

该软件主要由数据库、监控软件、查询软件组成。其中数据库主要用于保存各采集数据的特征值;监控软件主要用于状态监控、数据采集、数据记录等,具有可设每小时定时采样、每天记录一组时域数据、采集频率可调等功能;查询软件主要用于查询特征值、查询历史数据、离线分析、设定报警限值等。

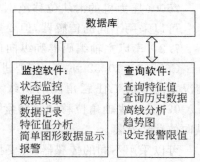

图 7.33 软件方案框图

习题与思考题

7.1 哪种类型的拉压力传感器既可以测量拉力又可以测量压力?

7.2 简述工程中应如何选择拉压力传感器、扭矩传感器、温度传感器和振动传感器。

7.3 为 10t 的吊钩秤选择合适类型的拉压力传感器,并选择传感器的数量和相应的量程。

7.4 在常温下要检测一罐底部的硅酸钠溶液的压力,根据其化学特性和易结垢的特性,选择合适的压力传感器。

7.5 数控机床中,常用于机床零点的限位开关有哪些?各有什么优点?

7.6　在机床上常用的工作台的极限位置保护开关有哪些？各有什么优点？

7.7　气动阀的开关位置检测时常用哪些传感器？

7.8　对容易结垢的硅酸钠溶液选择合适的液位传感器，并说明选择的原因。

7.9　在车间立体仓库天车的大车和小车位移检测时，该选用何种类型的位移传感器？为什么选择它？

7.10　在计算机中鼠标可以控制光标在屏幕上的移动，请问在鼠标中采用的是什么传感器？是如何检测位置的变化？

7.11　在汽车倒车过程中需要倒车雷达来检测后部是否有人或障碍物，请问倒车雷达采用的是何种位移传感器？

7.12　请举出你身边的测量力、位移和温度的传感器应用实例，并说明其工作原理。

项 目 设 计

7.1　油压机油压和位移采集系统设计。

2500t压力机需加装一套压力检测和滑块位移检测装置。压力检测是对流进压力机液压油缸的液压油压力进行检测，液压油的压力范围是 $0\sim35$ MPa，请选择相应的传感器，要求综合精度 0.1% FS，输出 $4\sim20$ mA。

2500t压力机的滑块位移范围 $0\sim1200$ mm，请选择位移传感器，要求检测精度 0.1 mm。

可以采用不同的传感器，但要指出采用这种传感器的优点和缺点。

7.2　车床主轴编码器和纵向位移传感器的选择。

C61250×10/32卧式车床要进行数控改造，改造后的车床在不丧失原有功能及精度的情况下能够加工任意角度的折线和任意螺距的螺纹，纵向进给长度10m，测量精度要求 ±0.025 mm，主轴角位移测量精度要求 $\pm0.02°$，请选择相应的主轴角位移传感器和车床的纵向位移传感器。

可以采用不同的传感器，但要指出采用这种传感器的优点和缺点。

第 **8** 章

机械设备故障诊断技术

▎**能力培养目标**

1. 根据机械构件的故障类型，拟定故障诊断的方案；
2. 对机械构件的故障诊断做出评价，掌握故障诊断的常用方法。

由于近代机械工业向机电一体化方向发展，机械设备逐步自动化、智能化、大型化与复杂化，在许多情况下都需要确保工作过程的安全运行和绝对可靠性，因此对其工作状态的监视和故障诊断日益重要。机械故障诊断主要是根据对被测设备相关量的测量、分析而实现的。本章主要介绍机械故障诊断的常用方法。

8.1 概　　述

机械设备故障诊断作为一门新的技术，是近 30 年来发展起来的，并逐渐成为一个新的学科。随着科学技术与生产的发展，机械设备的应用越来越广泛，同时设备也更加复杂，某一处微小的故障就可能造成连锁破坏，导致整个设备乃至与设备有关的环境遭受灾难性的毁坏。这不仅会造成巨大的经济损失，而且会危及人身安全，后果极为严重。如 1986 年美国"挑战者"号航天飞机失事后，曾对事故原因进行了大量分析与报道。"挑战者"号从升空到爆炸的 74s 时间，其上面的两千多个检测传感器，每隔 1ms 将压力、温度、燃耗乃至宇航员脉搏跳动等数据，输入座舱计算机系统，机上电子计算机又将这些数据发回地面控制台，这成为调查事故原因的关键性线索。地面控制人员根据计算机系统存储的数据进行分析发现，"挑战者"号在爆炸前 10s，右侧火箭助推器内部的压力突然下降，每平方英寸减小了 10 万磅，相当于助推器内部压力降低了 5%。进一步分析表明，这是由于火箭助推器两级间出现裂缝，膨胀的气体不断从裂口逸出，导致内部压力降低。依据传感系统测取的大量信息，最终判明"挑战者"号的事故原因是火箭助推器的一个环形密封圈发生了漏气引起局部燃料泄漏、燃烧，导致爆炸。

20 世纪 60 年代初期，美国开始执行"阿波罗"计划后，发生了一系列由设备故障酿成的悲剧，引起了美国军方和政府有关部门的高度重视。机械设备的故障诊断与工况检测技术正是出于航天、军工的需要而逐渐发展起来的，以后逐步推广到了核能设备、动力设备和其他一些大型成套设备中去，诸如流体动力机械（发动机、汽轮机、水轮机等）、化工、冶金机械（鼓风机、压缩机、离心机、泵等）、加工机械（切削机床、锻压机械等）以及电气机械、运输机械、压力容器、管道系统等。

　　机械故障诊断技术是一种了解和掌握机器在运行过程的状态,确定其整体或局部正常或异常,早期发现故障及其原因,并能预报故障发展趋势的技术。

　　随着近代测试技术的发展,尤其是新型传感技术的不断出现和信号分析手段的增多与完善,特别是计算机技术的飞速发展,使得机械设备故障诊断的理论与方法亦日臻完善。因此,将设备故障诊断技术与当代前沿科学相融合已经成为当前机械设备故障诊断技术发展的一个方向。

8.1.1　机械故障诊断的内容

　　我们知道,人体是一个完整的生物系统。人体疾病是由各种内因和外因共同作用产生的,在病理上表现为经过一系列复杂的物理、生化变化过程而形成,并通过人体的各部位器官和组织反映出各种各样的症状,医生就根据这些症状来进行疾病诊断。而对于机器而言,任何一种机械设备的整体或部件,也都可视为一个系统,在工作过程中都有出现故障的可能性。这是由于它们在工作运行中,其零部件受到力、交变力、热、摩擦、磨损,甚至声音、磁场、电场等物理因素或腐蚀等化学因素的作用,使运行状态发生渐变或突变,从而导致出现故障,产生严重后果。

　　所谓机械故障诊断,就是对机械设备的工作状态的正常与否及异常程度做出判断。需要在事故发生之前查明,以便采取相应决策,杜绝事故的发生。

　　机械设备故障诊断的过程如图8.1所示。其主要内容概括为:①根据设备的类型和工况,选择和测取与设备状态有关的状态信号;②从状态信号中提取与设备故障对应的特征信息(征兆);③根据设备的征兆,识别设备的故障(故障诊断);④根据设备的征兆和故障,进一步分析故障的部位、类型、原因和趋势等;⑤根据设备的故障及其趋势,做出评价和决

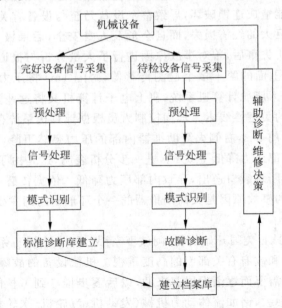

图8.1　机械设备故障诊断的过程

策,包括控制、自诊治、调整、维修、继续检测等措施。

设备运行状态的识别是在工作过程中进行的,而这时往往不可能直接进行识别。例如,在机器运行中测量轴承的间隙和磨损量、关键零件的裂纹深度及发展趋势等,几乎是不可能的,这便需要借助于各种间接的方法来判断运行状态的正常与否。例如,通过振动模态分析、振动强度测量、噪声测量、温度测量、润滑油成分分析以及声发射测量等,这些都是间接判断的方法,都将涉及动态物理量的测试与分析。

如何根据测试结果来做出判断?至少需要哪些特征参数方能做出判断?判断的依据是什么?判断的正确性如何?这些都是运行状况识别中的重要理论问题。故障诊断的任务就是可靠地报告故障及预测故障的发生与发展,并排除伪报、漏报,从而保证系统的正常运行。

8.1.2 机械故障诊断技术

机械设备故障诊断首先需要获取设备的状态信息,这种信息通常来自于设备运行中的各种参数的变化。在运行过程中的机器必然会发生声、热、振动等各种现象,因此我们可以从机器运行中的温升、振动、噪声、位移、应力、裂纹、磨损、腐蚀、压力等各种参数的微小变化来获取诊断信息。机械设备故障诊断的基础和前提是对各状态参数的检测,检测到的有用信息越多,检测数据越真实,越容易诊断出机械设备故障的原因。机械设备状态检测与故障诊断的方法很多,常用的检测与诊断技术主要有如下几种。

1. 温度检测诊断技术

机械设备在发生故障时,常常表现为某一部分的温度异常变化,因此从温度的变化可以判断机械设备是否存在某些故障。温度信号测量技术有直接测量技术和热红外分析技术。

温度的直接测量法是用膨胀式温度计、半导体、热电阻、热电偶等接触式测温传感器来测量机械设备表面的温度变化,用以了解机械设备或零部件摩擦面是否磨损、轴承与轴颈的装配间隙是否过小、轴承润滑是否正常等。机械设备状态检测中,接触式测温多采用半导体热敏温度计,对于需要连续检测温度的装置,目前仍以热电偶测温技术为主。

热红外检测技术主要用于要求远距离、非接触测量物体表面温度的场合。利用热红外原理制成的温度测试分析仪器有红外测温仪、红外热像仪和红外热电视。红外测温仪主要用来鉴别一些简单物体表面因温度变化所显示的故障。红外热像仪和红外热电视均可以实时显示检测物体的二维、三维图像,并与正常的标准热图像作比较,进而判断设备的故障状态。目前,红外测温技术已广泛应用于机械设备温度故障的检测。例如在我国铁路部门,红外测温技术仍是判断铁路车辆轴承质量状态的主要手段,我国铁路沿线均安装了红外测温设备对客货车进行检测。但是,当轴承出现诸如早期点蚀、剥落、轻微磨损等比较微小的故障时,温度检测基本上没有反应。只有当故障达到一定的严重程度时,用这种方法才能检测到。也就是说温度检测不适于点蚀、局部剥落等局部损伤类故障。

2. 油液分析诊断技术

机械设备运动部件的摩擦表面均需要润滑,润滑油循环地流经摩擦面后产生一系列物理化学性能变化,携带了设备运转状态的内在信息。因此检测机械设备润滑系统中的某些物化特性,可以从中获取设备内部的故障信息。油样分析非常广泛,包括油品理化性能指标分析,以颗粒计数为单位的污染度测试,以及油样铁谱和光谱(包括发射光谱和红外光谱)分析。在机械故障诊断这一技术领域内,油样分析技术通常是指油样的铁谱分析技术和光谱分析技术。

1) 铁谱分析法

铁谱是最近20年才应用于状态检测中的一种油液分析方法。由于它可以直接观察油液中颗粒的尺寸、几何形态、颜色、数量及分布状态等,所以它一出现即受到广泛的注意。若将铁谱和发射光谱两种手段结合起来应用,则对于油液中的金属元素,既可进行定性分析又可进行定量分析,既可分析小尺寸颗粒又可分析大尺寸颗粒,既可检测设备正常磨损的变化趋势又可检测异常磨损的状态,使状态检测和故障诊断更趋完整和准确。铁谱在我国是应用最多、最普遍的油液分析诊断方法之一。目前大多采用的是直读铁谱和分析铁谱,近年来旋转铁谱也受到越来越多的注意。若将铁谱专门用于测量润滑油中金属颗粒和污染杂质,它测定的是两个与油中颗粒含量对应的读数,这两个读数分别代表油中的大颗粒(尺寸大于$5\mu m$)与小颗粒(尺寸小于$5\mu m$)相对含量,通过测试不同时间所取油样的直读铁谱值即可了解设备的磨损程度、磨损量和磨损的变化趋势。实践证明,直读铁谱对异常磨损的反应十分敏感,是早期故障诊断的有效手段。但直读铁谱存在两个缺陷:一是数据离散性大,所以测试的误差也较大;二是测量的金属磨损颗粒含量中可能混有非金属污染杂质,因此还应结合铁谱分析来弥补上述缺陷。利用铁谱分析可将金属磨粒从油液中分离出来,制成专门的铁谱片,利用光学或金相显微镜直接观察磨粒的颜色、含量、尺寸、形状及数量等,得出一组定量的磨损指标,将这些指标与检测基准相比较后即可判断机械设备运行状态是否正常。

2) 光谱分析法

光谱分析法包括红外光谱分析法和发射光谱分析法。

红外光谱分析法的主要原理是基于不同化合物的分子结构不同,在红外光谱上都会出现特定位置的吸收峰,通过典型峰位和峰面积的积分计算,即可对油品的某些特性进行定量或半定量的变化趋势分析。近年来由于计算机技术的迅速发展和在红外光谱分析中的普遍应用,大大减少了测量误差。由于红外光谱分析法在这方面显示出的优势,使它在状态检测中的应用日益广泛。

发射光谱分析的主要原理是基于每种元素的原子被激发后都可以产生一组特征光谱。不同的元素,其特征光谱线的波长不同。根据特征谱线的波长就可确定某种元素的存在。在一定的范围内,某元素发射的光谱线的强度和它在试样中的含量成正比。根据被测元素谱线的强度就可以确定其含量。比如定期测试润滑油中金属元素的含量,掌握其变化趋势是设备状态检测的核心内容。利用发射光谱进行工况检测是国内外应用最早和最广泛的手段之一,已取得特别明显的效果。

油液分析技术虽然在设备状态检测中发挥了重要作用,但其需要精密的仪器,成本很高。且谱分析仪对工作环境要求苛刻,对实验环境也有很高的要求,因此只能在专门建造的实验室内工作,取样时不能受污染,所以很难用于机械设备的在线测量。

3. 振动检测诊断技术

机器的振动是机器运行过程中的一种属性,即使最精密的机器也不可避免地会产生振动。一般情况下,机械设备发生故障时,一定会引起设备振动的增加,因此通过对设备振动信号的测试和分析可以了解机器的振动特点、结构强弱、振动来源、故障部位和故障原因等信息,这为我们的诊断决策提供了依据。

振动检测按测量原理可分为相对式与绝对式(惯性式)两类;按测量方法可分为接触式与非接触式两类。振动检测主要是指振动的位移、速度、加速度、频率、相位等参数的测量。

利用振动信号诊断机械设备故障是目前国内普遍采用的一种主要方法。国内外开发生产的各种机械设备检测与诊断仪器和系统中,大都是根据振动法的原理制成的。主要有以下几方面原因:

(1) 大多数机械设备的损坏是由机械振动引起的;

(2) 振动信号中含有丰富的机械设备故障状态信息;

(3) 振动信号的测试与处理简单、直观;

(4) 振动法检测结果准确可靠。

4. 声发射信号检测诊断技术

从物理上讲金属材料由于内部晶格的错位、晶界滑移,或者由于内部裂纹的发生和发展,均会释放应变能量和短暂性的弹性应力波,这种现象被称为声发射现象(Acoustic Emission,AE)。例如轴承的疲劳断裂,是由于轴承经常受到冲击的交变载荷作用,使金属产生位错运动和塑性变形,首先产生疲劳裂纹,然后沿着最大切应力方向向金属内部扩展,当扩展到某一临界尺寸时就会发生瞬时断裂,这种故障经常发生在滚动轴承的外圈。而疲劳磨损是由于循环接触压应力周期性地作用在摩擦表面上,使表面材料疲劳而产生微粒脱落的现象。这种故障的发生过程是在初期阶段,金属内晶格发生弹性扭曲;当晶格的弹性应力达到临界值后,开始出现微观裂纹;微观裂纹再进一步扩展,就会在滚动轴承的内、外圈滚道上出现麻点、剥落等疲劳损坏故障,这些故障的发生与发展,都伴随着声发射信号的产生。各种材料声发射的频率范围很宽,而其信号的强度差异一般只有几微伏。由于声发射诊断方法是一种无损检测方法,并且对机械设备的故障信息能有效地进行识别,在检测时几乎不受材料种类的限制,特别适用于现场检测,因此受到越来越多的重视,得到越来越多的应用。

5. 超声波检测诊断技术

超声波检测技术主要是基于超声波在机械构件中的传播特性。声源产生超声波,采用一定的方式使超声波进入机械构件;超声波在构件中传播并与构件材料以及其中的缺陷相互作用,使其传播方向或特征被改变;改变后的超声波通过检测设备被接收,并可对其进行处理和分析;根据接收的超声波的特征,评估试件本身及其内部是否存在缺陷及缺陷的特性。超声波诊断方法也是一种无损检测方法,由于其原理简单、对人体无害等优点,得到了广泛的应用。

其他诊断技术还有射线照相检测技术、表面缺陷检测技术等,本章重点介绍声发射诊断技术和振动诊断技术及其应用。

8.2　声发射诊断技术

8.2.1　声发射技术

　　声发射是自然界中随时发生的自然现象,尽管无法考证人们何时首次听到声发射,但诸如折断树枝、岩石破碎和折断骨头等的断裂过程,无疑是人们最早听到的声发射信号。可以十分肯定地推断"锡鸣"是人们首次观察到的金属中的声发射现象。用仪器检测、记录、分析声发射信号和利用声发射信号推断声发射源的技术就称为声发射技术,人们将声发射仪器形象地称为材料的"听诊器"。

　　现代的声发射检测技术是 20 世纪 50 年代以后才迅速发展起来的一种无损检测方法。20 世纪 50 年代初,德国人 Kaiser 发现声发射不可逆效应,成为这一技术应用于工业检测的标志。他观察到铜、锌、铝、铅、锡、黄铜、铸铁、钢等金属和合金在形变过程中都有声发射现象。他最有意义的发现是材料形变声发射的不可逆效应,即"材料被重新加载期间,在应力值达到上次加载最大应力之前不产生声发射信号"。现在人们称材料的这种不可逆现象为"Kaiser 效应"。Kaiser 同时提出了连续型和突发型声发射信号的概念。

　　目前,国内声发射技术应用在静设备故障诊断方面的有钢丝绳断丝的诊断、飞机主承力构件的裂纹检测、压力容器裂纹检测,最成熟的是对压力容器裂纹检测,并已形成行业检测标准。在动设备方面比较成熟的是刀具切削状态检测,此外在磨削状态检测也有一定的应用,对轴承的诊断国内学者也已开展了大量的研究,而对齿轮、泵及发动机等动设备的诊断在国内文献中很少有报道。

8.2.2　声发射信号的处理方法

　　通过对探测到的声发射信号进行处理和分析,可以得到被探测材料和结构内声发射源的大量信息。声发射信号分析方法主要为时域分析和频谱分析。时域分析方法有基本表征参数分析、统计特征参量分析及相关分析;频谱分析的主要实现手段是 FFT 变换,其方法有经典谱分析及包络分析等。

　　所有这些分析方法,都是通过标定的方法得到完好设备的时频域参数,再将检测设备相应的实测参数与之比对。如果两者的不一致程度达到故障判定标准,则判定检测的设备有故障。

1.　基本表征参数分析

　　在声发射技术中,声发射的能量是缺陷扩展时的多余能量,它是在缺陷运动时或者运动受阻时释放出来的,从而形成应力波脉冲。若材料或设备产生声发射波,由于传播通道的影响,传感器有可能接收到若干个波,如图 8.2 所示。当声发射应力波激发传感器并使之谐振时,输出的电压信号幅值 V_p 最大。从开始接收到信号到幅值达到最大值所需时间称为上升时间 t_r。传感器输出信号达到最大幅值后,在下一个波到达之前,传感器由于阻尼而逐渐衰减,输出信号的幅值也逐渐减小,上升时间及其衰减快慢均与传感器的特性有关。此后,传感器可能接收到反射波或变形波,又使输出信号幅值增大,使波形出现一个小峰。我们把这个时域图形上,传感器每振荡一次输出的一个脉冲称为振铃,振铃脉冲的峰值包络线所形成的信号称为发射事件。在声发射检测中,为了排除噪声和干扰信号,要设置门槛电压 V_t,低于它的信号均被剔除。因此,从包络线越过 V_t 的一点开始到包络线降至 V_t 的一段时间,称为事件宽度 t_e。在信号处理中,为了防止同一事件的反射信号被错误的当作另一个事件处理,故设置了事件间隔 t_i,称为事件持续时间。

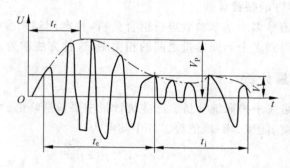

图 8.2　声发射信号有关参数的图解

1) 单个声发射信号的处理与表征用非统计参量

单个声发射信号的处理与表征用非统计参量包括声发射信号的事件、幅度、能量、事件计数、振铃计数、峰前计数、上升时间、持续时间、下降时间、门槛值、峰值定义时间(PDT)、事件定义时间(HDT)和事件锁定时间(HLT)等,其中部分参量表达式如下。

(1) 事件:

$$U = U_p e^{-\beta t} \cos \omega t \tag{8.1}$$

式中:U——瞬时电压;

　　　U_p——峰值电压;

　　　β——衰减系数;

　　　ω——角频率;

　　　t——时间。

(2) 振铃:

$$U_t = U_p e^{-\beta n \frac{1}{f_0}} \tag{8.2}$$

式中:U_t——阈值电压;

　　　n——振铃计数;

　　　f_0——波形振荡频率。

2) 多个声发射信号及它们之间的关系用统计参量表征

多个声发射信号及它们之间的关系用统计参量表征,如总事件计数、总振铃计数、总能量、声发射率、有效值电压(RMS 值)、微分型幅度分布、积分型幅度分布等,其中部分参量表达式如下。

（1）振铃计数：

$$n = \frac{\beta}{t_0} \ln \frac{U_p}{U_t} \tag{8.3}$$

式中：t_0——波形运行时间常数。

（2）声发射率：

$$\frac{\mathrm{d}N}{\mathrm{d}t} = \sum_{i=0}^{m} n_i \tag{8.4}$$

式中：n_i——第 i 个事件的振铃计数。

若对以上声发射信号多个基本参数进行组合分析，再利用辅助参量（压力、温度、时间、位移和应变等），就可得到多个不同参量之间的相关图，这种方法称为多参数分析法。

2. 统计特征参量分析

从 AE 信号的包络线中提取统计量。这些统计量主要包括峰值、均值、方差、标准差、均方值、均方根值、偏斜度、陡度、峰-峰值等。其中陡度为

$$K_4 = \frac{\int_{-\infty}^{\infty} (x - E)^4 p(x) \mathrm{d}x}{\sigma^4} \tag{8.5}$$

式中：$p(x)$——x 的概率密度。

工程中也常用平均值 E 与标准偏差 σ 之比 $\xi = E/\sigma$，和运转开始时或正常运转时的平均值 E_0 与标准偏差 σ_0 之比值 $\xi_0 = E_0/\sigma_0$ 进行比对。若 ξ/ξ_0 值开始显著上升，可预知机械故障将要发生。当然，这种分析方法所含信息量少，因此只能作为的辅助诊断手段。

3. 相关分析

上述在时域中对 AE 信号进行处理的方法通常称为参数法，相关分析也是一种时域中的处理方法。相关分析又称时差域分析，用于描述信号在不同时刻的相互依赖关系，是提取信号中周期成分的常用手段。相关分析包括自相关分析和互相关分析，是信号时域分析的主要内容。

为增加判别效果，可对已经加窗的声发射时域信号计算短时能量和穿零率。通过对时间-短时能量二维图形进行分析，可以得到脉冲产生频率，记做 f_{se}。对此图形作自相关分析，可以得到峰-峰值 p_{se}。通过对时间-穿零率二维图像进行分析，再次求得脉冲产生频率，记做 f_{zc}；对此图形作自相关分析，可以得到峰-峰值 p_{zc}。通过峰-峰值对脉冲产生频率进行加权平均，可以得到时域信号的故障频率为

$$f = \frac{p_{se} f_{se} + p_{zc} f_{zc}}{p_{se} + p_{zc}} \tag{8.6}$$

通过故障频率和标定的特征故障频率进行比较，即可确定故障发生的部位。

4. 经典谱分析

对声发射信号还可以在频域中进行数据处理，其中傅里叶变换是众所周知的。这是从时间域的函数求频率域各频率对应分量波的振幅、相位等的方法。可以由波形的时间序列的数字记录，通过快速傅里叶变换简单地求得频率谱，为此已有专门的高速数字记忆装置及

FFT 分析仪。常用的经典谱分析方法有幅值谱、自功率谱和互功率谱。

对周期信号求其频谱，通常是直接对信号幅值函数做傅里叶变换，而对于随机信号求其频谱，则需对其相关函数做傅里叶变换。

5. 包络解调分析

对信号包络处理可用希尔伯特变换技术实现，也可用包络检波电路实现。在包络法中，将被探测结构产生的高频信号进行滤波、放大、包络处理，变为低频信号，再进行相应的频谱分析，就可以在故障特征频率处看到清晰的谱峰，即可判定被探测结构有无故障及其发生的部位，而不含故障冲击的信号频谱图中不会出现谱峰。

8.2.3　声发射检测仪器

声发射检测仪器一般可分为功能单一的单通道型（或双通道型）、多通道多功能的通用型和工业专用型。典型的单通道声发射检测仪的基本组成如图 8.3 所示，一般由声发射传感器、前置放大器、主放大器、参数测量单元、计算单元、记录与显示等基本单元构成。

图 8.3　单通道声发射仪

声发射传感器是声发射信号拾取的关键部件，主要用于检测微弱的声发射信号，将信号变为系统可以识别的电信号，送入前置放大器中进一步放大。一般要求声发射传感器灵敏度要高、频带尽量宽，以利于检测到微弱的宽频带范围的声发射信号。

传感器后接前置放大器。传感器的输出信号先经过前置放大器放大，再经过长电缆传送到主机供主机处理。

前置放大器的主要作用是：①为高阻抗的传感器与低阻抗的传输电缆之间提供匹配，以减少信号衰减；②放大微弱的输入信号；③抑制电缆噪声，以提高信号的信噪比。

主放大器和滤波器是系统的重要组成部分。主放大器对声发射信号进一步放大，以便后续的参数测量单元和计算单元进行信号处理。它一般具有可调节的放大倍数，使整个系统的增益达到 $60\sim100\mathrm{dB}$。在检测系统中加入滤波器主要用来排除噪声和限定检测系统的工作频率范围，以适应在比较复杂的噪声环境中进行检测。滤波器一般采用插件式或编程式，包括高通、低通或带通滤波器，并且可以组合使用。

声发射检测系统一般都开发了一系列信号采集、数据处理、数据重放和显示软件，使系统具有声发射特征参数提取，而且具有波形采集与显示功能，可以完成声发射定位分析功能，具有频谱分析功能，更有利于声发射特征分析，有利于材料及构件的性能分析研究。

目前，国内外比较先进的声发射仪器有美国 PAC 公司、德国 VALEN 公司和声华科技有限公司生产的声发射检测系统。

8.3　超声波诊断技术

8.3.1　超声波概述

1. 超声波类型

弹性媒质中传播的应力、质点位移和速度等量的变化称为声波,声波是一种能在气体、液体和固体中传播的机械波。按频率划分,声波可分为次声波、可听声波和超声波。超声波是一种频率高于人耳能听到的频率(20Hz～20kHz)的声波。它方向性好,穿透能力强,易于获得较集中的声能。在固体中,声波是以质点振荡的形式进行能量传递,根据波动中波的传播方式与质点振动方向的不同,可分为超声纵波、横波、表面波和导波等。

纵波是波的传播方向与质点的振动方向一致的一种波形,纵波也称为压力波。超声纵波是唯一能够在气体、液体和固体中均可传播的波形,同种材质中,纵波的声速比其他波形的声速要大。纵波的发射和接收较其他波形容易实现,应用领域广。

横波是超声波的传播方向与质点的振动方向垂直的一种波形,横波是介质受到剪切力的作用并发生剪切形变而产生的,横波仅能在固体中传播。同一种材质中,横波声速与纵波声速差别较大,一般而言,横波声速约为纵波声速的1/2。实际检测中,横波以其自身的优势适用于对不平行于表面缺陷的检测与评估。

表面波作为平面波的一种特殊形式,不但具有纵波和横波的特性,而且有其自身特点,它沿介质表面传播,且在渗透深度内质点的运动轨迹是椭圆形的,椭圆的形状是随深度的不同而改变的。表面波的渗透深度是频率的函数,频率越高,渗透深度越浅。表面波的渗透深度约为一个波长,随深度的增加强度逐渐减弱。

纵波、横波以及表面波均为体波,超声导波是局限在波导中传播的超声波,与超声体波一样,二者都可以用相同的波动方程来描述,但超声导波要受到波导介质边界条件的制约。超声导波常常用于板、管和杆等构件的检测,其在波导结构中传播时声场遍及整个壁厚,衰减小且传播距离较远。

超声波的方向性较好,具有非常好的指向性。对于大多数介质而言,超声波能穿透几米厚的构件而保持良好波形,可实现对复杂构件的现场测试。超声波检测手段不仅不会损伤构件表面以及内部结构组织,而且对操作者而言使用安全,对于周边人员以及环境又能够达到无公害的目的。

2. 超声波的反射和透射

如图8.4所示,入射声波与入射点出界面法线间的夹角称为入射角,用 α 表示;反射声波与法线间的夹角称为反射角,用 α' 表示;折射声波与法线间的夹角称为折射角,用 β 表示。当介质1中超声波以入射角 α 倾斜入射到异质界面时,将会在界面处发生反射和波形转换,即产生反射纵波和反射横波,而且符合以下规律:

① 入射波和反射波分处法线的两侧；

② 入射波和反射波在同一平面；

③ 入射角与反射角之间符合斯涅尔(Snell)定律：

纵波入射时：$\dfrac{\sin\alpha_1}{c_{l1}}=\dfrac{\sin\alpha_1'}{c_{l1}}=\dfrac{\sin\alpha_t'}{c_{t1}}$　　　　　　　　(8.7)

横波入射时：$\dfrac{\sin\alpha_t}{c_{t1}}=\dfrac{\sin\alpha_t'}{c_{t1}}=\dfrac{\sin\alpha_1'}{c_{l1}}$　　　　　　　　(8.8)

式中：α_1——纵波入射角；

α_t——横波入射角；

α_t'——横波反射角；

α_1'——纵波反射角；

c_{l1}——介质 1 的纵波声速；

c_{t1}——介质 1 的横波声速。

可见，纵波入射时，对反射纵波，$\alpha_1=\alpha_1'$，即入射角等于反射角；对反射横波，因为 $c_t<c_l$，即横波声速小于纵波声速，所以 $\alpha_t'<\alpha_1'$，即横波反射角小于纵波反射角。

横波入射时，对反射横波，$\alpha_t=\alpha_t'$，即入射角等于反射角；对反射纵波，因为 $c_t<c_l$，即横波声速小于纵波声速，所以 $\alpha_t'<\alpha_1'$，即横波反射角小于纵波反射角。

总之，与入射波相同波形的反射角等于入射角，与入射波不同波形的反射角不等于入射角，反射波的声速越快，其反射角越大，且纵波和横波声速差异越大，角度变化也越大。

如图 8.4 所示，当介质 1 中超声波以入射角 α 倾斜入射到异质界面时，同时还会在界面处发生折射和波形转换，即产生折射纵波和折射横波，而且符合以下规律：

① 入射波和折射波分处法线的两侧；

② 入射波和折射波在同一平面；

③ 入射角与折射角之间符合斯涅尔定律：

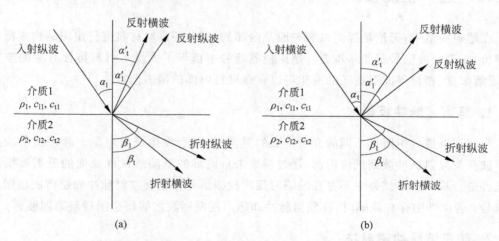

图 8.4　超声波倾斜入射到界面上的反射、折射和波形转换

(a) 纵波入射；(b) 横波入射

纵波入射时：$\dfrac{\sin\alpha_1}{c_{l1}}=\dfrac{\sin\beta_1}{c_{l2}}=\dfrac{\sin\beta_t}{c_{t2}}$　　　　　　　(8.9)

横波入射时：$\dfrac{\sin\alpha_t}{c_{t1}}=\dfrac{\sin\beta_1}{c_{l2}}=\dfrac{\sin\beta_t}{c_{t2}}$　　　　　　　(8.10)

式中：β_1——纵波折射角；

　　　β_t——横波折射角；

　　　c_{l2}——介质 2 的纵波声速；

　　　c_{t2}——介质 2 的横波声速。

折射波的声速越快，折射角也越大。两种介质的声速差异越大，角度变化也越大。因为纵波声速大于横波声速，所以在相同入射角时纵波折射角大于横波折射角。

以上只考虑了固体/固体情况，所以介质中可能存在纵波和横波。如果介质 1 为液体，则不会出现横波入射及横波反射情况；如果介质 2 为液体，则不会出现横波折射情况。

从式(8.9)和式(8.10)可知，如果折射波声速大于入射波声速，则折射角一定大于入射角，当入射角达到一定程度时，折射角达到 90°，这时的入射角就是临界角。如果入射波为纵波，则当纵波折射角达到 90°时的纵波入射角，称为第一临界角，当纵波入射角达到第一临界角时，在介质 2 中只有横波而无纵波。

如果入射波为纵波，则当横波折射角达到 90°时的纵波入射角，称为第二临界角，当纵波入射角达到第二临界角时，在介质 2 中既没有纵波也没有横波。

当横波从固体介质中倾斜入射到固体与空气界面时，由于纵波声速大于横波声速，纵波反射角一定大于横波入射角，当横波入射角达到一定程度时，纵波反射角达到 90°，这时的横波入射角称为第三临界角。当横波入射角达到第三临界角时，在固体介质中只有横波而无纵波，因而对横波检测十分有利。

8.3.2　超声检测技术

在超声检测中，无论是探测材料表面及内部的缺陷，还是对材料进行组织结构表征和性能评价，超声回波信号都非常重要。超声检测信号中携带了大量与材料特性有关的丰富信息，了解幅度、相位等波形特征的变化可以获得材料内部的很多信息。

1. 超声波脉冲反射法

当超声波遇到声阻抗不同的介质构成的界面时，将会发生反射现象。脉冲反射法是由超声波探头发射脉冲波到试件内部，通过观察来自内部的缺陷或试件底面的反射波情况来对试件进行检测。若试件中不存在缺陷时超声检测信号中仅有发射脉冲和超声底面回波两个信号；若试件中存在缺陷时，在发射脉冲和超声底面回波之间将会出现缺陷回波。

2. 超声波脉冲透射法

透射法常常采用两个探头，分别放置于试件两侧，一个探头将脉冲波发射到试件中，另一个探头接收穿过试件的脉冲波信号，依据超声波穿透试件后的能量变化判断试件内部的缺陷情况。当材料内部完好时,透射波幅值高而稳定;当材料中有缺陷或材质发生变化时,缺陷会遮挡部分声能或引起声能衰减,使得穿透波幅度明显下降或消失,但此方法无法获知缺陷深度信息。

8.3.3　超声波检测仪器

超声检测仪主要由超声换能器、超声激励接收装置以及分析显示部分组成。超声检测仪器主要有穿透式检测仪和脉冲反射式检测仪。

穿透式检测仪发射单一频率的超声波信号,根据透过试件的超声波强度判断试件中有无缺陷以及缺陷的大小。这种仪器的缺陷检测灵敏度较低,可操作性也受到较多限制。

脉冲反射式检测仪由超声探头发射一持续时间很短的电脉冲,该超声探头作为激励探头发射脉冲超声波,同时接收试件中反射回来的脉冲波信号,主要获取超声回波信号的幅值和传播时间来判断是否存在缺陷以及缺陷大小。脉冲反射式检测仪的信号显示方式可分为 A 型显示、B 型显示、C 型显示三种类型,又称为 A 扫描、B 扫描、C 扫描。

随着计算机和信息技术的发展,为提高缺陷检测可靠性,传统的超声手工扫查检测方式因受人为影响因素较大逐渐被淘汰,越来越多的自动扫查、自动记录的超声检测系统应运而生。超声自动检测系统通常由超声换能器、超声检测仪、机械扫查装置、扫查电气控制、水槽、显示与记录装置等构成,并由计算机软件协调进行。针对不同形状、不同规格的构件需要设计专用的机械扫查装置。

8.4　滚动轴承的故障诊断

滚动轴承一直是各种机械设备中应用最广泛的通用部件,运行中的滚动轴承发生故障也是引起机械设备故障发生的重要原因。特别是随着智能化、大型化机械设备的出现,高速重载下工作的滚动轴承,由于滚动体和内外圈之间的接触应力反复作用,极易引起疲劳、裂纹、点蚀、压痕以致断裂、烧损等现象。一旦滚动轴承工作表面出现缺陷,会使轴承旋转精度丧失,增加振动、噪声和旋转阻力,导致滚动体受到阻滞和卡死,造成整个机械系统的失效。据统计,机械设备故障的 70% 是振动故障,约 30% 的旋转机械故障是由于滚动轴承的损坏而造成的。

8.4.1　滚动轴承故障的检测方法

检测滚动轴承的各种故障现象,目前使用的主要方法有:
(1) 根据轴承的振动和声音检测;
(2) 根据轴承的温度或润滑油的温度检测;
(3) 根据轴承的磨损颗粒检测;
(4) 根据轴承的间隙变化检测;

(5) 根据轴承的油膜电阻变化检测。

国内外一些学者根据滚动轴承的各种故障现象,总结出了实用的滚动轴承异常情况检测方法,在各种方法中用振动和声音检测滚动轴承异常状态比其他方法更有效,因此目前国内外广泛采用振动信号分析技术来诊断滚动轴承的故障。

振动信号虽然能提供较多滚动轴承的故障信息,但是由于滚动轴承的信号比较复杂,故障信号与正常振动信号混在一起,为了提取滚动轴承的故障信息,往往不得不采用比较复杂的检测诊断系统,信号处理技术要求较高,这在某种程度上使滚动轴承的故障诊断应用受到了限制。另外,对于工作在低速及超低速的轴承(如起重机和微波天线转盘的支承轴承),用传统的振动检测法(0~20kHz范围内)难以奏效。

近年来国内开始研究利用声发射信号检测滚动轴承的早期故障。由于声发射的检测频率很高,它可以避开低频振源和噪声的干扰,因此在提高信噪比方面具有一定的优势。另外,使用声发射技术不但能监视疲劳裂纹的扩展情况,同时还能检测滚动表面间的摩擦状况。

8.4.2　滚动轴承故障的振动诊断

1. 滚动轴承的振动特征频率

当轴承零件的工作表面出现疲劳剥落、压痕或局部腐蚀时,机器运行中就会出现周期性脉冲,其脉冲频率一般在数十赫兹至数万赫兹范围内。根据产生缺陷的零件不同,脉冲频率可用下面的公式计算(按无间隙刚性纯滚动)。

(1) 内圈上一点缺陷(剥落、凹坑等)与一个滚动体的接触频率为

$$f_i = \frac{f_r}{2}\left(1 + \frac{d}{D}\cos\alpha\right) \approx \frac{f_r}{2}\left(1 + \frac{d}{D}\right) \tag{8.11}$$

(2) 外圈上一点缺陷与一个滚动体的接触频率为

$$f_0 = \frac{f_r}{2}\left(1 - \frac{d}{D}\cos\alpha\right) \approx \frac{f_r}{2}\left(1 - \frac{d}{D}\right) \tag{8.12}$$

(3) 滚动体上一个缺陷点与内圈或外圈的接触频率为

$$f_b = \frac{f_r D}{2d}\left[1 - \left(\frac{d}{D}\right)^2\cos^2\alpha\right] \approx \frac{D f_r}{2d}\left[1 - \left(\frac{d}{D}\right)^2\right] \tag{8.13}$$

(4) 内滚道不圆时的脉动频率为

$$f_r, 2f_r, \cdots, nf_r$$

(5) 滚动体的公转频率为

$$f_m = \frac{1}{2}\left[f_0\left(1 - \frac{d}{D}\cos\alpha\right) + f_a\left(1 + \frac{d}{D}\cos\alpha\right)\right] \tag{8.14}$$

式中:d——滚动体直径;

　　　D——滚道节径;

　　　α——接触角;

　　　f_r——回转轴(或内圈)旋转频率;

　　　f_a——外圈的旋转频率。

2. 滚动轴承的振动检测方法

1）滚动轴承故障振动检测系统

随着电子计算机技术、现代测试技术、信号处理技术等不断向故障诊断领域渗透，故障诊断技术逐渐跨入实用系统化的时代。

2）频率窗口的选择

如果把轴承的振动系统看作是一个线性系统，则在轴承外圈上测得的振动响应，应为不同激励力所产生的响应的线性叠加，它包含着轴承弹性系统谐振在内的一种宽频带随机响应，然后经过机器内部结构的传递，把轴承运转时的振动和声音传递到被测的部位。但是由于轴承元件的振动往往产生一系列离散频率、轴承振动会引发轴承座或轴承箱的共振、机械设备的其他零部件会产生干扰振动以及轴承内高应力区域的塑性变形和裂纹扩展产生的声发射信号等原因，使得从轴承箱体上测到的振动信号不同于轴承本身的振动信号。

对滚动轴承振动信号的频域分析得知：①信号频谱具有宽频带特征，且随着缺陷的种类、形状、轴承尺寸和转速的变化而变化；②滚动轴承故障引起的冲击有很大一部分能量集中在高频段，故需要注意高频成分的变化。

3）测点的选择

测点的选择应以尽可能获得轴承外圈本身的振动信号为原则。传递通道的中间界面越多，对信号的歪曲就越大，所以应尽量减少传递通道的中间界面数目。使用接触式传感器在轴承座上检测振动信号时，一般应将传感器布置在垂直、水平和轴向三个方向上同时测量，但由于设备结构、安装条件等的限制，也可选择在其中两个方向进行检测。为了保证测得数据具有可比性，每次测定时的位置不应有所变化。

4）故障信号的分析与处理

对于一个有缺陷的轴承，在检测到的动态信号中，蕴含着轴承状态变化和故障特征的丰富信息，如何从这些随机信号中确切地判断轴承的故障状态，是机械设备故障检测中必须考虑的问题。信号处理则是提取故障特征的主要手段，而故障特征信息则是进一步诊断设备故障原因并采取对策的依据。对信号进行分析处理的方法有很多，如时域、时差域、频域和近年来越来越受到重视的时-频域分析等。

滚动轴承发生故障时，其时域信号的许多统计特征参量和频域的频率成分都会随着故障的性质及大小发生变化，故均可作为故障诊断的依据。

（1）幅值参数法

常用的幅值参数包括有量纲指标和无量纲指标。对轴承检测信号进行幅域处理最常用的有量纲指标主要是峰值（PEAK）和均方根值（RMS）。研究表明，对于零件表面损伤类故障，用峰值指标判断比较敏感，对磨损类故障用均方根值指标有效，而峰值因子既考虑了峰值又考虑了均方根值，所以对两类故障均可以判断。信号的峰值（X_{peak}）和均方根值（X_{rms}）表达式分别为

$$X_{peak} = \mid x_i \mid_{max} \tag{8.15}$$

$$X_{rms} = \sqrt{\frac{1}{N} \sum_{i=1}^{N} x_i^2} \tag{8.16}$$

而无量纲指标诊断能够直接使用实时检测到的轴承信号，不需通过各种信号处理和转

换,因而不致出现信号畸变和泄漏等缺陷,同时不受轴承型号、转速和载荷等因素的影响,不需考虑相对标准值或与以前的数据进行比较。

在轴承故障诊断中,最常用的无量纲指标有波形指标(S_f)、峰值指标(C_f)、脉冲指标(I_f)、峭度指标(K_v)、裕度指标(L)等。其表达式分别为

$$S_f = X_{peak} \left/ \frac{1}{N} \sum_{i=1}^{N} |x_i| \right. \tag{8.17}$$

$$C_f = X_{peak} / X_{rms} \tag{8.18}$$

$$I_f = X_{peak} \left/ \frac{1}{N} \sum_{i=1}^{N} |x_i| \right. \tag{8.19}$$

$$K_v = \left(\frac{1}{N} \sum_{i=1}^{N} x_i^4 \right) \left/ X_{rms}^4 \right. \tag{8.20}$$

$$L = \frac{X_{peak}}{\left(1 \left/ N \sum_{i=1}^{N} \sqrt{|x_i|} \right. \right)^2} \tag{8.21}$$

以上无量纲指标中,峰值因子、峭度、裕度等对冲击故障敏感的参数,在有其他冲击源或随机冲击干扰时,均会增大;而当故障进入严重发展阶段时,峰值因子、峭度值则会处于饱和状态,失去诊断能力。因此,利用幅值特征参数进行故障诊断,对故障的早期阶段较为敏感,当故障较为严重时,其抗干扰性较差,其值与正常状态值接近,易产生误判等问题。

【案例 8.1】　图 8.5(引自参考文献[33])为某厂轧机一轴轴承测振的时域波形图,表 8.1 为常用时域波形指标值。图中时域波形中有明显脉冲出现,由于峭度指标对冲击的变化十分明显,设备正常运行时峭度值一般为 3.0,由表 8.1 可看出该轧机轴承峭度值为 154.6,但并不能据此判断该设备一定有异常,又经过对数据进行频谱分析后发现,该设备轴承存在故障。因此,采用时域分析法往往可以进行简易诊断,若要精密诊断还需要和其他方法相结合判断。

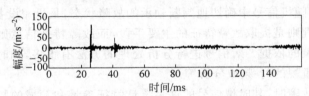

图 8.5　轧机振动检测时域波形

表 8.1　时域指标

指标名称	指标值	指标名称	指标值
峰值指标	5.08	峭度指标	154.6
波形指标	2.02	裕度指标	13.57
脉冲指标	10.27	偏斜度指标	1.29

(2) 共振解调法

当滚动轴承某一元件表面出现局部损伤时,在受载运行过程中将与其他元件表面发生撞击,从而产生能量集中的冲击脉冲力,由于冲击脉冲力的频带较宽,其中必然包含轴承外圈、传感器、附加谐振器等各自固有频率激发的相应的高频固有振动。共振解调就是根据实

际需要选择某一高频固有振动作为研究对象,利用其中心频率等于该固有频率的带通滤波器将该固有振动分离出来,然后通过包络检波方法得到消除了多余的机械干扰且具有故障特征信息的低频包络波形,经过对这一包络信号进行频谱分析找到故障的特征频率。据此确定故障的类型及部位。

图 8.6 所示为共振解调故障诊断原理图。

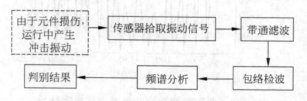

图 8.6 共振解调故障诊断原理图

【**案例 8.2**】 图 8.7(引自参考文献[34])所示为带有外圈剥落故障的滚动轴承振动信号,从图中可看到明显的周期性冲击振动,说明外圈剥落严重。用滤波器对该数据进行滤波,然后取包络并进行细化傅里叶分析,即使用共振解调法进行故障诊断,得到的诊断结果如图 8.8 所示。理论上外圈的故障特征频率 $f_0=46.9\text{Hz}$,从频谱图中可明显看到外圈故障频率为 46.7Hz。因此,共振解调法准确地反映了故障特性。

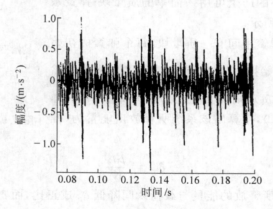

图 8.7 外圈剥落故障轴承的振动信号

8.4.3 滚动轴承故障的声发射诊断

滚动轴承故障除了上述利用振动信号的各种处理方法来进行诊断之外,还可以根据滚动轴承故障时材料晶格破坏所发射出来的能量波——声发射信号来判断其工作状态。

1. 滚动轴承故障声发射信号的产生机理

滚动轴承常见故障为表面损伤和疲劳磨损。表面损伤是由于轴承经常受到冲击的交变载荷作用,使金属产生位错运动和塑性变形,首先产生疲劳裂纹,然后沿着最大剪应力方向向着金属内部扩展,当扩展到某一临界尺寸时就会发生瞬时断裂。这种故障经常发生在滚

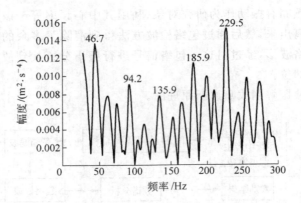

图 8.8　共振解调法诊断外圈剥落故障结果

动轴承的外圈。而疲劳磨损是由于循环接触压应力周期性地作用在摩擦表面上，使表面材料疲劳而产生微粒脱落的现象。这种故障的发生过程是：在初期阶段金属内晶格发生弹性扭曲，当晶格的弹性应力达到临界值后，开始出现微观裂纹，微观裂纹再进一步扩展，就会在滚动轴承的内、外圈滚道上出现麻点、剥落等疲劳损坏故障。当这几种典型的故障发生与发展时，都伴随着声发射信号的产生，这时均要释放弹性波，从而形成声发射事件。

　　轴承的声发射事件的产生可用一简单的质量块-弹簧系统加以模拟，如图 8.9 所示。

　　假设两个拉长的弹簧中间有一质量块，每个弹簧的初始刚度是 K，拉长 $\frac{1}{2}x$，初始拉力为 p；先令弹簧 2 的刚度突然减弱，刚度降低到 $(K-\delta_k)$，则弹簧受到的拉力降低 δ_p，两弹簧的平均拉力是 $(p-\delta_p)$，推算出该系统所释放出能量为（推导过程略）

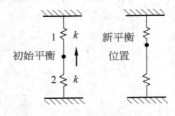

图 8.9　质量块-弹簧系统比拟声发射事件

$$\delta U = \frac{p\delta_p}{K} \tag{8.22}$$

　　由上式可知，系统所释放的能量与载荷瞬间降低 δ_p 成正比，而 δ_p 与刚度的瞬间减少 δ_k 成正比，因而释放的能量也与出现事件的应变成正比。由此可得出结论：声发射的产生是材料中局部区域快速卸载使弹性能得到释放的结果，即出现应力波的过程。

2. 滚动轴承的声发射检测方法

1）滚动轴承声发射检测系统

图 8.10 所示为单通道滚动轴承声发射检测系统。

2）滚动轴承声发射信号分析、处理

声发射检测诊断的主要目的之一是识别产生声发射源的部位和波形，声发射信号处理是解决该问题的唯一途径。

从声源发出的声发射信号是材料局部因能量的快速释放而发出的瞬态弹性波，波在滚动轴承各部件中传播，会产生形态变化和模式转化。另外，由于声发射波在传播过程中的衰减、吸收与零部件的各类缺陷的交互作用以及边界（几何状态）状态的影响，其波形有很大的

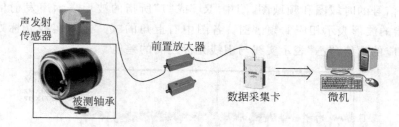

图 8.10　滚动轴承故障声发射检测系统

畸变。声发射传感器输出的信号十分复杂，它与真实的声发射信号差异很大，有时甚至面目全非，因此如何从测取的声发射波来反推原始波一直是人们面临并努力解决的难题。声发射信号处理就是在较强的背景噪声下提取出真正的声发射信号或信号特征，其目的是从检测到的信号中分离有用信号和噪声，提高信噪比，修正测量系统的某些误差。

　　参数式声发射信号处理方法已得到广泛应用。为了明确检出 AE 的特征，一般进行下述观测：①波形形状、频谱分析；②振铃记数法；③有效值；④振幅分布等。其中记数法、有效值和振幅分布为时域分析。当前，国内外应用声发射检测技术也仍主要以时域中的事件与振铃计数法作为重要的诊断依据。但此法有以下三个缺点：①振铃计数随信号频率而变；②仅能间接地考虑信号的幅度；③计数与重要的物理量之间没有直接的联系。另外，由于波形特征参数的信息量少，在干扰源强、源种类较多的情况下往往难以得到声发射源特征描述。

　　另一方面，由于声发射过程是一应力释放，即能量释放过程，因此提出能量测量的方法，来研究声发射过程的能量分布变化特征，从而确定轴承的状态。

8.5　项目设计实例

【**案例 8.3**】　图 8.11、图 8.12、图 8.13 所示分别为正常轴承、滚子损伤轴承、外圈损伤

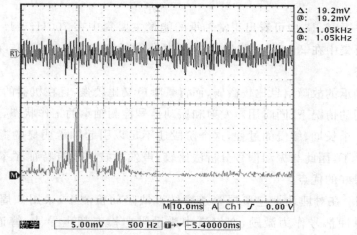

图 8.11　正常轴承声发射信号的时域图和频域图（示波器截图）

轴承声发射信号的时域图和频域图,图中"R1"或"1"所指的波形表示声发射信号的时域波形,"M"所指的波形表示相应的频谱图。各图中右上角的"@"表示实线光标处波形所对应的频率及相应的幅值,"△"表示实线与虚线光标之间的差值。

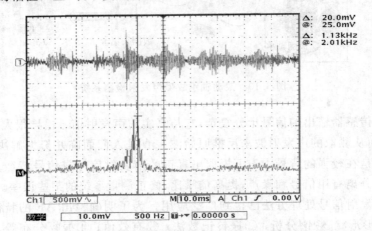

图 8.12　滚子损伤轴承声发射信号时域图和频域图(示波器截图)

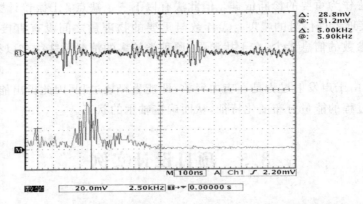

图 8.13　外圈损伤轴承声发射信号时域图和频域图(示波器截图)

从图 8.11～图 8.13 中可看出正常轴承的能量主要集中在 700Hz～1.4kHz,滚子损伤轴承的能量主要集中在 2.01kHz 附近,而外圈损伤轴承则集中在 5.9kHz,由此可准确判断轴承的故障状态。

由于滚动轴承的故障信息比较微弱,而背景噪声又比较强,且在机器的载荷和工作转速等条件完全相同的情况下,同时用声发射和振动信号检测轴承的工作状态,由于轴承微裂纹扩展需要经过一个长期、缓慢的过程,这个阶段还不足以引起轴承明显的振动,而声发射信号已经比较明显了,因此与振动信号分析法比较,声发射技术具有特征频率明显、早期预报和诊断故障效果好的优点。

【案例 8.4】　在对埋地带包覆层管道腐蚀性缺陷的检测中,采用 5 周期、中心频率为 70kHz 的正弦脉冲信号作为激励,在管道中激励纵向模态超声导波,管道表面有一直径 30mm、深度 3mm 的腐蚀性缺陷,管道外部由沥青包覆层材料包裹,同时将其埋入黄土中用来模拟埋地带包覆层管道。

　　激励产生的 L(0,2) 模态导波对埋地带包覆层管道进行腐蚀性缺陷检测时,由于缺陷处的介质不连续性,超声导波遇到缺陷时会发生反射、透射等现象,从而产生反射波信号和透射波信号。图 8.14 为超声换能器接收到的反射信号波形图。

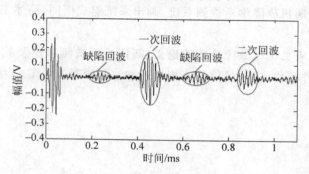

图 8.14　埋地管道腐蚀性缺陷检测信号

　　通过分析图 8.14 的检测信号波形,根据超声回波时间判断,波形中的波包分别为缺陷回波、端面一次回波和端面二次回波。由于超声导波是在埋地带包覆层管道中传播,导波能量会被包覆层和土壤层吸收,衰减增大,端面二次回波幅值的大幅下降即证明了这一点。

　　由于在波形图中明显发现了缺陷回波,表明采用低频 L(0,2) 模态导波可以实现对工程实际管道的缺陷检测。提取缺陷反射回波的到达时间和超声波在管道中的传播速度,即可判断获得缺陷的损伤位置。若定义缺陷横截面积与管道横截面积的百分比为 κ,则可定义反射系数 $F_{反}$ 为

$$F_{反} = \frac{\kappa}{2-\kappa} \tag{8.23}$$

透射系数 $F_{透}$ 为

$$F_{透} = \frac{2\kappa}{1+\kappa} \tag{8.24}$$

　　根据反射系数和透射系数与 κ 值之间的函数关系,求得缺陷存在时的反射系数和透射系数,即可判断管道的损伤程度。

习题与思考题

8.1　机械故障诊断的主要内容包括哪些?

8.2　简述常用的机械故障检测与诊断技术。

8.3　常用于机械故障诊断的振动传感器有哪些?

8.4　什么是声发射?在机械故障诊断中常用的声发射特征参数有哪些?

项 目 设 计

8.1　设计某减速机故障诊断检测系统,画出系统组成框图,简述工作原理,指出信号分析与处理方法。

8.2　检索一篇有关机械故障诊断的论文,阅读后将被测对象及其工况、诊断系统的组成及其选用的软硬件模块、应用的信号分析处理方法和诊断效果整理为一个报告,并与同学进行讨论。

参 考 文 献

[1] 李孟源,等. 测试技术基础[M]. 西安：西安电子科技大学出版社,2006.

[2] 韩建海,等. 工业机器人[M]. 2版.武汉：华中科技大学出版社.2015.

[3] 施文康,余晓芬. 检测技术[M]. 4版.北京：机械工业出版社,2015.

[4] 何岭松. 工程测试技术基础[M]. 2版.北京：机械工业出版社,2017.

[5] 黄长艺,严普强. 机械工程测试技术基础[M]. 北京：机械工业出版社,2005.

[6] 黄惟公. 机械工程测试技术与信号分析[M]. 重庆：重庆大学出版社,2002.

[7] 周生国. 机械工程测试技术[M]. 北京：北京理工大学出版社,2003.

[8] 孙启国. 机械工程测试技术[M]. 兰州：兰州大学出版社,2005.

[9] 周浩敏,王睿. 测试信号处理技术[M]. 2版.北京：北京航空航天大学出版社,2009.

[10] 陈杰,黄鸿. 传感器与检测技术[M]. 2版.北京：高等教育出版社,2010.

[11] 彭军. 传感器与检测技术[M]. 西安：西安电子科技大学出版社,2003.

[12] 贾伯年. 传感器技术[M]. 3版.南京：东南大学出版社,2011.

[13] 朱自勤. 传感器与检测技术[M]. 北京：机械工业出版社,2005.

[14] 王伯雄. 测试技术基础[M]. 2版.北京：清华大学出版社,2012.

[15] 吴正毅. 测试技术与测试信号处理[M]. 北京：清华大学出版社,2004.

[16] 于浩洋. 啤酒发酵温度的模糊控制与实现[J]. 电气传动,2007,37(12)：53-55.

[17] 刘晓昕. 一种用于烟机电控系统的电压/频率转换技术[J]. 安徽电子信息职业技术学院学报,2004,3(5-6)：246-247.

[18] 秦迎春. 在有线电视中实现程控有源滤波器设计[J]. 中国有线电视,2003,(8)：41-43.

[19] 赵军卫. 采用三个放大器芯片组成的光功率自动控制电路[J]. 国外电子元器件,2000,(10)：26-29.

[20] 杨奕,沈申生. 基于虚拟仪器的机械振动系统边频识别和倒频谱分析[J]. 制造业自动化,2007.12,12(29)：23-27.

[21] 袁佳胜,冯志华. 基于相关分析与小波分析的齿轮箱故障诊断[J]. 农业机械学报,2007.8,8(38卷)：24-28.

[22] 张新江,焦映厚,张玉国,等. 旋转机械不对中故障特性提取及诊断方法研究[J]. 汽轮机技术,1999.4,2(41)：104-107.

[23] 陈永会,李志谭,李海虹. 应用振动测试分析诊断 XA6132 铣床故障[J]. 现代制造工程,2006,3：85-87.

[24] 金振华,黄开胜,卢青春,等. 柴油机喷油泵试验台性能测试系统开发[J]. 中国机械工程,2006,17(17)：1861-1864.

[25] 赵军,苏春建,官英平,等. 弯曲智能化控制系统中基于 LabVIEW 虚拟仪器高速数据采集的实现[J]. 制造业自动化,2007,29(2)：29-33.

[26] 乔爱民,程荣龙,张燕,等. 基于 PCI 数据采集板卡的高精度传感器检测系统[J]. 工业控制计算机,2008,21(5)：12-15.

[27] 何文生. 微处理器及其在家用电器中的应用[M]. 北京：高等教育出版社,1997.

[28] 柯力传感器应用及服务指南[G]. 宁波柯力电气制造有限公司,2009.

[29] JZⅡ型扭矩转速传感器使用说明书[G]. 湘仪动力测试仪器有限公司,2008.

[30] 孙颖,陈柯行,柴继新,等. 卡环式扭矩测试系统在抽油机上的应用[J]. 计算机技术与应用,2008,28(2).

[31]　磁致伸缩位移传感器产品概览[G].美国 MTS 系统公司,2008.

[32]　WT 系列电涡流位移传感器使用说明书[G].浙江省洞头县亿纬自动化设备厂,2008.

[33]　程光友.时域指标在滚动轴承故障诊断中的应用[J].中国设备工程,2005,12:34-35.

[34]　成棣,刘金朝,王成国.独立分量分析在货车轴承故障诊断中的应用[J].轴承,2007,2:32-36.

[35]　易良榘.简易振动诊断现场实用技术[M].北京:机械工业出版社,2003.

[36]　盛兆顺,尹琦岭.设备状态检测与故障诊断技术及应用[M].北京:化学工业出版社,2003.

[37]　陈长征,等.设备振动分析与故障诊断技术[M].北京:科学出版社,2007.

[38]　杨国安.机械设备故障诊断实用技术[M].北京:中国石化出版社,2007.

[39]　杨建刚.旋转机械振动分析与工程应用[M].北京:中国电力出版社,2007.

[40]　沈庆根,郑水英.设备故障诊断[M].北京:化学工业出版社,2006.

[41]　卢文祥,杜润生.机械工程测试·信息·信号分析[M].3 版.武汉:华中科技大学出版社,2014.

[42]　杨明纬.声发射检测[M].北京:机械工业出版社,2005.

[43]　韩建海,马伟.机械工程测试技术[M].北京:清华大学出版社,2010.